PRIMAL LEADERSHIP

Learning to Lead with Emotional Intelligence

情商 4

决定你人生高度的领导情商

[美] 丹尼尔·戈尔曼 理查德·博亚特兹 安妮·麦基 / 著

任彦贺 覃文艳 李瑶 / 译

中信出版集团 · 北京

图书在版编目（CIP）数据

情商.4，决定你人生高度的领导情商 /（美）丹尼尔·戈尔曼，（美）理查德·博亚特兹，（美）安妮·麦基著；任彦贺，覃文艳，李瑶译.-- 2版.-- 北京：中信出版社，2018.1（2021.1重印）

书名原文：Primal Leadership: Learning to Lead with Emotional Intelligence

ISBN 978-7-5086-8382-9

I. ①情… II. ①丹… ②理… ③安… ④任… ⑤覃… ⑥李… III. ①情商－通俗读物 IV. ① B842.6-49

中国版本图书馆 CIP 数据核字（2017）第 285323 号

情商 4——决定你人生高度的领导情商

著　　者：[美] 丹尼尔·戈尔曼　[美] 理查德·博亚特兹　[美] 安妮·麦基
译　　者：任彦贺　覃文艳　李　瑶
出版发行：中信出版集团股份有限公司
（北京市朝阳区惠新东街甲 4 号富盛大厦 2 座　邮编　100029）
承 印 者：北京通州皇家印刷厂

开　　本：880mm × 1230mm　1/32　　印　　张：11.25　　字　　数：213 千字
版　　次：2018 年 1 月第 2 版　　印　　次：2021 年 1 月第10次印刷
京权图字：01-2013-0969
书　　号：ISBN 978-7-5086-8382-9
定　　价：59.00 元

智商——决定你人生的宽度；

领导情商——决定你人生的高度。

献给塔拉、桑迪和埃迪

目 录

第二部分　如何提高你的领导情商

第三部分　高情商领导与高情商团队

推荐序 1

当中欧国际工商学院的院长时，我每年都在中欧美丽的校园中迎来莘莘学子，他们中有的初涉职场，有志进阶高层；有的已在创业路上行走经年，但自觉离圆融通畅的管理境界总还有一步之遥。

商学院提供各种专业知识和技能的强化训练，从金融、会计，到市场营销、组织行为等。但是，中欧管理教育的终极目标是成为企业家的“思想健身房”和精神乐园。从优秀到卓越，从 ordinary（普通的）到 extraordinary（非凡的），那个小小的“extra”（额外的）并非取决于智商，而是更多地仰赖情商！中国古代志士必读的“四书五经”，从《周易》到《论语》，事实上都是“情商圣经”，深谙其中的要领，方能济天下之大业。

“情商”一词发端于丹尼尔·戈尔曼 1995 年的同名专著。由那开始，人们越来越多地关注情感层面的协调性对个人和社会进步的伟大意义。在《情商 4：决定你人生高度的领导情商》中，戈尔曼聚焦情商和领导力之间的关系，从以神经解剖学视角溯源领导力的生理依据，到各种领导风格的分门别类，再到如何以高情商领导力培养高情商团队。戈尔曼传递了两个重要的信息：第一，领导力是可以后天培养的；第二，领导模式不是一成不变的，卓越的领导者必须在不同的情境下，在截然不同的领导风格之间灵活切换。

修身，齐家，治国，平天下，每迈出一步，都是自我修炼和自我超越的不同境界。习近平总书记 2013 年 5 月在天津视察时曾指出，做实际工作，情商很重要，更多需要的是做群众工作和解决问题的能力，也就是适应社会的能力。[①] 希望此书能够成为各位有志者打开成功之门的钥匙！

朱晓明

中欧国际工商学院管理学教授

---

① 引自《人民日报青年观：习惯 角色 心态》（《人民日报》2013 年 11 月 26 日 19 版）。——编者注

推荐序 2
用情商缔造领导力

1995 年，戈尔曼写出了畅销书《情商》，向中国读者介绍了“情商”。那时戈尔曼把情商概括为 5 个方面的能力。现在戈尔曼把情商进一步简化为 4 个方面：自我意识、自我管理、社会意识、人际关系管理。这本《情商 4：决定你人生高度的领导情商》，正是从这 4 个方面介绍了如何用情商缔造领导力，给我们很多启发。

情商不是与生俱来的，而是后天学习所得的。领导力是后天培养的，卓越的领导力是通过情感来发挥作用的，领导力需要通过情商来实现。领导者的情感状态和行为直接影响员工的情感和表现。领导者如何管理好自己的情绪以及对他人的情绪有何影响，并不仅仅是个人的事情，也是组织的事情，因为它影响组织的运转状态。即使万事俱备，如果领导者不能正确引导人们的情感，那么结果也将不尽如人意。我们个人的情感属于开环系统，受其他人的情绪影响。我们依赖与他人的联系来保持自我情感的稳定。领导者所扮演的是团队的情感向导角色，是组织情绪的晴雨表，因为每个人都在关注他的领导者。由于领导者对他人情感的影响是最大的，所以领导者的根本任务是为员工带来积极的情感。但只有当领导者可以创建共鸣感时，这一点方才能够实现。从根本上而言，领导力的首要工作就是情感管理。

领导力是带领别人跟自己来的能力，领导者能够调动别人的情绪，才能够调动这个人的行为。从这一角度看，领导力就是管理情绪的能力，而情商也是管理情绪的能力，因此领导力就是情商。高情商的人与人打交道，高智商的人与事情打交道。这要求人力资源管理者要能够根据员工情商的高低来安排工作。

工业化社会导致物质丰富化、情感沙漠化。无情的业绩考核、残酷的竞争、冰冷的人际关系使人们深入反思发展的目标和领导力的内涵，我们建设了高度的物质文明，却导致人的情感严重受伤。现实对领导者的领导风格提出了新的要求，那种硬邦邦的、没有人情味的、不和谐的领导者将绑架员工的情绪，使人们精神沮丧、身心俱疲，甚至产生一种防御、戒备心理，规避责任，并尽量避免与管理者的接触和联系。领导者的主要任务是激励员工，使他们保持积极乐观的态度，增加对工作的热情，同时营造合作与相互信任的氛围。

领导力发挥着一种原始的情感作用，人类最初的领导者，无论是部落酋长还是萨满巫师，他们之所以能够赢得领导地位，很大程度上是因为他们的领导力具有情感信服力。如果缺乏积极健康的情感，那么所谓的领导者进行的只不过是管理，而不是真正的领导。真正的领导发生在精神层面，这样才能够实现领导者与追随者的共鸣。高层领导者关心的是战略和价值观，而团队领导者承担着两个基本任务：一个是关心工作，一个是关心人。团队领导者与团队成员有密切的日常接触，了解成员的情绪状态，承担着调整团队成员情绪的作用。

执行力就是把思想变为行动的能力，一个人的执行力是把自己的思想变成自己行动的能力。要想提高员工的执行力，领导者首先要有领导力，能够把自己的思想装入员工的大脑。领导者的工作就是出思想，再把自己的思想装入别人的大脑。良好的情绪调动能力以及互动能力，是把自己的思想装入别人大脑的桥梁和动力。当领导者提出问题，说员工的执行力不强时，其实问题是领导者的领导力不强。如果领导者能够调动员工进入良好的情绪共鸣状态，员工的领悟力就会增加，就会很好地领会领导者的思想，其执行力就会有极大提升。一个人，情绪好，干事，好好干事，把事干好，干好事；一个人，情绪不好，不干事，不好好干事，不把事干好，不干好事。所以不良心态是安全隐患，优良心态是竞争力。

人工作的目的是生存，生存的本质又是什么？英国教育家尼尔说："一切人类努力的伟大目标在于获得幸福。生命是一个过程，重在追求幸福，寻找快乐。"亚里士多德也说："生命的本质在于追求快乐，途径有两条：发现快乐的时光，增加它；发现不快乐的时光，减少它。"

如果领导者以情商为基础缔造领导力，打造高情商组织，让组织充满和谐，让人们内心幸福，进而实现幸福人生，自然会实现人与人和谐、人与组织和谐、组织与组织和谐、人与自然和谐。让人们以阳光心态面对工作与生活，更有利于建设和谐美丽中国。

吴维库

清华大学经济管理学院教授

前　言

我们创作这本书的一个很主要的原因是，众多带着极大热情的读者对于《哈佛商业评论》上刊登的《什么成就了一个领导者？》和《高效领导力》两篇文章有极大的反响。但是，这本书在这些文章基础上又提出了一种全新的概念：原初领导力。我们认为，领导者的根本任务是为员工带来积极的情感。只有当领导者可以创建共鸣时，这一点方才能够实现，共鸣就像是一个积极情感的存储器，可以使人们展现出自己最好的一面。那么，从根本上而言，领导力的首要工作就是情感。

虽然领导力的这一主要方面通常是无形的或者完全被忽视，但我们相信，它决定了领导者所做的一切是否可以如愿以偿地起到应有的作用。这也正是情商（即情感方面的智商）对成功领导力如此重要的原因所在：原初领导力需要通过情商来实现。在本书中，我们不仅解释了为何情商可以促进共鸣的建设以及工作表现，还展示了情商领导力是如何在个体领导者、团队和整个组织中施展它的能力的。

在管理理论中，也许原初领导力模式是唯一一个建立在神经学的联系上的理论。大脑研究上的重大突破揭示了为什么领导者的情感和行为会对下属产生巨大的影响，阐明了情商领导力鼓舞、激发人们热情和积极性以及保持人们工作动力和奉献精神的能力。相反，我们也发出了有关有害领导力对工作场所情感氛围的巨大破坏力的警告。

我们三个人分别采用了不同的角度来完成这项任务。丹尼尔·戈尔曼关于领导力的书籍以及在《哈佛商业评论》上刊登的相关文章在世界上赢得了巨大的反响，因此他受邀为世界各地的领导者做演讲。除了他个人的世界巡讲，作为魏德海管理学院的教授，理查德·博亚特兹在15年内指导了上千位工商管理学硕士和高管的情商领导力的基本能力培训，因此在进行深入研究调查方面具有很大的优势。安妮·麦基在宾夕法尼亚大学的教育学研究生院任教，她咨询了世界各地公司和组织的领导者，并且从她帮助几十家企业转向培养情商领导者的手头工作中获得了许多实际的见解。我们将彼此的专长结合在一起，并利用我们多样化的背景优势，为大家提供了一种全新的视角。[1]

我们与世界各地的公司和组织的上百名高管、经理和员工交谈过，因此我们很清楚原初领导力的多种表现。我们遇到过各种各样组织的共鸣型领导者。有些人并没有正式的领导职位，但如果需要，他们都会挺身而出带领大家，然后当另一个成熟时机到来时，他们就会退居幕后。其他人则是领导一个团队或者整个公司，在创业时期起到积极的引导作用，促进组织变革，或者灵活地退出并建立自己的公司。

在书中，我们会与大家分享许多这种领导者的故事（我们给出了其中一些人的名字，其他人的名字出于保密原则我们并没有直言）。此外，我们用上千名领导者的真实数据和资料证实书中的言论和观点。

我们也从其他的来源获得了大量丰富数据和资料。合益集团研究部门的同行也与我们分享了他们近 20 年全球客户的领导效能分析成果。近年来，一个不断扩大的学术研究人员网络一直在用 360 情感能力调查表（ECI-360）来收集数据和资料，这是我们领导力所需的关键情感能力的评估标准。此外，许多其他研究中心的情商和领导力调查结果的主体和理论也都正在平稳发展中。

从所有资料中，我们寻找到了关于原初领导力问题的答案：在混乱动荡的变革中，领导者需要哪些情感资源才能获得成功？是什么赋予了领导者强大的内在力量，使他能坦诚面对令人痛苦的事实？是什么使领导者能够鼓舞员工做出最佳表现，同时让他在面对其他工作诱惑时保持对公司的忠诚度？领导者如何创造一种情感氛围，培养创新、毫无保留的工作表现或者与客户保持热情、持久的关系？

很长时间以来，管理者们一直都把工作中的情感看作扰乱组织理性运转的噪声，但是忽视情感并认为它与商业无关的时代已经过去了。现在世界各地的组织所需要的是，通过培养那些可以产生共鸣、促人发展的领导者，最终意识到原初领导力的益处。

我们以 2001 年 9 月 11 日发生在纽约、华盛顿和宾夕法尼亚的可怕的灾难为例。这一灾难突出了情商领导力的重要作用，尤其是在人类悲剧和危急时刻中的作用。它使我们深刻地认识到，在覆盖情感范围时，共鸣的作用要远远超过积极性。再来考虑一下马克·罗尔（Mark Loehr），他是康涅狄格州一家科技经纪公司——桑德韦尤公司的首席执行官。在这场大灾难中，这家公司的很多员工失去了朋友、同事和家人。罗尔的第一反应就是在第二天把所有员工都召集到办公室，不是为了工作，而是分担他们的感受、讨论应该做些什么。在接下来的几天里，当人们哭泣流泪时，罗尔就会陪在他们的身边，鼓励大家说出自己承受的事情。每天晚上 9 点 45 分时，他就会给全公司的员工发一封私人邮件。

罗尔更进一步地鼓励并指导大家，探讨如何在这场灾难中寻找有意义的事情，让所有人都参与到帮助他人的实际行动中。他们没有简单地捐赠了事，而是决定将公司一天的收益捐赠给受害者。他们平均每天收益超过 50 万美元，最多的一天实现了 100 万美元左右的收益。不过当他们在传递为客户服务的理念时，也收到了惊人的回报：当天筹集了 600 多万美元的善款。

为了继续这种治愈过程，罗尔还要求员工写一份“纪念手册”，记录他们的想法、恐惧和希望，用于与后人分享。此外还有许多人们由心而发的诗歌、故事和反思的邮件。

在如此重大的危机中，所有的目光都转向了领导者以寻求情感指导。因为领导者看待事情的方式拥有特殊的影响，所以领导者要管理好团队的价值，为大家提供一种解读或理解某一特定境况的方法，并对此给出情感上的反应。马克·罗尔勇敢地实施了领导力中最关键的情感任务之一：即使是在面对混乱和疯狂时，他也可以帮助自己和他人找到存在的意义。为了做到这一点，他首先适应并表达了大家共有的情感事实，这样最终他指定的方向就可以在直觉上产生共鸣，将每个人的心声和感觉用语言表达出来。

如果在我们工作的组织里很自然地就存在共鸣，并且领导者会鼓舞我们，那我们的生活将会是怎样的呢？在发展中国家的许多地区，最佳的商业惯例尚未形成。试想一下，如果这些共鸣型领导力的概念是组织的基本原则（在一些高度发达的商业环境中往往就是如此），而非后来的纠正性策略，那这个组织又将会是什么样的呢？如此一来，最初招聘时会把重点放在一些具有情商领导力的人身上，升职和个人职业发展亦是如此。不断地学习这些领导能力将成为每天工作的一部分，整个组织将会成为一个大家一起努力工作、蓬勃发展的场所。

然后试想一下，如果我们将这些才能和品质带给我们的婚姻、家庭、孩子和社区将会怎样呢？很多时候，当我们和领导者一起工作，帮助他们培养更广泛、更深远的情商时，他们告诉我们，他们所收获的并不仅仅体现在领导工作中，还体现在他们的个人和家庭生活中。他们发现自己为家庭带来了高度的自我意识、包容理解、自我克制以及和谐的家庭关系。

我们更进一步地来看待此事。如果学校教育也包括这些可以产生共鸣的情感能力，那我们的学校和孩子又将会是什么样子？一方面，每个老板都会很欢迎那些已经掌握了关键工作能力的新生代领导者加入他们的行列。年轻人自己的个人利益也会在暴力事件、滥用药物等社会问题的减少中有所体现，这些社会问题的出现很大一部分都是因为缺乏应对冲动和不稳定情感的能力。除此之外，社区也将会因为高度的宽容、关怀和个人责任感而受益良多。

鉴于领导者自己想要从员工身上寻找到这些能力，那么大学、职业学校，尤其是一些商业院校，在它们所教授的技能知识中就应该包括情商的基本能力教育。正如文艺复兴时期伟大的思想者伊拉斯谟所言："一个民族最大的希望在于对青年的正确教育。"

我们希望，最具创新性的商业教育者可以意识到高等教育中情商的重要性，它可以帮助毕业生成为真正的领导者而非仅仅是管理者。最具前瞻性思维的商业人士会鼓励并支持这种商业教育，他们这样做不仅仅是为了壮大自己组织的领导力量，也是为了提高整体经济的活力。因此所带来的好处不仅会有益于新一代的领导者，也会恩泽我们的家庭、社区以及整个社会。

最后一点提示：组织中有很多领导者，而并不是只有一个。领导力是分散的，它不仅仅存在于高层的个人身上，也以某种方式存在于各个级别的每一个人身上。他们对于团队的追随者而言就是领导者，无论他们在组织中身居何职，无论他们是工会代表、小组组长还是首席执行官。无论领导者身居何职，我们都会为他们提供这些见解。

Part

- 1 -

第一部分

为什么领导
情商如此重要

第一章

“情感鸡汤”：用情感领导和管理团队

优秀的领导者可以促人前进。他们可以点燃我们的热情，激发我们的最佳状态。当我们试图对此进行解释时，通常会将之归因于领导者的战略眼光、远见卓识或者是强大的思想。然而，真正的原因则更为基本：卓越的领导力是通过情感来发挥作用的。

无论领导者是打算制定新的策略还是调动团队积极行动，成功与否取决于他们的做事方式。即使是万事俱备，如果领导者无法完成最根本的任务，即正确引导人们的情感，那么一切也都将不尽如人意。

举例来说，英国传媒业巨头——英国广播公司的一个新闻部门处于生死攸关的关键性时刻。该部门成立之初就只是为了做一项试验，但部门内的200多名记者和编辑对这份工作都全身心投入，并且认为自己已经竭尽所能，然而不幸的是，管理层早已决定要撤销该部门。[1]

奉命传达这个坏消息的主管一开始就大肆表扬竞争对手的业务做得如何好，讲述着自己的戛纳之旅是多么美妙，然而这样的开场似乎并没有起到任何的帮助作用。本来这就是一个坏消息，而这位主管无礼、傲慢的传达方式给员工带来了预料之外的更大的挫败感。员工被激怒了，这不仅仅是因为管理层的决定，也是因为这位传达消息的主管。当时的气氛变得非常紧张，事实上，这位主管在保安的护送下才得以安全离开这里。

第二天，另一位主管又向该部门的员工传达了这个坏消息。他采取了截然不同的一种方式。他发自肺腑地讲述了新闻工作对保持社会活力的重要性，并且谈到了最初吸引这些员工进入这个行业的使命的重要性。他提醒大家，当初他们中没有一个人是为了发财而加入这一行业的，因为这个行业的工资并不高，而且在经济浪潮中也很不稳定。他唤起并激发了记者们对自己职业的热爱之情和奉献精神。最后，他祝愿所有的员工未来可以事业有成、一帆风顺。

当他的讲话结束时，员工都为之欢呼不已。

这两位领导者之间的区别在于他们传达信息时的情感和语气不同：第一位主管把员工推向了敌对面，使他们产生了很大的不满和敌意；另一位主管则激励员工积极面对困难。这两种情形揭示了领导力中潜在的、至关重要的一个方面，即领导者说话做事时的情感影响。

虽然绝大多数人都认识到，领导者的情绪以及对他人情绪的影响在任何一个组织中都发挥着至关重要的作用，但是情绪往往被看作一种太过私人并且无法量化的东西，因而谈论也显得毫无意义可言。然而在情感领域所进行的研究不仅敏锐地洞察了如何衡量领导者的情感影响力，而且明晰了优秀领导者是如何找到有效的方法来理解和改进他们处理个人及他人情感的方式的。了解情感在工作场合中所发挥的有力作用，可以使优秀领导者脱颖而出，他们的优势不仅仅体现在一些有形的方面，如创造更好的业绩、留住人才，也体现在其他一些非常重要的无形的方面，比如更高的士气、更大的动力和更具有奉献精神等。

情感：领导者首先要面对的

领导者所面临的情感工作是第一位的，这一点体现在以下两个方面：它是领导力的原初行为，同时也是领导力中最重要的行为。

领导力总是发挥着一种原始的情感作用。毫无疑问，人类最初的领导者，无论是部落酋长还是萨满巫师，他们之所以能够赢得领导地位，很大程度上是因为他们的领导力所具有的情感信服力。纵观历史和世界各地的文化，在任何人类团体中，当人们面对不确定性因素、威胁或者开展工作时，领导者都是他们寻求保障和安全感的对象。领导者扮演的是团队的情感向导。

在现代组织中，虽然这种原始情感任务至今被大多数人所忽视，但在领导力的各个方面中仍处于首要地位：它可以把集体情感引向积极的方向，清除不良情绪所带来的影响。无论是在高层还是基层，情感任务适用于所有的领导力。

很简单，在任何人类群体中，领导者对他人情感的影响是最大的。如果人们的情感被推向积极的一面，那么他们的表现将会有极大的提升；如果人们的情感被推向怨恨和焦虑的一面，他们的步伐则会被打乱，表现失常。这表明了原初领导力的另一个重要方面：它的作用远远不只是确保做好一项工作这么简单。追随者希望从领导者那里获得支持性的情感互动，即同理心。所有的领导力都包含了这一基本、原始的方面，它既可成事也可败事。当领导者带动人们的积极情感时，就如同英国广播公司第二位主管所采取的方式，他们就可以激发出员工的最佳状态。我们将这种效应称为共鸣。当领导者把员工的情感推向消极面时，就像第一位主管那样，会使群体内部产生不和谐因素，并且逐渐破坏那些使人们表现出众的情感基础。一个组织的兴衰在很大程度上都取决于领导者在基本情感方面所具有的效率。

当然，原初领导力能使每个人发挥所长的关键在于领导者的情商领导能力：领导者如何处理他们自己的情感以及他们的人际关系。那些可以把原初领导力的作用发挥到极致的领导者，才能正确引导人们的情感。

那么原初领导力又是如何发挥作用的呢？最近对人类大脑的研究揭示了原初领导力的神经机制，同时也阐明了为何情商如此重要。

共同的情感：为什么领导者的行为如此重要

领导者的行为（不仅仅包括他所做的事情，也包括他做事的方式）之所以如此重要，其原因在于人类大脑的构造：科学家已经开始将之称为大脑边缘系统的开环性质，这种边缘系统就是我们的情感中心。而像循环系统这样的闭环系统则是通过自我调节来实现正常运转的，我们周围其他人循环系统正发生的一切不会影响我们自身的系统。而开环系统则主要依赖外部资源来管理自身。

换句话说，我们依赖与他人的联系来保持自我情感的稳定。毫无疑问，开环的大脑边缘系统是人类进化中的一个非常成功的构造。因为人们通过这一开环系统可以给他人带来情感上的慰藉，比如母亲可以抚慰正在啼哭的婴儿，或者灵长类动物中的“哨兵”察觉到危险时会立刻发出警告信号。

尽管表面上看我们处于先进的文明之中，但开环系统原理依然占据主导地位。一项针对重症监护室病患的研究显示：其他患者舒适的状态不仅可以降低病人的血压，还能减缓导致动脉堵塞的脂肪酸的分泌。[2] 更具戏剧性色彩的是，那些与社会隔绝的中年男子如果一年内遇上三起或者三起以上压力巨大的事件（比如严重的财务危机、被解雇或者离婚），那么他们的死亡率将会增加三倍，而对于那些拥有亲密人际关系的中年男子而言，死亡率则不会受到这些影响。[3]

科学家将这种开环系统描述为“人与人之间的边缘性规则”，人们可以借此传递信号，以此改变他人的荷尔蒙水平、心血管功能、睡眠规律甚至是免疫功能。[4] 因此一对热恋中的爱侣能使对方大脑中的后叶催产素升高，这将会培育出一种甜蜜温馨的情感。除了恋爱，在社会生活的其他各个方面，我们的生理机能也是相互交织、相互影响的，我们的情绪会自动传染与我们相处的人。大脑边缘循环系统的开环构造意味着他人可以改变我们的生理状态以及我们的情感。

尽管开环系统是我们生命中非常重要的一部分，但通常情况下我们还是会忽视它。科学家通过测定两个交谈正欢的人的生理指标，比如心率，在实验室中把握情感调节的过程。在谈话开始阶段，两位谈话者的身体运行节奏各不相同。但是在经过 15 分钟的简短对话后，他们的生理指标就会出现很大程度上的相似性，这种现象称为反射效应。这一同化过程不仅会在不断升级的冲突中发生，彼时愤怒和伤害会引起强烈的反应，还会出现在气氛友好的会谈中，[5]但是在不带任何感情色彩的中立性谈话中则几乎不存在。每当人们相互接近，甚至是完全通过非语言的方式进行交流时，也会出现情绪的相互影响，研究者已经多次证实了这一点。例如在 1—2 分钟的时间内，三个陌生人相对而坐、面面相觑、沉默不语之时，情感最为丰富的人什么都不必说就能把自己的情绪传染给在座的另两位。[6]在办公室、会议室、商店中亦是如此。参与团队工作的人们不可避免地会受到他人情感的影响，他们彼此分享着各种不同的情绪，比如妒忌、羡慕、愤怒和欣喜。团队间关系越亲密，情绪的相互影响、情感经历甚至包括敏感问题在内的共鸣也就越大。[7]

我们以涉及不同行业的 70 个工作小组为例，成员围坐在一起开会，在两个小时内分享着彼此积极或消极的情绪。[8]当他们一起工作时，护士团队，甚至会计师团队会连续数周或每隔几个小时对情感进行监测，监测结果显示成员的情感存在共通性，无论他们的争论多么激烈，整个团队依然存在着共同的情感。[9]对专业运动团队的研究同样也揭示了相似的结果：除了团队名次的起起落落之外，其队员的情感在数天或数周内存在很大的相似性。[10]

“情感鸡汤”：感染力和领导力

团队成员之间的大脑边缘循环系统的开环性持续相互作用，可以创造出一种“情感鸡汤”，每位成员都把自己的独特风味添加到汤中。

但是团队的领导者加入的是最浓烈的佐料。这是为什么呢？原因在于一条永恒的商业真谛：每个人都在关注他的领导者。人们从高层获得情感暗示，即使在那些老板并不轻易现身的工作场所也是如此。例如在楼上独立办公室办公的首席执行官，他的态度也会影响直属员工的情绪，并且通过多米诺骨牌效应波及整个公司，从而影响公司整体的情感氛围。[11]

我们对实际工作中的团队进行了仔细的观察，发现了领导者对集体情感产生决定性作用的几种方式。[12] 通常领导者发表的讲话要比其他人多得多，而人们聆听领导者讲话时也更仔细。领导者通常也是第一个就某一主题发表讲话的人，而其他人发表意见时，他们最常提及的往往也是领导者的讲话，而非其他人的评论。因为领导者看待事物的方式有一种特殊的影响力，所以他们负责管理团队意图，并为团队成员提供解读既定情境的方法以及对此情感上的反应。[13]

但是，影响员工情感的因素并不仅仅是领导者的言语。研究表明，领导者即使是在保持沉默时，仍是团队中备受关注的人。当对整个团队进行提问时，人们总是会把目光定格在领导者的身上，期待他们的回答。的确，团队成员通常将领导者的情感反应视为最有效的答案，并且仿效领导者做出自己的情感反应，尤其在情况不明、团队成员反应不一的情况下，更是如此。在某种意义上，领导者设定了整个团队的情感标准。

领导者可以慷慨地赞美他人，也可以对此有所保留；可以提出建设性的批评，也可以给予毁灭性的斥责；可以支持、满足员工的需求，也可以对此视而不见、听而不闻；可以在规划团队使命时，对每位成员的贡献都赋予更大的意义——然而他也可以不这样做；也可以指导员工明确他们的工作职责和方向，鼓励灵活性，给予员工自由度，使他们可以充分利用自己的判断力去完成工作。所有这些行为都可以决定一个领导者的原初情感影响力。

然而，在一个团队中并不是所有正式的领导者都是团队的情感领导者。如果官方任命的领导者由于某种原因而缺乏信誉时，员工可能转向他们信赖和尊敬的人寻求情感上的指引。这位事实上的领导者便成了塑造其他员工情感反应的人。例如，有一个知名的爵士乐团，虽然以其形式上的团长兼创办人的名字命名，但该乐团的情感暗示来自乐团中的另一位音乐家。乐团创办人虽然继续负责演出、票务安排以及后勤事宜，但当要决定乐团接下来的演奏曲调或者如何调整音响效果时，成员的目光就会转向占据主导地位的成员——乐团的情感领导者。[14]

什么样的领导更能吸引人才

然而，不管情感领导者是谁，他都可能具有一种特殊的能力，即扮演边缘情感的吸引者，能够对周围人的情感产生显而易见的影响。例如，我们欣赏一位颇具天赋的演员的表演，可以观察到他是如何轻而易举地就能将观众吸引到他自己的情感轨道中的。无论他所表达的情感是遭人背叛后的苦楚，或是胜利时的欢欣鼓舞，观众都感同身受。

情绪可以传染——欢笑的力量

情感可能会像病毒一样广泛传播，但并不是所有的情感都可以如此轻易地进行传播。耶鲁大学管理学院的一项研究发现，在工作团队中，快乐和热情是最容易传播的，烦躁、恼怒传染性较差，而沮丧则几乎不会传播。[15]积极情绪的扩散概率更高，这会直接影响企业的绩效。耶鲁大学的研究还发现，情绪可以影响人们的工作效率：积极乐观的情绪可以促进团队合作和工作的顺利开展，同时提升企业绩效。

笑声尤其可以展现开环系统运行中的力量，因此也能证明情感的可传染性特质。当我们听到笑声时，也会不由自主地微笑或大笑，从而在整个团队内产生一种自发的连锁反应。快乐之所以能够如此容易地传播，是因为人的大脑中存在开环回路，它们专门用于检测那些可以使我们快乐的微笑，其结果是产生一种积极的“情感绑架”。

同样，在所有的情感信号中，笑是最具传染性的。它具有一种人类几乎无法抗拒的力量，促使大家对微笑报之以微笑。[16]微笑的力量之所以如此强大，可能是因为它在人类进化过程中发挥着有益的作用：据科学家推测，微笑或大笑已经演变成了一种非言语行为，它可以巩固人们的同盟关系，并且表明某个人处于一种非常放松、友好的状态，而不是充满警惕和敌意。

大笑可以使人们对这种友好产生一种独特的信任感。与其他的情感信号不同的是——尤其是，微笑是可以假装的，开怀大笑涉及的是极为复杂的神经系统，而这些神经系统大部分都是不受人为控制的：开怀大笑是很难假装出来的。[17] 因此，虚假的微笑可能很轻易就可以躲过人们情感雷达的监测，但强颜的欢笑则很难令人信服。

从神经学角度而言，笑声代表着人与人之间最短的距离，因为它可以迅速地连接人们的大脑边缘系统。正如一位研究者所提出的，这种直接的、无意识的反应涉及“人与人之间可能发生的最直接的交流，即大脑与大脑间的交流，此时人的智力并不会起太大的作用，这可能就是所谓的‘边缘栓’”。[18] 那么企业里互相喜欢的人们会更容易也更经常笑；那些互相不信任、不喜欢或者存在争执的人，即使是有，他们也很少聚到一起开怀大笑，当然这并不足为奇了。

因此，在任何工作环境中，笑声都是团队情感热度的标志，为人们提供了一种明确的信号，表明人们的欢笑是发自内心的。此外，工作中笑声与人们所讲的某个千篇一律的笑话无关：一项针对 1 200 段社交笑声的研究表明，通常笑是对一些诸如“见到你很高兴”之类的稀疏平常的言语的一种友好回应，而不是因为听到一个妙语连珠的笑话。[19] 善意的欢笑可以传达出一种安慰的信息：我们的观点一致，并且可以和睦相处。它象征着信任、慰藉和共同的世界观。作为谈话的一种节奏，欢笑意味着此时一切安好。

那么，人们如何轻易地捕捉领导者的情感状态，取决于领导者的面部表情、声音和姿势是如何表达情绪信息的。领导者表达情感的技巧越强，情感传播也就越有力。当然，这种情感信息的传递并不在于戏剧性的言行举止。人们总是密切关注着领导者的一言一行，所以即使是最细微的情感表现也可以产生很大的影响。然而即便如此，领导者越坦诚，比如，他们善于表达自己的热情与兴奋，其他人也将越容易感受到同样的、富有感染力的热情。

具有这种能力的领导者就像情感磁石一样，人们自然而然地就会被他们所吸引。试想一下那些在企业里最受员工欢迎的领导者，他们也许就具有这种散发积极情绪的能力。这也正是情商领导者能够留住人才的原因之一，因为与他们一起工作是一种享受。相反，那些传递消极情绪的领导者会让员工望而却步，他们很烦躁、易怒、盛气凌人而又冷漠无情，没有人愿意为一个牢骚满腹的人工作。研究已经表明：相对于那些带有消极情绪的老板而言，积极乐观、热情洋溢的领导者更容易留住人才。[20]

现在，我们将进一步了解原初领导力的影响，以检验情感对工作效率的影响有多大。

情绪如何影响结果

情感往往都非常强烈、短暂，有时还会对工作产生破坏性的作用；而情绪则相对较弱，也更持久，一般不会干扰人们手头的工作。每段情感经历通常都会留下一种相应的、持久的情绪：贯穿整个团队的低调而持久的情绪。

从整个企业的角度而言，情感和情绪看上去似乎有点微不足道，但它们的确会影响工作的完成与否。领导者的轻度焦虑可以充当一种信号，表明人们需要更加关注并认真思考某一事情。实际上，当面临某种危险境遇时，冷静的情绪可以起到很大的帮助作用，而过于乐观则可能会使人忽视一些潜在的危险。[21] 突如其来的愤怒可以将领导者的注意力集中在某一个迫切的问题之上——比如某位高管人员涉嫌一起性骚扰事件，最终被人揭发，此时，领导者需要的是把精力从日常问题转移到寻找解决方案上，比如加大力度彻底根除性骚扰问题。[22]

轻度焦虑（比如因日益逼近截止日期而担忧）可以集中领导者的注意力和精力，而长期的苦恼则可以减弱大脑处理信息和采取有效反应的能力，进而破坏领导者的人际关系，阻碍工作的运行。另一方面，发自内心的欢笑或者积极乐观的情绪往往可以增强人的神经系统能力，这对于做好工作是至关重要的。

积极和消极的情绪自身都会持续很久，一定程度上是因为它们会使人的感知和记忆产生偏差：当人们保持积极乐观的心态时，他们就可以在某一境况中看到积极的光芒，并且会回忆起与之有关的美好事情；而当情绪低落时，他们往往会把注意力放在一些消极的事情上。[23] 除了这种感知偏差以外，当人们心烦意乱时，就会分泌压力荷尔蒙（又名应激荷尔蒙），而这些荷尔蒙的再次吸收和消退需要耗费几个小时的时间。这就是为什么与老板的敌对关系会使人陷入烦恼之中，整日心事重重，身体也无法恢复平静：开会时他令我感到非常不快，以至我昨天晚上辗转反侧，久久难以入睡。因此，自然而然地，我们更喜欢与那些积极乐观的人共事，部分原因是他们让我们感到心情舒畅。

不要绑架员工的情感

消极的情感——尤其是长期的愤怒、焦虑或者徒劳感，会极大地扰乱人们的工作，同时分散对手头工作的注意力。[24] 比如，耶鲁大学一项对情绪和情绪感染力的研究表明，当管理团队就如何最佳分配年度奖金做出行政决策时，积极的情绪会极大地促进团队表现，而消极的情绪则会起到破坏作用。值得注意的是，团队成员自身并没有意识到个人情绪所产生的影响。[25]

例如，在一家国际连锁酒店内，在所有的交谈中最易使大家陷入消极情绪的就是与管理层某位领导的谈话。员工与领导的谈话十有八九会产生消极的情绪，比如沮丧、失望、愤怒、悲伤、厌恶或痛苦。相对于顾客、工作压力、公司政策或者私人问题而言，这些谈话更能让大家感到烦躁不安。[26] 这并不是说领导者需要多么善解人意，领导力的情感艺术应包括强调工作需求的现实，同时又不会让员工感到过度不安。心理学中最古老的一条定律认为，如果焦虑和担忧的增加超出了适当的水平，就会削弱人的心智能力。[27]

忧虑不仅可以削弱人的心智能力，也会降低人的情商。心烦意乱使人无法准确获得其他人的情感，同时也会降低同理心所需的最基本的技能，最终破坏他们的社交能力。

另外一个考虑是，工作满意度的最新发现表明，人们在工作中所感受到的情感可以最直接地反映真实的工作生活的质量。[28] 事实证明，人们工作中感受到积极情感所占的时间比例，是人们工作满意度中最强的预测指标之一，比如它会影响员工辞职可能性的大小。[29] 从这个意义上来说，传播消极情绪的领导者对企业有害无益，而那些传递积极情绪和正能量的领导者则会推动企业成功。

情绪好则工作状态佳

当人们心情舒畅时，自然也会表现出最佳的工作状态。积极的情绪可以提高大脑的运转效率，使人们即使在复杂的判断中也可以更好地理解信息，并采取合适的决策规则，同时也使思维变得更加灵活。[30] 研究表明，积极乐观的情绪会使人们以一种更加积极的态度来看待他人或事情。反过来，这也有助于人们更加乐观地看待他们实现目标的能力，增强创新能力和决策能力，同时使他们更乐于互相帮助。[31] 例如，与悲观的同行业者相比，在面对拒绝时积极乐观的保险代理商更可能会坚持下去，因此他们的业绩也更好。[32] 此外，对工作中幽默感的研究表明，一个适时的笑话或玩笑可以激发人们的创造力，打开更多的沟通渠道，增强他们之间的联系和信任感，当然也会增加工作的乐趣。[33] 在谈判的过程中，幽默感可以增加价格让步的可能性。所以，幽默在情商领导者的能力中占有显著的地位也就不足为奇了。

当谈到团队合作时，积极的情绪就显得尤为重要：领导者需要将整个团队融入积极、合作的情绪中，这种能力决定了团队的成功与否；另一方面，当团队中的情感冲突分散了人们对共同工作的注意力和精力时，整个团队的表现也会因此而受影响。

现在我们来参考一项调查研究的结果，该调查的研究对象是 62 位首席执行官和他们的高层管理团队。[34] 这些首席执行官分别来自世界 500 强企业、美国服务行业的领先企业（比如咨询公司和会计师事务所）、非营利性组织和政府机构。该项研究评估了这些首席执行官和高管团队成员在活力、热情和决心等方面的积极情绪。此外，他们还讲述了管理团队所经历过的冲突和骚乱，主要是会议中的性格冲突、愤慨与摩擦，以及情感冲突（与观点分歧形成对比）。

研究发现，高管团队的整体情绪越积极，他们的合作就越默契、成功，自然公司的业绩也就会更上一层楼。换句话说，一个不融洽的管理团队经营一家公司的时间越长，这家公司的市场收益率就会越差。

因此，团队智商，即每个人尽最大努力所表现出来的最佳才能的总和，它的高低取决于团队在和谐氛围中的情商的高低。善于团队协作的领导者可以高度保持团队的合作，并确保最终的决策不辜负大家在会议中所付出的努力。这样的领导者知道如何平衡全局，既确保团队对手头工作的专注，又确保对成员关系质量的关注。他们可以很自然地创造一种友好而又高效的工作氛围，鼓舞并振奋大家的士气和情绪。

如何量化企业情绪

当然，人们普遍认为，积极乐观的员工更有可能会加倍努力取悦顾客，以此提高企业业绩。但实际上这其中还存在着一种对数关系：服务氛围每提升一个百分点，企业收益就会增加两个百分点。[35]

本杰明·施奈德（Benjamin Schneider）是马里兰大学的教授，他发现在银行分行、保险公司地区办事处、信用卡服务中心及医院等不同的机构中，员工的服务氛围评级预示着顾客的满意度，而顾客的满意度可以提升企业的业绩。同样，在特定的时间段内，如果一线的客服代表士气低落，那么就预示着企业将面临较大的人员流动以及持续下降的顾客满意度，虽然这种结果可能会在三年之后才显现出来。反过来，这种较低的顾客满意度必然使企业的收益不断下降。[36]

微笑服务

在商业的方方面面中，优质的客户服务是所有服务行业的制胜利器，而对它影响最大的就是情绪感染力，因此它也受大脑开环系统的影响。众所周知，客服工作需要承受很大的压力，情感自由流动性也很高，顾客的情感会影响一线客服人员的情感，而职员的情感波动也会影响顾客的心情。当然，从企业的角度而言，客服人员的情绪低落绝对是个坏消息。首先，粗鲁无礼是具有传染性的，无论提供的服务本身好与不好，这都会让顾客感到极为不满，甚至愤怒。其次，脾气暴躁的职员服务态度很恶劣，有时还会产生致命的危害：如果重症监护病房的护士普遍情绪都很低落，那么病人的死亡率比相似病房要高出4倍。[37]

相反，服务人员的积极情绪也会有助于企业的发展。如果顾客发现与售货员的交谈甚欢，他们就会认为这家商店很不错。这不仅意味着商店赢得了更多的回头客，同时还形成了良好的口碑广告。此外，如果服务人员心情很好，他们也会更乐于取悦顾客。对美国一家零售连锁店的32家商店的研究表明，如果商店的销售人员保持积极乐观的心态，那么商店就会收获最佳的销售业绩。[38]

但是，这一发现与领导力之间又有什么关系呢？在所有的零售商店中，店长创造了积极的情感氛围，进而影响销售人员的情绪，最终又会提高销售业绩。如果店长们本身就精力充沛、自信乐观，那么他们的这些情绪也会感染员工。[39]

那么解决方案是什么呢？除了情感氛围与工作环境或薪酬的明显

关联以外，共鸣型领导者也发挥着关键的作用。一般情况下，工作的情感要求越高，领导者就越应该给予更多的理解和支持。领导者影响着服务氛围，进而使员工也更乐于满足顾客的需求。例如，在一家保险公司中，施奈德发现有效的领导力可以影响服务氛围，使代理商在保险续单上产生 3%—4% 的差异，这个比例虽然看似很小，但对企业而言意义重大。

组织的咨询顾问长期以来一直认为，一个业务部门的人际氛围与企业的业绩有着某种积极正相关的联系。但是可以证明两者间关系的数据不足，因而在实践当中，领导者更容易忽视他们的个人风格以及其对员工产生的影响，而只是关注于“更现实的”企业目标。不过，现在通过对各个行业的领导力与氛围、企业业绩关系的研究，我们掌握了一些数据，使量化企业“软情绪”对企业业绩的影响成为可能。

比如，在一家全球的食品饮品公司中，主要部门的积极氛围信息预示着更高的年度收益率。一项针对 19 家保险公司进行的研究发现，首席执行官在直属员工中创造的氛围预示着整个组织的业绩：在 75% 的情况下，我们仅仅根据氛围就可以准确地把企业分成两类，即利润及增长较高的企业和较低的企业。[40]

氛围自身并不能决定企业的业绩，决定哪家企业可以在某一特定季度获利的因素极为复杂。但我们的分析表明，总体而言，人们对所在公司的感受，即氛围，在影响企业业绩的因素中占据了 20%—30%。如果领导者可以激发出员工的最佳工作状态，那么最终企业也将获得成功。

如果说氛围影响企业业绩，那么又是什么影响了氛围呢？人们对组织氛围的看法中 50%—70% 都可追溯到一个人的行为上：领导者。领导者比其他任何人更能创造组织的整体工作环境和氛围，这也直接决定了人们努力工作的能力。[41]

总而言之，领导者的情感状态和行为的确会影响员工的情感和表现。因此，领导者如何管理好自己的情绪以及对他人的情绪影响，并不仅仅是个人的事情，也是影响企业良好运转的一个重要因素。[42]

由此我们了解了人类大脑是如何更好或更坏地影响原初领导力的。

第二章

激发团队活力和员工积极性：情感共鸣的重要性

现在我们回到前面所讲的英国广播公司裁撤部门的案例中。第一位传达坏消息的管理者使员工陷入了愤怒，以至几乎要在保安的护送下才能平安走出办公室，这恰好印证了我们所说的缺乏共鸣感的领导力：他不了解办公室里员工的情绪，因此他的传达方式使员工的心情急剧变差，从最初的沮丧和敌意转为怨恨和愤怒。

当这样的领导者无法准确理解或解读团队的情感时，他们就会使团队产生不和谐因素，传达出本不必如此令人沮丧的消息。然后，这种集体的苦恼就会成为团队的当务之急，分散了团队成员对领导者传达的信息本身或对他们的使命的关注。在任何工作环境中，我们都很容易就可以判断出一个缺乏共鸣感的领导者所产生的情感和业务影响：人们感觉失去了平衡，因而工作表现也不佳。

第二位管理者赢得了这些被解雇员工的一片掌声，充分体现了共鸣型领导力：他了解员工当时的感受，并且引导他们走向积极的情感方向。他从自己的价值观出发讲了一番发自肺腑的话，并且与周围的员工产生了情感共鸣，他所采取的信息传达方式触及了人们内心深处的情感，因此即便是在如此艰难的时刻也可以让员工感到振奋和鼓舞。当一个领导者激发起人们的共鸣时，你可以从人们的眼中看到这一点：他们深深地为之所吸引，并且欣喜不已、激动万分。

英文“共鸣”（resonance）这个词的根源揭示了一切：拉丁词源为“resonare”，即回响。根据《牛津英语词典》的解释，共鸣即“通过反射或共振实现声音的增强或延长”。当两个人情感波长相同或感觉相同时，他们就会产生共鸣。共鸣的本意就是同步的“回响”，它可以延长人们的积极情感。

共鸣领导力的一个标志就是有一群追随者，并且他们与领导者乐观和积极的能量存在共鸣。原初领导力的一条格言就是，共鸣可以扩大并延长领导力的情感影响。人们相互间存在的共鸣感越强烈，他们的交流就会越多；共鸣可以最小化系统内的矛盾和争辩。正如一个企业所流行的口头禅，“一个团队”意味着“信号最大化，噪声最小化”。所以，把人们聚合在一个团队内，并使其投身于企业工作中的黏合剂正是他们所感受到的情感。[1]

领导者如何良好地管理并运用这些情感帮助团队实现目标，取决于领导者的情商水平。高情商领导者自然而然地就可以激发共鸣，他们的热情和积极的能量会贯穿于整个团队之中。但是即便如此，这些领导者有时也应该在恰当的时机，表现出一种更加认真严肃的情绪，用同理心去调整、统一员工的情感变化。比如，如果发生的某件事令员工感到群情激奋（比如某个部门的关闭）或伤心（比如大家喜爱的一位同事身患重病），高情商领导者不仅需要理解这些情感，还应该代表团队将这些情感表达出来。这种共鸣感就像积极的情感一样，会强化人们之间的协调性，因为它让大家感受到了理解和关怀。

在情商领导者的指导下，人们可以感受到共同的慰藉。他们分享各自的观点，互相学习，集体做出决策，并合作完成工作。他们之间形成了一种情感上的纽带，使他们即使是在面对巨大的变化和不确定性时依然可以保持专注力。也许更重要的是，从情感层面上将大家联系在一起会使平凡的工作变得更加有意义。我们都知道在某个激动人心的时刻，或因圆满完成一项工作而欣喜万分时大家共同的感受。这些情绪和感受会促使大家合作，完成个人所不能也无法完成的事情。而情商领导者知道如何形成这种情感纽带。

另一方面，如果领导者缺乏共鸣感，那么人们完成工作的态度只是敷衍了事、差不多就行，而非竭尽全力、表现出最佳状态。如果缺乏积极健康的情感，那么所谓的领导者进行的只不过是管理，而不是真正的领导。

不和谐的领导者

"不和谐"在音乐方面的本义是指一种令人不悦的、刺耳的声音，在音乐和人类层面上共同的意义是指缺乏和谐。不和谐的领导力所创造出来的团队会让人觉得其存在情感上的不和谐、不一致，在这样的团队中工作会让大家有一种不断走调的感觉。[2]

正如欢笑为大家提供了一个现成的晴雨表，显示了工作中存在的共鸣，泛滥的愤怒、恐惧、冷漠和闷闷不乐则表明了工作中存在的不和谐情形。研究发现，这种不和谐因素在工作场所中极为常见。例如，一项针对美国 1 000 多名职工的调查发现，42% 的人表示在工作场所中遇到过怒斥和谩骂的情形，而近 30% 的人承认自己曾对同事大吼大叫。[3]

我们不妨来考虑一下这种不和谐因素所产生的生物成本。公开的、诚恳的抱怨可以澄清事实、消除误会，并建立共鸣，但当人们抱怨时充满了愤怒，那么就很容易演变成情感中毒。比如，一位抱怨者并没有选择冷静地说，“开会的时候你迟到，就是在浪费大家的时间。如果你能按时到场，那大家的工作效率都会提高。”那时他将这种不满演变成了一次人身攻击。

他怒吼道：“您在百忙之中抽出时间，屈尊参加我们的会议，我们感到荣幸之至。我们会尽量不浪费您太多时间。”

对于人们争吵中的生理反应监测研究表明，这种令人不安的遭遇会对人的情感产生极大的破坏作用。[4] 这种攻击可以传达一种令人痛苦的厌恶或蔑视的情感信息，对当事人造成了一种情感上的绑架，尤其当攻击者是配偶或老板时，他们的观点所产生的影响更大。

这种极端的蔑视信息会引发一种“或战或逃”的反应，华盛顿大学的心理学家约翰 · 高特曼（John Gottman）用“洪水猛兽”一词来描述这种反应的强度：当人们处于一种无法抗拒的苦恼中时，每分钟的心跳是 20—30 次。而当这种情绪增强时，人们无法以不带任何曲解的状况倾听，也无法明确地做出回应。人们的思维如一团乱麻，最快速的反应往往也都是那些原始的反应——希望出现任何一件事情以尽快地结束这次遭遇。最终，人们通常都会通过拉开他们之间的情感或身体距离去疏远（或抵制）对方。

尽管这些研究都是在已婚夫妇中进行的，但老板与员工间不和谐的遭遇所产生的情感创伤大同小异。在一项研究中，研究人员要求员工回忆领导者对他们大发雷霆并进行人身攻击的经历。通常情况下，人们在经受了那些遭遇后会产生一种防御、戒备心理，规避责任，并尽量避免与领导者的接触和联系。而针对 108 位领导者和员工在工作中产生冲突的原因的调查显示，居于榜首的原因是领导者采取了不恰当的批评方式。[5]

总之，不和谐因素会使人们精神沮丧、身心俱疲，甚至会驱使他们辞职不干。不和谐因素的另外一个个人代价是：在不良环境中工作的人们，会把这种不良情感带回家。当人们处于某个不良的工作日时，压力荷尔蒙会不断释放，并且数个小时后仍在人体内不断地发挥不良作用。[6]

不和谐因素是如何形成的

不和谐领导者的类型多种多样，他们不仅缺乏同理心（也因此无法与团队保持一致步调），而且总是传递一些产生负面影响的情感基调。我们发现，多数这样的领导者本意并非如此，他们只是缺乏关键的情感能力，而这些能力可以帮助他们建立共鸣型领导力。

在极端情况下，有的不和谐领导者就像残酷的暴君，经常斥责和辱骂他们的员工，而有的领导者则是不善交际的强权者。这种领导者所产生的情感影响与《哈利 · 波特》系列中的摄魂怪有点相似，摄魂怪可以“吸走他们周围的和平、希望和幸福”。[7] 他们创造了不愉快的工作环境，却没有意识到自己的破坏性有多大，或者他们只是不在意而已。

然而，有些不和谐领导者更加狡猾，他们会利用表面的吸引力、社交风度，甚至个人魅力去误导并操纵员工。他们并不是真的秉承自己所宣称的价值观，他们缺少同理心，并且除了个人的晋升以外什么都不关心。当追随者发现这种伪善时（比如，一个操纵型领导者假装很友好），他们之间的关系就会陷入不信任和怀疑之中。

短期来看，不和谐领导者有时可能看上去也很有效率，比如他们懂得如何取悦大老板以获得梦寐以求的晋升，但是他们留下的后患最终会吞噬表面上的成功。无论他们在组织中身居何职，在任期内所留下的只是消极怠工、冷漠、愤怒和怨恨的足迹。总而言之，员工最害怕为那些不和谐领导者工作。

当看到某个领导者通过激发消极的共鸣来领导组织时，我们知道麻烦即将来临。如果领导者仅仅是在消极的情感范围内产生共鸣，那么即使组织短期内出现业绩增长的状况，最终的结果仍是大家都精疲力竭、身心俱疲。这种领导者会传递他们自己的情感，并且这些情感通常都具有很大的破坏性，却从不接受他人的反馈。他们既不会倾听，也不会关心他人的感受。相反，情商领导者会采用更加持久的方法，通过积极的共鸣激励员工：把大家团结在一个值得追求的目标之下。

不要做管理上的煽动者

娴熟的领导者知道如何使追随者跟从领导的情感节奏，然而纵观历史，我们不得不面对这样一个令人不安的现实，即煽动者与独裁者同样也具有这种能力，但他们最终的结局悲惨不堪。世界上总有像希特勒和波尔布特式的人物，他们利用一种具有煽动性但同时破坏性又极大的信息，把愤怒的暴民纠集到一起。下面我们来了解一下共鸣和煽动行为两者间的关键性区别。

与共鸣型领导者相比，煽动者所传递的是完全不同的情感信息，这些信息所产生的都是消极、负面的情感，尤其是充满恐惧和愤怒的情感："他们"对"我们"的威胁，以及对"他们"会夺走"我们"的一切的恐惧。这些信息最终会使人们产生两极分化，而不是把他们团结在共同的事业之下。这种领导者把他们的行动平台建立在了消极共鸣以及恼人的"或战或逃"的生存情感之上，当人们面临威胁或被激怒时，这些情感就会萦绕在人们的脑中。

煽动者通过破坏性的情感来施展他们的影响，这些情感会压制人们的希望、乐观、真正的创新以及创造性的想象力（这些与残酷的狡猾截然不同）。相反，共鸣型领导力是建立在一套共同的、建设性的价值观之上的，它可以使领导者的情感产生积极的影响。通过对美好未来的生动描述，它可以吸引大家实现信任上的飞跃，创造一个集体共同的愿望。

幸运的是，煽动者在商界中并不多见，政治似乎才是适合煽动者生存的土壤。然而，有些领导者也会采用一些不道德的战术。建立在消极的共鸣基础之上的职场领导力，意味着领导者通过采用低级的伎俩、快速而肮脏的方法把人们集结在一个共同的目标之下，比如，培养对某个“敌人”的恐惧或仇恨。让人们一起痛恨或害怕某事是件相对容易的事情，只要面临适当的威胁，这些情感很容易就会被激发出来。但是，从生物学的角度而言，这些情感只适用于短暂而剧烈的爆发，使我们准备好奋起反抗或溃败而逃。如果它们持续的时间过长，或者一直处于鼎盛状态，就会使我们感到精疲力竭，或者慢慢地将我们的精力和热情燃烧殆尽。因此，愤怒或者恐惧可能会帮助领导者渡过眼前的危机，但这些消极的情感只不过是短暂的激励因素。

还有一些领导者，我们称之为“无知者”，他们想要在积极的情感基调上建立共鸣，却无法意识到一个令人不快的不争事实，那就是他们的下属已经陷入了消极的情感旋涡之中。换句话说，组织的现实使员工感到愤怒、焦躁和不满，但领导者并没有意识到这一点，因此他传递了一种无法与他人产生共鸣的积极情感。

我们认识的一位高管这样描述他的组织愿景：“随着新高度的实现，我们正引领整个行业灵活地驶入复杂的未来世界。我们的领导者时刻都在寻找机遇，管理者也正在积极应对竞争，顾客的满意度也让我们感觉非常欣慰。”

乍一看，你可能会觉得这个目标似乎很不错，但是转念一想，这不过就是空洞的陈词滥调罢了。我们不知道他到底想说什么（你知道吗），但当我们开始着手了解组织的文化和领导实践时，我们却没发现所谓的灵活性、对不确定性的承受力、风险承担、革新以及与顾客的和谐相处。我们发现员工依旧循规蹈矩，对领导者所描述的美好愿景仍持怀疑的态度。可悲的事实是，这些商业行话就像一层烟幕，使得领导者无法实现与员工间的真正交谈并了解他们在企业中的实际作为，因此也无法做出任何改变。

以自我为中心的领导者通常会有点无知。例如，在一家日用消费品公司，管理层对公司的现状深感担忧，因此他们希望能与公司的首席执行官会面。尽管与同行业者相比，公司仍位居行业十大公司之一，但趋势线显示公司正在走下坡路。这些管理者处于工作的前线，并且希望帮助首席执行官推动公司向着正确的方向发展。

然而，当这位首席执行官会见他们时，他似乎有点心不在焉，并没有要倾听他们心声的意思。对于他们的担忧，他是这样回应的：“人们想要一位英雄，他们需要一位英雄，而这就是我对于员工的意义所在。我就像一个电影明星，人们渴望看到我并对我顶礼膜拜。因此，我认为大家能聚到这里是个不错的主意，这样你们就可以倾听我的话语，并向每一位员工转述我的光辉形象。”

当他在讲这一番话时，会议室陷入了一片死寂，大家都感到哑口无言，而他无疑把大家的这种沉默看作是一种默许和赞同。对于他而言，这关乎的不是“我们”，而是“我”。雄心壮志的消极一面就是，它会使领导者把所有的注意力都放在自己身上，而忽略了下属的担忧，并且使公司里滋生了不和谐的因素，殊不知他们才是他成功所最不可或缺的一部分。[8]

相反，情商领导者能够协调个人以及他人的情感，并且指导他们朝着正确的方向前进，从而建立共鸣。为了更好地了解推动情商领导力发展的机制，并且创造共鸣，下面我们将探讨一些大脑研究的新发现。

领导情商：一种特殊的力量

任何生物都不可能只靠一只翅膀飞翔。只有当情感与智慧、感情与思维结合在一起时，才会造就杰出的领导者。而这两者正是支撑领导者翱翔天际的一双翅膀。

所有的领导者都需要足够的智力，才能把握眼前工作和挑战的细节。当然，如果领导者善于运用分析思维和概念思维，可以保持清晰的决策头脑，自然可以提升自身的价值。我们认为智力和清晰的思维是敲开领导力大门的主要力量。不具备这些基础能力的人，根本无法进入这扇大门。然而，单纯的智力并不足以造就一个成功的领导者，领导者要通过激励、引导、倾听、说服以及建立共鸣感（这是至关重要的一点）来实现自己的理想。正如爱因斯坦所言，“我们应该小心谨慎，以防智力成为我们的上帝。当然，它有强健的体魄，却没有人格。它所具有的只是服务作用，而不是领导作用。”

大脑中负责智力和情感的神经系统是相互分离的，但它们有着密切交织的联系。[9]这种交织着思维和情感的大脑回路为原初领导力的形成提供了神经基础。虽然企业文化总是很重视智力，而忽视情感，但实际上，我们的情感比智力更为强大。在紧急情况下，人的情感中心，即边缘脑会指挥大脑的其他部分。

情感之所以拥有如此特殊的力量，自然有其充分的理由所在。它们是生存的关键，是大脑向我们发出紧急警报的一种方式，并且情感还可以为我们提供快速的行动计划：是奋起而战、溃逃还是僵持不动。思维大脑是从边缘脑进化而来的，因此当人们感知到威胁或处于压力之下时，思维大脑仍会接收边缘脑的指令。这些强大情感的触发点是扁桃核，它是边缘脑的一个组成部分，时刻扫描着人身上所发生的事情，并对紧急状况保持高度警惕。[10]扁桃核就像探测情感紧急状况的雷达一样，当它感知到威胁时，就会向大脑的其他部分发出号令，这其中包括大脑皮层中的理性中心，以便人们迅速采取行动。

在过去长达一亿年左右的进化过程中，这种构造一直行之有效。恐惧指导早期的哺乳动物逃过肉食动物的威胁；愤怒会使一个母亲奋力保护她幼小的孩子；诸如嫉妒、骄傲、蔑视和慈爱的社会情感在灵长类群体的家族权力中发挥着巨大的作用，现在它们在组织生活中依然如此。

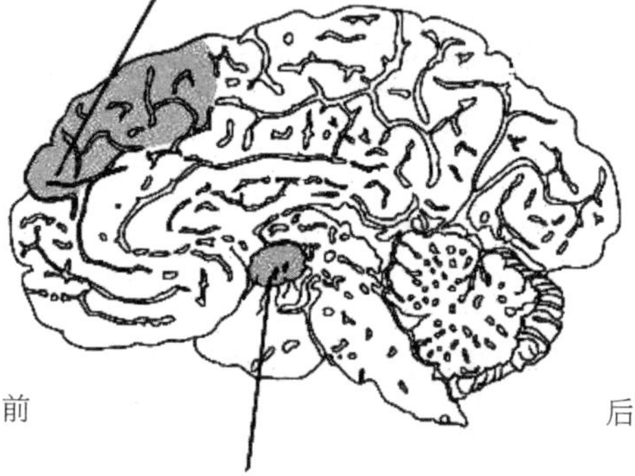

关键的情感控制回路是从前额叶区到扁桃核的，作为大脑边缘系统的一部分，扁桃核位于中脑的一侧。

虽然情感引导着人类度过了漫长的进化期，并生存下来，但大约一万年前就已经出现了领导力的神经系统困境。在现如今高度发达的文明中，我们面临着错综复杂的社会现实（比如，感觉有人对待我们很不公平），但我们的大脑构造应对的只是自然界的紧急状况。因此，当我们发现自己被“绑架”了，焦虑或愤怒席卷了我们的大脑，这些情感更适于应对身体上的威胁，而非微妙的办公室政治问题。（那个家伙以为他自己是谁呢！我要气疯了，真想痛揍他一顿！）

幸运的是，这些情感冲动遵循着从扁桃核延伸到前额叶区的回路。前额叶区位于前额的后面，是大脑的执行中心。前额叶区从大脑的各个部分接收并分析信息，然后做出行动决策。前额叶区可以拒绝情感冲动，以此确保我们可以更加高效地做出反应。（切记，它正在为你做年度审查，因此在你做出后悔的事情之前还是放松些，看看它会说些什么。）如果不拒绝这种情感冲动，其结果就是产生情感绑架，此时扁桃核冲动就会受影响。当前额叶区的回路无法阻止这些情感冲动时，就会发生这种情况。

情感中心和前额叶区的神经元之间的对话是通过一个类似于神经系统高速公路的东西来起作用的，神经系统高速公路可以帮助大脑协调思维与情感。情商对于领导力而言是至关重要的，而这种能力取决于前额叶大脑边缘回路的平稳运行。针对前额叶大脑边缘回路受损的神经病病人的研究证明，他们的认知能力可能完好无损，但情商受到了损害。[11] 神经病学上的这个事实明确地区分了情商与单纯的认知能力，智力、技术知识或业务专长这些认知能力只存在于人的大脑皮层中。

因此，从生物学的角度而言，共鸣领导力的艺术之中交织了我们的智力和情感。当然，领导者需要具有先决的商业头脑和决断的思维技巧。但如果他们单纯依靠智力来进行领导，那他们就错失了等式中一个至关重要的部分。

我们以一家跨国公司的新任首席执行官为例，他一上任就打算改变公司的战略方向。短短一年的时间，他就彻底失败并且被公司解雇。“他认为，仅仅依靠智力就可以改变公司的现状，而忽视人们的情感，”公司的一位高级副总裁告诉我们，“他实施了激进性的改革，却完全没有考虑执行改革的人是否会支持并认同他。员工的电子邮件像暴风般涌入了董事会，大家都在抱怨他这种无视员工的领导风格，最终他被赶下了台。”

激励员工：领导者的主要任务

领导者的主要任务是激励员工，使他们保持积极乐观的态度，增加对工作的热情，同时培养一种合作与相互信任的氛围。[12] 当然我们绝对不是第一个提出这种观点的人，但我们想进一步了解这一智慧，并且说明情商是如何帮助领导者完成这些基本任务的。情商有 4 个方面——自我意识、自我管理、社会意识和人际关系管理，每个方面都可以为共鸣型领导力增添一些重要的能力。

当然，这 4 个方面是紧密交织在一起的，它们之间存在一种动态的关系。例如，如果领导者自我意识不足或缺乏，他就无法管理自己的情感；如果他的情感失控，那么他处理关系的能力也会受到不良影响。我们的研究已经发现了这种动态关系之下潜藏的一个体系。[13] 简而言之，自我意识可以促进同理心和自我管理的发展，而这两者的结合又会促进有效的人际关系管理。因此，情商领导力是建立在自我意识的基础上的。

在商业环境下，自我意识往往会被忽视，但它是其他几个方面的基础：如果我们意识不到个人情感，就无法良好地进行管理，并且也无法更好地理解他人的情感。自我意识较强的领导者会调整适应自己内心的信号。比如，他们可以意识到情感是如何影响他们以及他们的工作表现的。他们不会让自己的愤怒演变成一次情感的大爆发，相反，他们会随着情感的逐渐增强而发现它，并且了解这种愤怒的起因，以及如何做出一些建设性的事情以改善这种情感。另一方面，缺乏自我意识的领导者可能会情绪失控，却不知道为什么情感会如此任意摆布自己。自我意识在同理心或感知他人对某种情况的观点上发挥着重要的作用：如果一个人总是意识不到自己的个人情感，那他也就无法了解他人的情感。

社会意识，尤其是同理心，可以支持领导者完成根本任务的下一步工作，即推动共鸣感的建立。通过协调和适应当下人们的情感，那么无论是在减少恐惧、平息愤怒还是吸引大家加入高昂的情感状态之中等方面，领导者的言行举止都会恰到好处。这种协调和适应可以让领导者意识到指导团队工作的共同价值和优先考虑。

同样的，缺乏同理心的领导者不知不觉地就会“跑调”，因此，他的言语行为会引发消极的反应。同理心包括倾听和采纳他人的观点，它可以使领导者融入人们的情感渠道，从而创建共鸣感。保持一致性可以使领导者恰当地调整个人信息，以确保与大家在情感上保持同步。

最终，一旦领导者了解了自己的个人理想和价值观，并且感知到团队的情感，他们的人际关系管理能力就可以促进产生共鸣感。然而，为了引导团队的情感基调，领导者首先必须意识到自己的方向和工作重点，而这就又将我们带回了自我意识重要性的探讨上。

情商的 4 个方面之间存在的动态关系，在理论和实践中都非常重要。它们是建立有效的原初领导力和共鸣感所需的基本要素。情商可以使领导者激发团队的共鸣感，下面我们将探索隐藏在这些情商背后的神经解剖学上的奥秘。

第三章

高效领导者的情感能力

就大脑的功能方面而言，共鸣意味着人们的情感中心以一种积极的方式保持同步和一致。要记住，实现大脑与大脑之间共鸣性连接最强有力、最直接的方式之一就是笑。

一家大型零售商的高管会议正面临着某个艰难的时刻，试想一下此时领导力解剖的启示。从大家所掌握的市场研究数据来看，营销副总裁在一个大型的广告案上做出了错误的决定。当团队认真研究数据之后，大家都已心知肚明：这位营销负责人犯了个大错。

经过一段漫长而紧张的时间之后，会议室内的另一位高管打破了这种沉寂，他打趣地说："可能，你只是忘记戴眼镜了吧。"每个人都笑了。

一个小小的玩笑起到了两方面的作用：它以一种含蓄的方式向大家确认这位营销负责人的确犯了错误，同时又缓和、弱化了关键性的信息，避免了大家再费时讨论此事。团队很快就转移到了下一个决策问题上，那就是如何挽救当前的困局。

人们对幽默和开环系统的神经生理学所有的认识（正如我们在第一章中所看到的）表明，这位高管的小玩笑将管理团队的情感中心引向了积极乐观的活动氛围。据推测，它可以帮助团队避免遭受所关注问题（营销负责人的错误）的情感绑架，然后帮助他们迅速将注意力转移到问题的解决方案上。这位高管无须说明他是如何使人们的情感保持积极的状态，却实现了这一切的。

正如我们已经注意到的，幽默的巧妙运用代表着高效的领导力。这并不意味着领导者应该时刻避免分歧或冲突。但是，最优秀的领导者知道应该何时让大家大吐苦水，何时这种方式又会无效。

人们无须像喜剧演员那样具有幽默的时机感或掌握大量的喜剧节目以巧妙地运用幽默感。一个随后看似不怎么样的笑话，如果在某种紧张时刻它能让人们大笑或微笑，那么它仍可以产生强大的情感影响。领导力效能与笑之间的数据资料源于上百个真实的事件，就像这位高管缓和紧张氛围的这个玩笑。[1] 举个例子，有一项关于高管的领导岗位晋升面试的研究，主要是观察每位候选人在面试中的微笑频率，并且在随后的两年内追踪他们的职业生涯发展，看哪些人可以从中脱颖而出。研究结果显示，优秀领导者微笑的频率是普通高管的两倍。（领导者的成功与否可以从两方面来定义：优秀领导者在绩效测评分红中位居前三；90% 的同事和老板认为他们非常优秀。）

同时研究者也对高层领导者进行了采访，以了解他们职业生涯的起起落落，其中将近一半的领导者都是来自美国和其他国家的首席执行官或总经理。采访中，这些杰出的领导者通常约每 4 分钟就会做出一个幽默的评语，其频率是普通领导者的三倍。

因此，最高效的领导者可以更加灵活自如地运用幽默感，即使是事态紧迫，他们也可以传递积极的信息，转变大家交流中隐藏的情感基调。尽管领导者所说的可能都是些枯燥的细枝末节，比如合同中的某些条款、商业计划中的数据，但一个微笑所带来的积极情绪可以使领导者拥有和谐友好的人际关系。

情感能力：领导者杰出表现的关键点

不过，这里特别要讲的是，这些成功领导者的幽默应用与情感能力有着极强的关联性，我们已经证明了情感能力是领导者杰出表现的关键所在，[2] 情感能力也是原初领导力的媒介。

回顾一下我们早期的工作，我们所依赖的能力研究基础中很重要的一部分源自哈佛大学已故教授戴维·麦克莱兰（David McClelland）的一个提议，该提议是他在 1973 年提出的，在当时看来非常激进。[3] 当时，麦克莱兰为一家一流的心理学杂志撰稿，他提议如果组织想为某个具体的工作雇用或晋升一个最佳人选，比如一个领导岗位，那么企业应该摒弃当时那些所谓的标准规范。麦克莱兰认为组织要做的不是测试人们的智商、技术能力、品格或者是浏览他们的简历，他建议企业首先应该研究那些在这一职位上已经有所作为的员工，同时系统地比较他们与成绩平平的员工之间的区别。

分析得出的结果不仅仅是这个岗位所需的“门槛”能力（即从事这项工作所需的基本技能），更重要的是区别能力：优秀人才具备而一般人不具备的能力。随后，麦克莱兰表示，组织要么选择已经具有这些能力的人才，要么就帮助员工增加这些能力。这一提议现在已经成为世界级组织的标准规范：发展一种“领导胜任力模型”以识别、培养并提拔那些有潜力的优秀人才。

我们以麦克莱兰的一位老同事莱尔·斯宾塞（Lyle Spencer）为例，他为一家工业控制公司（它是西门子公司下属的一家市值20亿美元的跨国公司。西门子拥有400家分公司，分布于56个国家和地区）构建了一个领导胜任力模型。[4] 第一步就是确定优秀领导者人群，即那些收入增长与销售利润突出、业绩排行位于前10%—15%的人。[5]

下一步是将优秀管理者与业绩平平者进行比较，同时对两组人开展密集的采访，评估他们的能力。结果显示，优秀管理者的独特优势是4种情感能力（并不是单纯的一项技术或认知能力）：实现目标的驱动能力、积极主动的能力、协作和团队合作的能力以及领导团队的能力。

然后，在清楚地了解了所需的情感能力之后，另一部门经理接受了相关的培训，以培养这些能力。他们渐渐地熟悉了每一项能力，并且接受了评估；他们设定了目标，旨在增强这方面的能力并借此提升业务绩效。

培训的结果是，领导者的工作效率得到提高，企业利润获得显著增长。那一年他们部门的利润增长了150万美元，是没接受培训的对照组的两倍。

为什么有的企业可以基业长青

当我们谈到一个情商领导者的价值时，并不是想要重振一个备受质疑的观点，即一个组织或者国家的成败取决于某一个魅力超凡的领导者。正如社会学家马克斯·韦伯在一个世纪前所提出的那样，机构之所以可以持续繁荣发展并不是因为某一个领导者的魅力，而是因为它们在整个体系中培养了领导力。

当谈到建立那些基业长青的企业时，这一观点就显得尤为正确：长青企业知道如何培养一代又一代的高效领导者。[6] 我们以强生公司为例，这是一家全球性的制药公司，他们对公司的未来领导力进行了一项备受瞩目的研究。

看了公司的发展规划后，总裁拉尔夫·拉森（Ralph Larsen）意识到如果强生公司想要获得成功，就需要更多优秀的领导者；实际上，他认为这种领导力发展是组织中最为关键和重要的商业问题。他的研究团队首先关注的是强生公司 358 位处于职业生涯中期的高管，其中一半的人被认定为“潜力股”，也就是说，这些高管已经取得了早期的成功；而剩下的一半则组成了一个业绩相对较差的对照组。[7] 这 358 位高管中，45% 的人为女性，55% 的人为男性，他们都是精心挑选出的，旨在反映公司在全球的情况，分别代表着美洲、欧洲、中东、亚洲其他地区、非洲和大洋洲。经过企业领导力模型和情感能力的测评，每个人都获得了熟悉他们工作的三位高管的信任。研究者采用了情感能力问卷（ECI，360 度的领导力情商衡量标准）中的领导能力测评，对这些高管的能力进行了评估。[8]

研究发现，潜力组的高管在实际工作中展现了这些能力，而对照组的高管却只拥有为数不多的几种能力。[9] 换句话说，建立共鸣感的情感能力和领导能力是精挑细选的潜力组成员的独特能力。此外，不同文化之间的差异对此的影响并不太大，因此我们可以在全世界公平地评估情感能力，这表明这些能力非常重要，同时说明无论公司位于何处，它们都可以得到良好的评估。

情商新模型

随着对新数据的分析，我们对情商的各个方面及其相关能力的研究得以发展并不断精简。熟悉原情商模型的读者将会看到一些变化。原来的情商五大方面被简化为现在的四大方面，即自我意识、自我管理、社会意识和人际关系管理，原来的 25 种能力也被精简为现在的 18 种。[10] 例如，其中一个方面是社会意识，而社会意识中所包含的一种能力是同理心或服务。精简后的结果是，情商模型可以更加清晰地将具体的能力与推动它们的大脑动力学联系在一起。

有关情感和大脑的最新研究结果使这些能力的神经基础变得更为清晰明了。[11] 这样我们就可以更加全面地概述它们的动态，同时为领导能力的建设提供实用指南。

值得注意的是：这些情感能力不是与生俱来的，而是后天学习所得，每种能力都有其独特的作用，以使领导者更易激发共鸣感、工作更高效。随后我们还将进一步阐述这一点。

这一事实道出了一个迫切的商业需求：帮助领导者更有效地开展领导工作，这会对企业的财务业绩产生巨大的影响。现在，在情商框架中的神经学的指导下，当我们谈及学习领导艺术时（这是书中第二部分的主题），就可以明确地区分哪些可行、哪些不可行。

简单来说，我们的基本论点是能够创建共鸣感的情商领导者才能将原初领导力发挥到极致。而这个论点之下潜藏的是一种表现理论，它可以揭示情商四大方面的神经学原理与建立在其基础上的情感能力之间的关系。反过来，这些情感能力又可以用来建设共鸣型的领导力模式。[12]

有趣的是，我们所遇见的领导者，无论他们多么优秀，都没有人可以完全掌握所有的情感能力。高效领导者通常可以拥有 6 种左右的情感能力。[13] 此外，杰出领导者并没有固定的套路可循：成为杰出领导者的道路有很多条，每一位都拥有各自的与众不同的领导风格。虽然如此，但我们发现高效领导者通常在情商的每个方面都至少拥有一种能力。

情商及相关能力

个人能力：这些能力决定我们如何进行自我管理。

自我意识

- 情感的自我意识：了解个人情感及其影响；用直觉引导决策。
- 准确的自我评估：了解个人的优缺点。
- 自信：准确感知个人的价值和能力。

自我管理

- 情感的自我控制：控制消极情感和冲动。

- 透明度：表现出诚实、正直以及可信度。
- 适应能力：灵活应对不断变化的情况，克服阻碍。
- 成就感：提升表现以满足卓越性的内在标准的驱动力。
- 主动性：时刻准备采取行动，抓住机遇。
- 积极乐观：看到事情积极的一面。
- 社会能力：这些能力决定我们如何处理人际关系。

社会意识

- 同理心：感受他人的情感，了解他人的观点，主动了解他人的关注点。
- 组织意识：了解组织的现状、决策网以及组织政治。
- 服务：了解并满足员工、客户或顾客的需求。

关系管理

- 鼓舞人心的领导：用一个令人信服的愿景指导并鼓舞员工。
- 影响：运用各种策略增强说服力。
- 开发他人能力：通过反馈和指导增强他人的能力。
- 改变刺激因素：设定新的方向，启发、管理并领导员工。
- 冲突管理：解决分歧。
- 团队合作和协作：合作与团队建设。

详情见附录2。

自我意识

简单来说，自我意识意味着深刻理解一个人的情感、优缺点、个人价值观和动机目的。自我意识强烈的人都很实际，既不会过度自我批评又不会天真地抱有幻想。相反，他们可以诚实坦然地面对自己。即使是在调侃自己的弱点时，他们也可以坦然地面对。

自我意识较强的领导者也了解他们自己的价值观、目标和梦想。他们清楚自己的目标和方向以及选择这一目标的原因。他们可以调整适应那些自己感觉正确的事情。例如，如果有一份工作与他们的个人原则或长期目标不符，那么即使薪酬很诱人，他们也会断然拒绝。相反的是，缺乏自我意识的人可能会践踏着自己埋葬的个人价值观，忍着内心的不安，最终接受这份工作。“薪酬看上去很不错，所以当时就签了合同。”工作了两年后，他可能会说，“但是现在看来这份工作对我来说没什么意义，我总是感觉百无聊赖。”因为具有自我意识的人在决策中融入了自己的价值观，因此在工作中他们总是精力充沛、活力无限。

也许最能说明自我意识但又最不明显的迹象，就是自我反省和深思的倾向。自我意识较强的人通常会寻找时间静静地进行自我反思，这样他们就可以认真考虑事情而不受冲动情感的影响。实际上，许多杰出领导者都会将他们在精神世界中培养的自我反省的思维模式带到工作、生活之中。对于一些人而言，这就像是祈祷或冥想；而对于其他人而言，这更像是对自我认识的一种哲学追求。

拥有自我意识的领导者所具有的这些特征，可以使他们的工作充满激发共鸣感所需的信念和信任。

最重要的意识

从专业意义而言，我们的指导价值以一种思维的层级结构呈现在大脑中，而这种思维是以情感为基调的，层级结构的顶部是我们所喜欢和信服的情感，底层则是我们所厌恶的情感。这些情感的力量和方向决定了我们是接受还是排斥某个目标。举个例子，如果帮助弱势儿童或者与那些处于事业巅峰的人一起工作，这样的想法会使我们兴奋不已，那么它们就可以产生强大的动力。

这些都发生在大脑的前额叶区，前额叶区负责管理人的注意力和自我意识，并且监测人们所偏好的情感。那么，大脑这一部分的回路就负责管理人们的积极情感，当我们为了目标努力奋斗时，这些积极的情感就会悄悄地、一遍又一遍地出现在我们的大脑中。因此，积极快乐的想法就像啦啦队一样，在长时间的奋斗中鼓舞我们不断前进。从神经学的角度来看，生活中促使我们实现目标的是大脑的一种能力，当我们圆满完成任务时这种能力就会让人产生满足感，这种能力位于扁桃核和左前额叶间的回路中。[14]

无论促使我们实现最佳工作状态的是什么，是它所带来的纯粹的兴奋激动，还是把事情做到更好而带来的满足感，或者是与优秀同事共事的喜悦，或者单纯只是因为赚到的金钱所带来的愉悦，所有这些激励因素都有一个共同的神经通路。在大脑层面上，对待工作的热情来自于前额叶皮层相关的回路，我们工作时左前额叶皮层就会迸发出积极稳定的情感。

与此同时，左前额的大脑回路还有另外一种激励性的作用：它们可以平息那些沮丧或焦虑的情绪，而这些情绪往往会阻碍我们的工作。这意味着我们可以泰然自若地应对那些实现目标所不可避免的挫折、沮丧以及失败。这样我们就可以反过来看到潜在的机遇或吸取有益的教训，然后继续前进。

根据这些前额叶回路如何出色地管理激励性情感并控制令人沮丧的情感，我们可以将人们分为悲观主义者与乐观主义者：悲观主义者会过多地关注问题，并最终失去希望；而乐观主义者即使遇到困难也会继续努力，因为他们知道实现目标会带来巨大满足感。

这一切是如何适用于领导者和组织的呢？工作上的激励通常被认为是理所当然的，我们也想当然地认为人们很关心自己的工作。但事实有很大的出入：工作中吸引他们的地方就是人们真正的乐趣所在，这种乐趣本身就是一种激励。尽管传统的激励措施，比如奖金和赞许，可以促使人们做出更好的表现，但这些外部的激励因素无法使人们展现最佳的工作状态。

明智的猜测

自我意识较强的领导者自然而然地也拥有良好的直觉，这是一种不可或缺的领导能力，不仅可以应用到技术专长方面，还可以应用于制定商业决策的人生智慧。在领导者陷入硬性数据和资料过剩的状况时，为什么直觉可以在现代商业中发挥作用？神经学方面的研究表明，这是因为听从于自己内心的情感可以帮助人们寻找到数据中隐藏的含义，进而制定出更好的决策。因此，我们的情感记忆库可以帮助我们有效地判断信息。[15] 科学表明，情感是理性的组成部分，而不是它的对立面。

当今领导者面对的是海量数据，所以他们通常无法确定这些对未来意味着什么，正因为如此，明智的猜测对领导者而言更为重要。正如美国第一资本投资国际集团的首席执行官理查德·费尔班克（Richard Fairbank）所言："作为领导者，想要找到一个自己认为有远见的战略依赖的本来就是直觉。许多事情都是领导者无法用数据预测到的。你如何知道三年之后所需的是什么？然而，现在你就必须要开始发展所需，否则到需要的时候就来不及了。我们公司聘请了很多优秀的数据分析师，我们拥有世界上最大的甲骨文公司数据库之一。最终我却发现，这些数据的确再一次将我们推到不确定的边缘。"

随着现代社会不断呼吁领导者在创建公司时要创造未来而非投资过去，愿景显得比任何时候都更为重要了。在他人看来，愿景应该像一次信仰上的跳跃：能够超越数据并做出明智猜测。

另一方面，有时仅凭直觉也可能使人们做出错误的决定。似乎只有当直觉建立在各种数据资料之上时，它才能发挥最大的作用。一项研究的采访对象是加利福尼亚州的 60 位企业家，他们创建并管理着非常成功的企业。研究中几乎所有的企业家都表示，作商业决策时，他们既依赖直觉也权衡相关的信息。[16] 如果一项商业计划单从数据分析来看非常不错，给人的感觉却不太好，那么在实施时他们就会格外谨慎小心，或者干脆放弃。在他们看来，直觉也是一种数据资料。

如果领导者做出了错误的决定，那么即使是处于巅峰的企业将来也可能一败涂地。这种挑战就像是尝试预测天气。[17] 在一次复杂决策的模拟试验中，科学家要求志愿者根据所得到的气象数据线索预测天气。这些线索与它们如何影响天气的关系隐藏在复杂的概率函数之中，即使动用缜密的分析推理也毫无帮助。每个人都根据线索做出了猜测，也被告知了猜测正确与否。换句话说，他们得到的是一次学习数据是否有用的机会，就像领导者在其职业生涯中所需面对的一样。

令人惊讶的是，尽管人们都无法确定这些线索与天气之间的具体联系，但经过 50 次试验之后，人们的猜测大约有 70% 是正确的。他们逐渐获得了一种感觉，了解了这是怎么一回事：大脑悄悄地吸取着累积的经验。尽管他们的逻辑被难倒了，但他们依然可以凭借直觉抓住解决方法的本质。根据所学的经验，他们感觉“就应该是这样”，直觉告诉他们应该做什么。

这项研究为领导者提供了一个精致的累积学习的微观世界，这种学习是领导者从生活中反复尝试的经验中获得的。大脑不断地记录可行或不可行的决策规则：人们如何回应这种或其他领导方式，在特定的情况下什么策略会取得成功。带着不断学习的渴望和热情，大脑从生活中汲取了经验教训，为下次应对类似的挑战、不确定或决策制定做更充足的准备。

这种学习主要位于大脑的深层（即基底神经节，位于脊髓上，是大脑的一个原始部分），是语言所无法企及的，所以领导者应该学会相信自己的直觉，以此获取人生智慧。[18] 实际上，复杂决策中所包含的回路不仅有基底神经节，还有大脑用来存储记忆情感的扁桃核。[19] 当我们一次又一次面临决策点转而依靠毕生的隐性学习时，为我们提供最佳解决方案的不是大脑中负责言语的部分，而是控制情感的部分。

领导者在自己职业生涯的每一天，大脑都会自动地提取事情或因果背后的决策规则。当大脑不断地以这种隐形的方式进行学习时，领导者就可以在一生的工作经验中积累智慧。即使领导者学习新技术的能力减弱了，这种智慧也会在他的职业生涯中不断地累积增加。

无论何时，只要我们面临与这些决策规则相关的时刻，大脑就会悄无声息地应用这些规则，并得出最明智的结论。相应地，大脑不会用语言来告知我们这些判断；反而，管理情感的大脑会激活从大脑边缘中心到直觉的回路，让我们深信一切正常。然后，扁桃核会告知我们，通过扩展至胃肠道的回路，这些结论实际上创造了一种直觉。[20] 当我们需要制定的决策非常复杂棘手，超越了手头数据所能掌控的范围时，直觉就会为我们提供一种指引。实际上，鉴于近期内隐学习研究上的一些新发现，直觉重新获得了科学上的尊重。内隐学习，即我们不知不觉地从生活中学习并获得各种经验教训。

总而言之，直觉为情商领导者提供了一个积累人生智慧的直接渠道。同时它也需要借助自我意识的内部协调才能感知这一信息。

领导者面临的首要挑战：自我管理

自我管理源于自我意识（即了解个人情感、明确个人目的），是领导者实现目标所需的关键动力。如果我们不了解自己的个人情感，那么就无法很好地管理。相反，情感会控制我们。当我们面对的是积极情感时，比如应对挑战时的热情和喜悦，通常可以产生好的结果。然而，没有哪个领导者可以承受被消极情感（比如沮丧、愤怒、焦虑和恐慌）所控制。

问题在于，这种消极的情感就像势不可挡的巨浪，大脑正是通过这些方式来吸引我们的注意力，使我们关注自身已察觉的威胁。其结果是，这些消极情感会吞没我们大脑对手头工作的关注，不管这工作是制订战略规划还是处理市场份额下降的坏消息。

当一个人心烦或焦虑时，他的大脑扫描图显示的结果是，与其他区域相比，扁桃核和前额叶左侧的活动尤为频繁。扫描图形象地描绘了一次扁桃核的“情感绑架”：情感中心正在促进或反射前额叶区的高频活动，从而使我们把注意力集中在造成我们苦恼的原因之上。当一个人的情绪是积极乐观时，扫描图显示的结果是，关键回路从左前额叶区下移到扁桃核区。产生积极情感的大脑回路集中在左前额叶区，同时它还可以抑制扁桃核以及造成苦恼的相关区域的活动。

研究人员认为，左前额叶区是抑制扁桃核神经元的关键回路，因此可以使一个人免为苦恼所困。[21] 这个回路可以帮助领导者平息不稳定的情感，并保持自信、积极的情感基调。

因此，自我管理（类似一种持续的内心对话）作为情商的组成部分，可以使我们免于成为“情感囚徒”，保持清醒的头脑，集中注意力，而这些正是领导力所需要的。同时它还可以阻止那些使我们偏离主题的破坏性情感。拥有这种自制力的领导者会表现出一种积极乐观的情感，这种情感可以将共鸣感调整控制在积极乐观的范围之内。

这对情商而言是至关重要的。情感富有很强的感染力，尤其在团队之中，领导者的情感可以很容易就传染给成员，因此领导者的首要任务就是确保积极的情感等效：控制并管理自己的情感。简单而言，无法处理好个人情感的领导者也就无法有效地管理他人的情感。领导者的情感并不仅仅是个人的事情，鉴于情感流露的现实，领导者的情感具有很大的公众影响力。

当然，这并不意味着领导者就永远不会受厄运或逆境的影响。离婚、孩子叛逆或者亲人生病都会难免使人心烦意乱，但关键是领导者私人的生活危机是否会影响工作中的关系。

有些领导者会随意发泄自己的愤怒、小题大做或者让悲伤的情感肆意横行，这样的人不可能把团队带入积极的情感氛围之中，然而只有在积极的情感氛围中人们才能最出色地完成工作。同样，大脑又发挥着至关重要的作用：从某种意义上来说，两个人无论在何时相遇，都会产生扁桃核上的一种交汇，而这种交汇创造出来的不是共鸣就是不和谐因素。在这场神经的拔河赛中，情感自我管理能力较强的那个人往往会获得最终的胜利。如果一个人明显地偏向于左前额叶区，也就是说，这个人一直都很积极乐观，那么当他和某个与自己意见相左的人交谈时，他的临危不乱通常最终会平息另一个人的急躁不安。

那么秘诀又是什么呢？通常，不友善的人会激起他人的焦躁和愤怒，反过来他自己也会感到很愤怒。换句话说，在开环系统中，被激怒的扁桃核会使另一个扁桃核也陷入焦躁之中。然而，当另一个人没有以同样的方式报之以敌意，却一直坚定地抱着积极的情感时，那个恼怒的人就有可能平静下来，至少不会变得更为愤怒。的确，一项研究表明，恼怒的人表示自己不会再怀有敌意，因为另一个人一直以积极乐观的态度来回应他。

同样，那些即使是在巨大的压力之下仍能保持积极乐观的领导者，可以释放出积极的情感，创造共鸣感。通过控制自己的情感和冲动，他们可以创造出一种充满信任、舒适和公平的环境。同时，领导者的自我管理可以产生一种扩散效应。当老板一直表现出一种泰然自若的风度时，那么自然也没有哪位员工会想要成为一个急躁的人。

那么不足为奇的是，即使是出于竞争，自我管理也是非常重要的。在当前这种不明确的环境中，公司不断分分合合，科技飞速地改变着人们的工作，那些可以管理自己情感的领导者可以更好地适应这些变化，同时也可以帮助组织调整适应新的环境。

自我管理也可以保持组织的透明度，这种透明度不仅仅是领导者的美德，也是组织的一大优势。[22] 透明度，即真诚地向他人敞开自己的情感、信仰和行动，它可以使组织中存在正直感或对领导者的信任感。从根本层面上来看，正直取决于对情感冲动的控制，它可以阻止我们做出后悔莫及的事情。正直同时也意味着领导者践行自己所倡导的个人价值观。这样的领导者非常真诚，可以打动他人，因为他们不会伪装成别人，而是为大家展现真实的自我。因此，正直可以归结为一个问题：你的所作所为是否符合自己所倡导的价值观？我们发现，情商领导者所秉承的正直可以使他们轻松地应对透明度所暴露出的问题。

最后，领导者的责任中意义最为深远的就是控制他们自己的心理状态。“酷”（cool）这个流行语的原意是指，非裔美籍爵士音乐家们在种族主义时代控制个人愤怒的一种能力，因为即使他们可以通过一种深层情感的非凡表达方式（音乐）将这种愤怒传达出来，他们同样需要这种能力。[23] 高效领导者需要用这种能力来管理自己焦躁不安的情感，同时又可以充分表达积极的情感。

社会意识

具备自我意识和情感的自我管理能力以后，共鸣型领导者还需要社会意识或同理心。从最基本的形式来看，同理心这种能力源于扁桃核内部及与其相关的回路的神经元，扁桃核可以从谈话对方的面部表情和声音中读取他的情感，并且不断地协调适应谈话人的感受。这个回路会源源不断地输出信息——最后那句话让他有点不高兴……现在看上去有点无聊……他喜欢听这些，前额叶区及相关区域通过这些信息调整我们下一步的言语行为。[24]

通过使我们了解另一个人的情感回应，扁桃核和相关的回路可以促使我们在人与人之间的情感开环系统中保持协调一致，就像关键的中继站一样。这种回路也可以协调我们的情感生态，以使其与另一个谈话人的主导情感范围保持一致，这样我们的情感状态就会相互靠拢。科学家将这种神经协调称为“边缘共鸣”，即“一曲相互交流和内在调整适应的交响乐”，借此，两个人就可以协调适应彼此的情感状态。[25] 无论何时，当我们与他人之间存在一种真正的联系，同时感觉大家“处在同一波段上”时，那么不管是共度了欢乐时光还是一起痛哭，这都标志着我们经历了大脑间的相互联结。这种心照不宣的和谐通常会出现在良好的人际联系之中，比如母亲与孩子之间、共享咖啡的朋友之间、工作时一起欢笑的团队成员之间。共鸣可以在团队中间产生一种共同的情感，不管这种情感是葬礼上的悲伤，还是企业上市成功后的激动兴奋。

同理心是情商领导力中不可或缺的一部分，此外，领导者表达信息并感染他人的能力也非常重要。领导者表达的情感之所以具有说服力并能产生共鸣，是因为那些情感是真实的，并且深深地植根于领导者所秉承的价值观中。

情商领导者能以一种积极的方式来传播情感：通过阐述他们坚信的梦想来感染他人，产生积极乐观、同情、关联感等感情以及走向美好未来的愿望。从大脑层面上来看，这样的信息会传播出一种积极乐观的情感，这些情感源自来往于左前额叶区的回路。大脑的这一区域同时也是产生激励的关键，随着这些积极愿景的传播，团队就可以聚集在一个共同的目标之下。[26] 比如，马丁 · 路德 · 金用他那句反复强调并强有力的“我有一个梦想”，畅想了一个人人机会均等的世界，发起了一场美国民权运动。

社会意识，尤其是同理心，是领导者完成产生共鸣的首要任务的关键。协调了解他人的感受，不管是要平息恐惧、愤怒，还是保持积极的情绪，领导者都可以采取恰当的言行应对。这种协调还可以使领导者感受到指导团队的共同价值观和重点问题。同样的道理，一个缺乏同理心的领导者会在不知不觉中偏离轨道，与大家的步调不协调，他的言行可能会激发消极的反应。同理心包括倾听和考虑他人的观点，它可以使领导者融入大家的情感渠道中，并且产生共鸣。保持协调一致可以让领导者调整自己的信息，从而与大家保持同样的步调。

同理心：在商场中的应用

在情商的各个方面中，社会意识可能是最容易识别的。我们都曾感受过一位敏感的教师或朋友的同理心；我们也都曾因无情的教练或老板缺乏同理心而感到挫败。然而，在商业环境中，我们却很少听到有人因为同理心而受到赞扬，更不用说是奖励了。这个词似乎有点不合时宜，并且无法与残酷的市场现实相称。

然而，同理心这项社会意识的基本能力，并不意味着一种“我好，大家好”的模糊状态。它并不意味着领导者要附和他人的情感，并且取悦所有人。如果是这样，那必将是噩梦一场，一切将皆无可能。相反，同理心意味着认真、充分考虑员工的情感，并做出明智的决定，使这些情感得到回应。最为重要的是，同理心可以产生共鸣，缺乏同理心的领导者会使企业内产生一种不和谐因素。

同理心是建立在自我管理的基础之上的，但这并不意味着要抑制情感，而是要恰当地表达情感。无论是因为个人的不幸，还是面对谴责或被解雇，当员工痛哭时，拥有同理心的情商领导者有时也会随之伤心落泪。此外，经过深思熟虑的回应并不意味着就缺乏情感，那些将情感隐藏起来的领导者可能只是表面上看起来有点冷淡罢了。

当领导者可以了解他人的情感和观点时，他们就可以建立一套强有力的情感指导系统，从而使他们的言行恰当。同样的，同理心是工作生活中所有有效社交的必要条件。具有同理心的领导者善于认识并满足客户、顾客或下属的需求。他们看上去非常平易近人，总是愿意倾听他人的心声。他们认真倾听，抓住人们真正关心的问题，并且给予回应。因此，同理心是留住人才的关键。领导者需要用同理心来培养并留住人才，从而在面对人才争夺大战时，筹码更高。企业所能控制的所有因素中，领导者缺乏共鸣感是企业人才和公司信息流失的主要原因之一。

最后，在日益发展的全球经济中，对于和不同文化背景的人共事或做生意，同理心是非常重要的一项能力。跨文化背景下的交谈很容易造成失误和误解，而同理心绝对是一剂良药，它可以让人们了解身体语言的微妙之处，倾听语言中包含的情感信息。

人际关系管理：并非那么简单

自我意识、自我管理和同理心三个方面结合为最后一个情感能力：人际关系管理。在此，我们可以发现领导能力中最为显眼的方法——说服力、冲突管理以及它们之间的协作。管理人际关系可以巧妙地归结为处理他人的情感。反过来，这也要求领导者首先要意识到自己的个人情感，并通过同理心来协调适应下属的情感。

如果领导者的行为太过虚伪或强势，那么追随者的情感雷达就会捕捉到这种虚伪的信号，追随者会本能地对这个领导者产生不信任感。因此，处理好人际关系的艺术应该从真诚出发，从一个人的真实情感出发。一旦领导者调整了个人的理想和价值观，并保持在积极的情感范围内，同时调整团队的情感，那么关系管理技能就可以使领导者以一种可以产生共鸣的方式进行互动。

然而，处理人际关系并非想象的那么简单。虽然社交能力强的人一般不会心胸狭窄，但这并不仅仅关乎友好。更确切地说，人际关系管理是一种带有目的性的友好：不管是对营销策略的赞同，还是对新项目的热情，其目的都要带领大家走向正确的方向。

这就是为什么社交能力强的领导者可以与广泛的人群产生共鸣，并且可以找到大家的共同点，建立融洽的关系。这并不是说他们需要不断地开展社交活动，而是说他们认为没有哪一项重要的工作是可以完全依赖一个人来完成的。当需要采取行动时，这种领导者就能建立起一个人际关系网。荒谬的是，在一个远程工作日益普遍的时代，比如通过电子邮件或电话来工作，建立人际关系反而变得比以往任何时候都更为重要了。

考虑到领导力的主要任务，可以用有说服力的愿景来激励员工的能力对于领导者而言似乎越来越重要了。鼓舞人心的领导者可以让大家为一个共同的使命而兴奋不已。他们为人们提供的目标感，远远超过了那些吞噬大家梦想的日常工作和季度目标。这样的领导者知道，人们内心深处最重视的东西将会是他们工作中最强大的动力。因为意识到了自己的指导价值，所以他们可以为员工绘制正确的愿景。强烈的集体使命感可以使那些鼓舞人心的领导者更自由、更坚定地带领并引导员工。正如一位产品主管所言："我一人自成一个公司，我没有团队，也没有领导权力，我与其他项目共用员工。我无法告诉大家他们应该做什么，却可以通过迎合他们的议程安排来说服他们，并为我所用。"[27]

最后，由于领导方面的工作变得越来越复杂，并且越来越注重协作，人际关系管理能力也变得日益重要。例如，每一个大型的组织都必须把领导力下放给部分主管，这样才能创建一个实际意义上的团队。此外，由于组织已经意识到它们需要打破原有的职能分配，比如这个团队负责营销，那个团队负责战略，这个团队负责薪酬，所以越来越多的领导者开始把自己当作多功能团队的一分子，与同事们一起工作。如果哪个团队期望最大限度地发挥效能，那必定会成为顶级的团队。这也意味着组织需要建立密切而顺畅的人际关系，这样每个人都可以轻松地共享信息，并有效地开展协作。

人际关系管理能力可以使领导者将情商运用到实际工作之中，但它们的作用远远不止于此。当谈到结果时，这些使得最佳领导者脱颖而出的能力，可以创建一个协调有序、和谐融洽的团队，并形成独特的领导风格，在下一章中我们将会详细阐述。

第四章

你适合哪种领导风格

共鸣不仅仅源于领导者的积极情感或者恰到好处的表达能力，同时也源自一系列包含某些领导风格的协调活动。通常情况下，最优秀、高效的领导者会按照6种不同领导风格中的一种或多种风格行事，并且根据具体情况灵活转变风格。

其中4种领导风格为愿景式、辅导式、亲和式和民主式，它们可以创造共鸣感，进而提高组织业绩；而另外的两种风格，即标杆式和命令式领导风格，虽然在某些特定情况下可能会发挥作用，但应用时必须要小心谨慎。

为了了解领导风格对组织及其情感氛围的影响，我们开展了一项针对3 871位高管综合资料库的研究，并对其中几个影响工作氛围的关键因素进行了评估。[1]

研究进一步分析了解了不同领导风格所形成的氛围是如何影响财务业绩的，比如销售收益、收入增长、效率和利润率等。研究结果表明，在其他条件相同的情况下，如果采用可以产生积极情感影响的风格，那么领导者所取得的业绩回报显然更高。也许更为重要的是，拥有最佳业绩的领导者所采取的并非只是一种特定的风格。相反，在特定的某一天或某一周，根据不同的商业环境，他们会通过不同的方式巧妙地运用6种不同风格中的几种。我们可以把这些风格想象成职业高尔夫选手球袋中的一套球杆。在比赛时，选手会根据需要挑选合适的球杆。有时，他需要深思熟虑，但通常情况下选择是无意识的、本能的。球手可以感知到前方所面临的挑战，灵活地选择合适的工具，并优雅地使用球杆。而那些感染力较强的领导者也正是如此做的。

尽管这些领导风格很早就被赋予了不同的名称，并且都得到了人们的认可，但是我们所提出的领导力模型的创新在于，对每种方式所需的潜在情感能力的理解，以及更为令人信服的一点，那就是每种领导风格与其结果之间存在的因果关系。换句话说，研究让我们了解每种风格是如何影响工作氛围进而影响业绩的。对于那些为了业绩每天努力奋斗的高管而言，这种关系为重要的领导艺术增添了一些急需的科学支持。

我们将会先探讨可以产生共鸣感的4种领导风格，然后再分析其他两种风格，这两种方式如果应用不当就很容易造成不和谐的氛围。

领导力风格简介

愿景式领导

如何激发共鸣：鼓励大家为共同的梦想奋斗。

对工作氛围的影响：最大、最积极。

适用时机：变革需要树立一个新的愿景，或一个明确的前进方向。

辅导式领导

如何激发共鸣：将员工的理想与组织目标联系在一起。

对工作氛围的影响：非常积极。

适用时机：需要帮助员工培养长远能力，以改善其工作表现。

亲和式领导

如何激发共鸣：把大家紧密团结在一起，创建和谐氛围。

对工作氛围的影响：积极。

适用时机：需要消除团队中的裂痕，以及在紧张时期鼓舞大家，增强团队之间的联系。

民主式领导

如何激发共鸣：珍视他人的付出，并参与其中以增强员工的奉献精神。

对工作氛围的影响：积极。

适用时机：需要得到支持或共识，或从员工那里得到有价值的投入。

标杆式领导

如何激发共鸣：实现具有挑战性和激动人心的目标。

对工作氛围的影响：经常因为使用不当而产生很大的消极影响。

适用时机：需要从一个积极、有能力的团队那里获得高业绩。

命令式领导

如何激发共鸣：在紧急情况下为人们提供明确的前进方向，减轻他们的恐惧。

对工作氛围的影响：经常因为使用不当而产生很大的消极影响。

适用时机：面对危机需要转机或处理问题员工。

愿景式领导者

莎瓦娜·勒罗伊（Shawana Leroy）接到任命，成为某座大城市中的一家福利机构负责人，专为贫困家庭提供社会服务，显然她面临着很多棘手的问题。这些问题多数是该机构的前任领导者遗留下来的，那位领导者是一位很有资历的公务员，对规章制度情有独钟。机构所具有的使命感吸引了许多有才华的员工，并培养了巨大的奉献精神，至少在他们刚来的时候是这样的。然而通常情况下，随着员工陷入因工作开展而建立的各种拜占庭式的规则之中时，这种奉献精神就会渐渐消失。在各种规章制度中，原有的使命感变得无处可寻。虽然人们对机构服务的需求不断增长，资助者也怨声不断，但机构的工作节奏仍然非常缓慢，工作效率也非常低下。

勒罗伊先与每一位员工都进行了面对面的交谈，以便找出哪些机制运转良好，以及在机构中人们引以为傲的是什么。对于能有机会畅谈工作的深远意义以及所面临的工作挫折，员工似乎都松了一口气。勒罗伊发现，她并不是唯一一位对帮助贫困家庭的使命有奉献精神的人，她坚信在机构将要面临的改革中，这一愿景将会支持并鼓舞员工。

通过积极的交谈，勒罗伊让大家感受到了他们想要实现的梦想及其缘由。她让大家敞开心扉，探讨对于未来的希望，进而了解他们内心深处的爱心和奉献精神。因此，一旦有机会她就会向大家表达这个愿景，阐述将大家齐聚于此的共同价值观。

接下来，勒罗伊呼吁大家扪心自问，他们是否真的在践行帮助贫困家庭的使命，她引导大家了解他们的日常工作是如何影响机构实现目标的。这种询问过程的另一个好处就是：建立人们的积极主动意识以及他们内心深处的信仰。

检查工作必须深入每一处细节，比如，哪些管理实践起了阻碍作用，哪些规章毫无意义，哪些过时的体制需要被淘汰。与此同时，勒罗伊确信她已经塑造了想要创建的新型组织的原则：这是一个透明和诚实的组织，一个专注于严谨工作和结果的组织。随着言语不断转变为实际行动，勒罗伊和她的团队废除了一些最为僵化的官僚做法，并且在几乎所有员工的支持下改变了这些做法。在她的领导和管理之下，机构的情感氛围发生了变化，并且也反映出她个人对工作的热情和奉献：她为整个组织设定了一个良好的基调。

愿景式共鸣

当然，莎瓦娜·勒罗伊身上体现的正是愿景式领导风格，这种风格可以极大地推动建立积极乐观的情感氛围，并且转变组织各个方面的精神状态。例如，愿景式领导者往往会阐明团队的前进目标，而不是关注于实现目标的方式，这样员工就可以自由地进行创新、实践并承担预期的风险。员工明确了解了组织发展蓝图，并且知道某一特定的工作是如何迎合这一蓝图的，知道组织对他们的期望。每个人都为了共同的目标而奋斗，这种意识可以帮助建立团队的奉献精神：他们因能成为团队的一分子而感到骄傲自豪。

愿景式领导者的另一大优势是：留住最为重要的员工。在一定程度上，如果员工与企业的价值观、目标和使命产生了共鸣，那么这家企业将会成为他们择业的首选。一家明智的企业可以意识到，企业自身的愿景和使命为员工提供了一种独一无二的“品牌”，使自己可以在同行业雇主中脱颖而出。

此外，通过在一个更为宏大的愿景基础之上所制定的集体任务，可以为围绕这一愿景的绩效反馈制定标准。愿景式领导者可以帮助员工了解如何使他们的工作符合企业的大蓝图，了解他们工作的重要性及其原因。这种领导方式可以最大化地支持组织整体的长远目标和战略。这是领导力模型中的经典风格，也是商学院课程中最为热门的课题。

下面我们将以时任六旗娱乐公司首席执行官的鲍勃·皮特曼

（Bob Pittman）为例。皮特曼听说游乐园的保洁人员对待游客非常不友好，于是他决定实地调查，找出问题的根源所在。他乔装成一名保洁人员，借着清扫街道的机会，开始了解这一问题的所在。[2] 原来管理者要求保洁人员保持游乐园的干净清洁，但游客不停乱丢垃圾，使他们的工作无法完成，因此给保洁人员造成了极大的困扰。

皮特曼提出的愿景式策略就是让管理者重新定义保洁人员的主要工作，即保持游客的愉悦心情。脏乱差的游乐园环境会使游客兴致全无，因此保洁人员的工作应该是以一种友好的态度做好清洁工作。通过此番调整，皮特曼将保洁人员所扮演的小角色融入了更大的企业愿景之中。

我们的研究结果表明，总体而言，在 6 种领导风格中，愿景式领导风格是最为高效的。通过不断地提醒人们他们工作中所蕴含的更大的意义，愿景式领导者给平凡单调的工作赋予了更宏大的意义。员工知道企业共同的目标与自己的最佳利益息息相关，其结果是：激发他们努力工作。

成为愿景式领导者

当然，鼓舞人心的领导力就是情感能力，这种能力可以极大地巩固愿景式领导风格。（关于情感能力的更全面的信息，请参见附录 2。）通过激励和自信、自我意识、同理心这三种情感能力的结合，愿景式领导者可以设定一个既切实可行又符合员工共同价值观的目标。因为他们自身对这一愿景深信不疑，他们才可以坚定地引导大家为之奋斗。当需要改变方向时，自信和成为变革催化剂的能力可以使转变更为顺畅平稳。

另一个情感能力——透明度，也是至关重要的：想要赢得他人的信任，领导者首先必须对自己的理想坚信不疑。如果一个领导者的理想不够诚恳，员工是可以感觉得到的。此外，透明度也意味着消除公司内的障碍或烟幕，这样大家才能坦诚相向、共享信息和知识，各个层面的员工都可以找到归属感，同时尽可能地做出最好的决策。虽然有些管理者可能误以为掌握信息就意味着掌握权力，但愿景式领导者明白知识共享才是获得成功的秘诀，所以，他们会公开分享大量信息和知识。

然而，在所有的情感能力中，同理心对于愿景式领导而言是最为重要的。这种了解他人感受和观点的能力，意味着领导者可以绘制出真正鼓舞人心的组织愿景。相反，一位不了解员工的领导者是无法激励他人的。

由于它所具有的积极影响，愿景式领导风格在许多商业环境的应用中都卓有成效。尤其是在企业处于转型期或急需新的愿景指导时，这种风格就显得格外有效。不足为奇的是，这种愿景式的模式可以很自然地造就变革型领导者，他们往往寻求从根本上改变组织现状。[3]

然而，虽然愿景式领导风格作用非常强大，但也并不是在任何境况中都有作用。如果领导者的合作对象是一队经验更为丰富的专家或同僚，这种风格就会失败，因为这样会让他们觉得这个领导者提出的宏大愿景太浮夸，或者是与手头的工作议程不一致。这种失策会造成团队间的愤世嫉俗和怀疑，而那正是滋生不良表现的温床。它的另一个局限是：如果一位管理者想要实现愿景式领导，但最终变得专横傲慢，那么他就会破坏团队管理中的平等精神。

除了这些，在多数情况下，领导者都应该明智地抓住愿景式这一“高尔夫球杆”。它可能无法确保一杆进洞，却非常有助于远射。

一对一的艺术：辅导式领导风格

她刚来公司不久，并且已经怀孕 8 个月。一天晚上，她埋头工作到很晚，抬头却惊讶地看到老板就站在门外。他询问了工作进展，并坐下和她谈话。他希望了解她生活的全部：她觉得这份工作如何？在职业生涯中她想达到什么样的高度？生完孩子后她还会回来工作吗？

在接下来的一个月里，这样的谈话每天都在进行，直到她生产。这位老板就是大卫·奥格威（David Ogilvy），一位传奇广告人；而这位怀孕的新人正是雪莱·拉扎勒斯（Shelley Lazarus），奥美广告公司的现任首席执行官，这家大型的公司正是由奥格威创建的。拉扎勒斯表示，几十年后她仍在这里工作的主要原因之一就是，在最初几次下班后的谈话中，她与她的良师益友奥格威之间建立起了深厚的友谊。[4]

奥格威的领导方式在大多时候都是辅导式风格：与员工进行非短期问题的深入谈话，并了解员工的生活，包括他们的梦想、生活目标以及职业期望。尽管人们普遍认为每位领导者都应该扮演一个好教练的角色，但往往领导者最不经常展现的正是这种风格。在现如今高压、紧张的时代，领导者表示没有时间辅导员工。然而，忽视了这种领导风格，也就意味着他们错失了一个强有力的工具。

虽然辅导式风格关注的是个人发展而不是完成工作，但在几乎不考虑领导者采用其他风格的情况下，这种风格通常预示着积极的情感反应和更好的结果。通过与员工进行个人谈话，辅导式领导者可以与员工建立密切和信任的关系。他们是真的对员工感兴趣，而不是简单地把他们当作完成工作的工具。因此辅导式领导风格可以创造一次持续性的谈话，这样员工就可以更加公开地听取对自己工作表现的反馈，并把它看作为他们个人愿望服务的，而不仅仅是为了老板的利益。

正如约翰逊户外公司的总裁帕特里克·奥布莱恩（Patrick O'Brien）告诉我们的："现在，了解一个人比以往任何时候都更重要。如果开始时你与某个人进行了一个小时的真诚谈话，那么 6 个月之后，即使是在周五下午 4 点，他也会与你一起积极努力工作。"

实践中的教练

辅导式风格体现在领导者身上是什么样呢？教练帮助人们认识到他们自己独特的优缺点，并且将之与他们的个人和职业理想结合起来。教练鼓励员工建立长期的发展目标，帮助他们构思实现目标的计划，同时明确领导者的职责以及员工所扮演的角色。正如我们前面所言，在工作中，人们往往会被自己最喜欢的事情所吸引，也就是那些与自己梦想、个性和愿望相关的事情。通过将人们的日常工作与这些长期的目标联系在一起，教练可以鼓励人们积极向上。而只有从更深刻的个人层面上了解员工，领导者才可能实现这种联系。

教练也应该善于安排工作，给员工一些既可以发挥其能力同时又具有挑战性的任务，而非简单就可完成的工作。（顺便说一句，这种工作的弹性可以对个人情绪产生一种特别积极的影响：它可以给人带来一种特别的成功甜头，促使人们超越个人能力。[5]）此外，教练通常都会容许员工在短期内失败，并且了解这种失败会进一步促进员工梦想的实现。

令人毫不惊讶的是，如果员工表现得非常积极主动，并且想要获得更多的职业发展机会，那么辅导式领导风格就可以发挥很大的作用。相反，如果员工缺乏动力或者需要过多的个人指导和反馈，或者领导者缺乏帮助员工的专业知识或敏感度时，这种风格就会失败。如果运用不当，这种辅导式方法看起来就像是对员工管头管脚或过度控制。这种失误可能会削弱员工的自信心，并最终造成业绩的螺旋式下滑。不幸的是，我们已经发现，尤其是在需要给出持续性的表现反馈以产生激励而非制造恐惧或冷漠时，许多领导者都不太熟悉或不擅长使用这种辅导式风格。

例如，只注重高业绩的领导者，通常认为他们采用的是辅导式风格，而实际上他们却只是对员工指手画脚、管得过细，或者只是告诉员工他们应该如何做好本职工作。这样的领导者通常只关注短期目标，比如销售数据。这种只以解决问题为目的的倾向，使他们无法了解员工的长期目标，反过来，员工可能认为领导者只是把他们当作完成工作的工具，会让他们感到不受赏识、怀才不遇，而不是受到鼓舞和激励。

但是，如果运用得当，辅导式领导风格不仅可以增强员工的能力，还可以增强他们的自信心，帮助他们自主、高效地完成工作。

成为辅导式领导者

辅导式风格体现了开发他人能力的情感能力，领导者看上去像一位顾问，探索了解员工的目标和价值观，并帮助他们拓展自己的能力。它应与另外两种能力——情感的自我意识和同理心——联合应用，研究已经表明这两种能力是最佳顾问所应具备的。

情感的自我意识使领导者可以真诚地给员工提出建议，这种建议是基于员工最佳利益的，它不会使员工感到自己受到控制甚至是攻击。同理心意味着领导者在回应或反馈之前应该倾听，这样的谈话才具有针对性。因此，优秀的教练通常都会扪心自问：这关乎的是我的事情或目标，还是他们的？

辅导式风格之所以可以产生如此积极的情感影响，大部分源于领导者与员工之间建立的密切和信任的关系。一个优秀的教练会表现出他对员工潜能的信任，并希望员工可以竭尽全力。这传达出一种大家心照不宣的信息，就是“我相信你，对你寄予厚望，并且希望你做出自己最大的努力”。其结果是，员工意识到领导者对自己的关心，他们因此而受到鼓舞，坚持以高标准要求自己，并且他们认为自己应该对工作的表现负责任。

有时，辅导式风格也会采取一种积极的培养项目的方式。对于基业长青的企业而言，它们已经蓬勃发展了数十载，领导力的持续发展就意味着企业的文化实力增长，同时也是企业不断成功的关键。[6] 在当代社会，越来越多的企业发现想要留住最有能力和潜力的员工非常困难，而相对而言，那些为员工提供个人发展培养计划的公司更能培养员工的忠诚度。总而言之，辅导式领导风格可能不会产生惊人的经济效益，却能以一种令人惊讶的方式间接地提高效益。

关注情感需求：亲和式领导风格

乔·托瑞（Joe Torre）可以说是纽约扬基棒球队的灵魂人物。这支老牌棒球队于 1999 年再一次赢得了世界职业棒球大赛的冠军，球员经受住了情感上的高压而赢得了荣誉，而它的管理者托瑞也以“球员的精神支柱”而名扬天下。在一份尽人皆知的充满坏脾气和麻木的工作中，托瑞是一个例外，他彰显了行动中的团队精神和协作能力。

我们以 1999 年决赛后在球场上的庆祝为例。托瑞拥抱了一些球员，尤其是保罗·奥尼尔（Paul O’ Neill），后者的父亲刚刚去世，享年 79 岁。尽管接到了父亲去世的消息，奥尼尔还是选择继续参加那晚的决赛，比赛结束的那一刻，他不禁失声痛哭。随后，在俱乐部的庆功会上，托瑞特别强调并让大家认识到奥尼尔所付出的个人努力，称赞他是“一位不屈的战士”。

托瑞还拥抱了另外两名队员，他们也在本赛季中失去了亲人。其中一位是斯科特·布罗西斯（Scott Brosius），在过去的几个月中他曾多次受到托瑞的表扬，因为即使是时刻担心着父亲的晚期疾病，他仍在工作中保持着积极乐观的情绪。最后，托瑞借助庆功会上的聚光灯向另外两名队员表示了支持，他们次年的归队因合同纠纷而希望渺茫。他点名表扬了这两位球员，并坚持向俱乐部的老板表示不能失去这两位优秀的宝贵队员。

可以肯定的是，托瑞并不是软弱之人，如果需要，他也会毫不留情地训斥队员。但他也会对队员敞开个人的情感和感受。有一年，他的哥哥命悬一线，正在等待心脏移植手术，托瑞并没有掩饰自己的担忧，相反，他与队员们一起分担忧虑。在团队赢得锦旗前的那个春天，他治疗自己的前列腺癌时也是如此。

这种坦诚共享情感的方式是亲和式领导风格的一个标志性特点，而托瑞体现的正是亲和式风格。采用这种风格的领导者往往非常重视个人和员工的情感和感受，他们不会一味强调需要实现的任务和目标，而是更多地关注员工的情感需求。像托瑞一样，他们努力使大家保持愉悦的心情，创造一种和谐的氛围，最终建立团队的共鸣感。

虽然亲和式领导风格在直接推动业绩方面作用有限，但对团队氛围的形成有惊人的积极影响。在积极推动政策实施方面，它的效果仅次于愿景式和辅导式领导风格。通过把员工看作独立的个体，比如，当员工经历个人的艰难时期时，领导者会给予他们情感上的支持，这样的领导者通常可以建立起强大的忠诚度和紧密的关系。

那么亲和式领导风格何时会起作用呢？这种风格总体上的积极影响使它可以建立一种良好的、广泛适用的共鸣感，但是领导者应该适时应用，尤其是在需要提高团队和谐、提振士气、改善沟通或者修复企业信任危机时。

许多文化都很注重强大密切的个人关系，进而建立人际关系以满足做生意的必要条件。在多数的亚洲国家、拉美国家和一些欧洲国家，建立密切牢固的人际关系是做生意的先决条件。而对于亲和式风格的领导者而言这是水到渠成的事。

成为亲和式领导者

亲和式领导风格代表了实践中的协作能力。这样的领导者最关心的问题是如何促进和谐、营造友好的交际氛围、培养人际关系，以增强与员工间的密切关系。因此，亲和式领导者非常重视组织周期中的工间休息时间，这样他们就有更多的时间来筹集情感资本，以备应对压力之需。

当领导者采用的是亲和式风格时，他们对员工情感需求的关注甚至会超过对工作目标的重视。这种关注可以产生另一种感受他人情感、需求和观点的基本能力，即同理心。同理心让领导者关心一个人而非他所负责的工作任务，从而保持员工的愉悦心情。领导者的同理心可以促使亲和式领导方法有效地助长员工的气势，甚至当员工经受单调重复的工作折磨时，也可以使他们情绪高涨。最后，当面对的挑战是要把不同甚至有矛盾的个人编成一个和谐的工作小组时，亲和式领导风格有时也会依靠冲突管理方面的情感能力。

当亲和式领导无法解决问题时

“我们不知道如何做到既友好又公正，”一家市值60亿美元的全球消费品公司的高级副总裁告诉我们，“我们是一家关系导向型的家族企业。我们的领导对员工非常重视和尊重。如果我们犯了错误，公司总是过多关注于保持和谐。我们太过于友善。由于总是回避冲突，我们无法给出可以帮助员工个人发展的反馈和意见。”

当领导者完全依赖亲和式方法时，就会出现明显的缺陷：情感第一，工作第二。过度使用这种风格的领导者，可能会忽视为员工提供对其工作表现的意见反馈，而这些反馈可以帮助员工提升自我。他们往往过多地忧虑与员工的相处，总是以牺牲手头工作为代价。我们发现这种“渴望”友好关系的方法，不仅无法增强反而会破坏工作氛围。[7]他们总是担心员工是否喜欢他们，他们所谓的回避冲突可能会破坏一个团队，并使其走向失败。

这样的领导者很容易变得无知，因为这种过分亲和的姿态可能会使他们陷入一种尴尬的境地，那就是他们是最后一个听到坏消息的人。在危机中或者员工需要明确的指示应对复杂挑战时，无知的领导者虽然与员工很合得来，却会使员工感到群龙无首、无所适从。

尽管亲和式领导风格所带来的益处很多，却不可以单独使用。这种风格只注重称赞和表扬，可能无法纠正不良表现，并且很可能使员工误以为平庸也是可以接受的。此外，由于亲和式领导者很少就企业改善提出建设性的意见，员工不得不自行领悟应该如何做。

也许这正是为什么许多亲和式领导者，包括乔·托瑞，将这种风格与愿景式风格紧密结合使用的原因。愿景式领导者阐明任务，制定标准，让员工了解自己的工作是否促进了团队目标的实现。此外，再加上亲和式领导者的关怀方式，你就拥有了一个强有力的组合。

倾听员工：民主式领导风格

这所天主教私人学校，位于大都市的贫民区，多年来一直亏损。现在，资金已不足以承担学校的运行，大主教管区命令掌管这一区域天主教学校系统的玛丽修女关闭该学校。

但是玛丽修女并没有立刻关闭学校，而是召开了该校教职工会议，给大家解释了威胁学校生存的财务危机的详情。她询问大家，有什么方法可以让学校继续生存下去，如果不得已，又该怎样处理学校关闭的问题。然后她静静地听取大家的意见。在随后举行的学生家长会议、社区会议以及一系列教职工会议上，她都是这样做的。

在一轮持续了数月的会议接近尾声之际，大家达成了明确的共识：不得不关闭学校。那些想要继续就读教会学校的学生将被转到其他教会学校。

尽管最终的结果与立刻关闭学校的决定没什么区别，但她所采取的行动使之截然不同。通过让学校的员工做出集体决议，玛丽修女没有招致这类事情常常引发的强烈反对。人们为失去学校而痛心，却都理解关闭学校的必然性。实际上，没有人对此提出异议和反对。

另一所天主教学校的执事牧师也收到了关闭的命令，我们来比较一下这位牧师与玛丽修女的做法。这位牧师立刻根据指令关停了学校。其结果是：学生家长对学校提起了诉讼，教师和家长一起发起了示威抗议活动，当地的报纸也发表社论攻击他的决议。这些纠纷使学校又整整运行了一年的时间才最终得以关闭。

相比之下，玛丽修女所采取的民主式风格得到了员工的支持，建立了信任和尊重，即承诺。通过花费时间进行一对一的谈话以及在会议上倾听员工的担忧（或者像玛丽修女那样，关心学生家长等利益相关者的忧虑），这位民主式的领导者使大家保持着高昂的士气，最终在各个方面，它都对氛围产生了积极的影响。

民主风格应用的时机

当领导者无法确定前进的方向，并需要听取有能力的员工的观点时，就像玛丽修女的处境，民主式风格的效果最佳。

类似的案例还有路易斯·郭士纳（Louis Gerstner Jr.）。1993 年，于 IBM（国际商用机器公司）处于生死存亡之际，他出任公司董事长。作为一名计算机行业的外行人，郭士纳必须依靠民主式领导风格，听取经验更为丰富的同事们的意见。尽管郭士纳削减了 90 亿美元的开支，裁掉了上千名员工，最终他还是成功地扭亏为盈，为公司制定了新的战略方针，令人振奋不已。回首往事，郭士纳若有所思地说，他日常的决定都基于“那些比我自己更了解 IBM 和这个行业情况的同事所提供的良好意见和建议”。[8]

如果领导者有一个远大的愿景，那么民主式领导风格可以有效地揭示实现这一愿景的办法，或产生新颖的愿景实施观点。例如，澳大利亚西太平洋银行的首席执行官大卫·摩根（David Morgan），每年都会用 20 天的时间与来自公司各个团队的 800 名优秀员工召开会议，每次会议都有 40 名员工参加。“这是一个他们给我反馈的会议，”摩根告诉我们，“我想了解公司的状况。如果说过去单独坐在角落办公室的领导者可以经营一家企业，现在这种方式已经行不通了。领导者所面临的最大危险就是不了解公司的现状。”

因为这种反馈会议作用巨大，所以领导者必须对一切事情——不管是好消息还是坏消息，都公开坦诚相对。“你必须去了解一些非常困难棘手的事情，”摩根补充道，“然而，如果第一次有人告诉我令我难以接受的事实，我就想把他的脑袋砍下来，那他们以后就不会再告诉我类似事实。因此我必须让大家觉得他们可以畅所欲言、实话实说。如果我们可以坦诚公开地面对问题，那么就没有什么问题是解决不了的。”

当然，民主式风格可能也有其本身的缺陷。实施的后果之一就是，当领导者过分依赖这种风格时，就会激起员工的不满情绪。在无休止的会议中，大家反复地讨论斟酌各种观点，而何时能达成共识仍然不明朗，唯一明确的结果就是继续安排更多的会议。一个领导者如果推迟重要决议，且寄希望于通过讨论协商得出一致的战略，那么他就是在冒险，他将会为他的优柔寡断付出代价。这个代价就是公司的混乱和缺乏方向指引，最终导致抉择的延迟或冲突的升级。

当然，如果员工不了解情况或不具备相应的能力，那么寻求他们的意见则会导致灾难性的结果，这是不言而明的。同样，当处于危机时期或面对紧急事件需要当即做出决定时，领导者却仍然在寻求达成共识，那么他就有点执迷不悟了。例如，某位首席执行官，他任职的计算机公司因市场多变而受到了威胁，但他仍然坚持寻求应对现状的共识。当竞争对手抢走了他们的客户以及客户需求发生变化时，这位首席执行官仍在继续任命委员，考虑其他回应。随后，当市场因为一种新技术的诞生而突然发生转变时，这位首席执行官完全惊呆了。在他还没来得及召集另一个特别工作组前，董事会就已经把他换掉了。

成为民主式领导者

民主式领导风格是建立在三项情感能力的基础上的：团队协作精神、冲突管理以及影响力。最好的交流者往往也是一流的倾听者，而倾听正是民主式领导者的关键优势。这样的领导者可以创建出一种氛围，让大家觉得领导者真的希望倾听员工的想法和忧虑，并且随时都可以倾听。他们也是真正的合作者，他们以团队成员而非领导的身份与大家一起工作。他们知道如何平息冲突，并创造一种和谐的氛围，比如，修复团队内部的关系裂痕。

同理心这项情感能力在民主式领导力中也发挥了作用，尤其是当团队内部富含多样性时。如果没有能力将形形色色的人协调到一起，那么领导者就更可能会造成失误。

前四种领导风格，包括愿景式、辅导式、亲和式和民主式风格，都可以产生并建立共鸣感。每种风格都可以对组织的情感氛围产生强大、积极的影响。而后两种风格，即标杆式和命令式风格，在领导者的百宝箱中也拥有各自的位置。但是，领导者在使用这两种风格时必须小心谨慎，需要一定的技巧才能产生积极的影响。当领导者过度使用，或经常依赖或草率使用标杆式和命令式风格时，就会产生不和谐因素，在下一章中我们将会详细阐述这一点。

第五章

需谨慎应用的领导风格

易安信是一家数据存储系统公司，它从一家名不见经传的小公司发展成为全球行业领先者，它的崛起万众瞩目，同时也印证了传统的创业精神。多年以来，公司的高层管理团队带领着销售团队以一种疯狂的速度超越竞争对手。事实上，公司的首席执行官迈克尔·鲁特格斯（Michael Ruettgers）表示，他对销售经理的最基本要求是拥有必胜决心，他把易安信公司的成功归功于公司营销团队的进取精神。正如易安信的一位销售主管告诉我们的那样："我们就像争勇好胜的比特犬，但不同的是比特犬会放弃，而我们不会。"

这种不屈不挠的精神为公司赢得了巨大的回报：1995 年是易安信公司推出开放式存储系统的第一年，其销售额就达到了两亿美元；到 1999 年，在美国仅有的 4 家股东投资回报率、销售增长率、利润增长率、净利润率和股权收益率最高的公司中，易安信这家曾经不为人知的公司竟然获得了一席之地。[1]

鲁特格斯和他的管理团队在实践中体现的正是标杆式风格：领导者期待卓越的表现，并以身作则为员工树立榜样。这种风格在某些情况下可以发挥很好的作用，尤其是在技术领域，或对高技能的专业人才，或者像在易安信这样拥有十足进取心的销售团队的公司中。在企业生命周期的创业阶段，增长是首要任务，此时标杆式领导风格就显得尤其重要。如果团队成员都非常能干、进取心十足或者基本无须指导，那么在任何时候这种风格都可以帮助企业取得辉煌的业绩。如果拥有一个优秀的团队，那么标杆式领导者就可以按时甚至提前完成工作。

标杆式领导风格：使用需谨慎

虽然标杆式方法在领导者的百宝箱中拥有一席之地，但应该谨慎使用，并且仅限应用于那些它可以真正起作用的境况中。人们通常的认识却与这一观点背道而驰。毕竟，标杆式领导者的特点听上去很是令人钦佩：领导者秉持对工作的高标准要求，并以身作则为员工树立榜样。他注重的是更好、更快地完成工作，并以此要求每一位员工。他可以快速准确地找出表现欠佳的员工，对他们提出更严格的要求，如果他们无法应对紧急状况，他就会亲自上阵挽救局面。

但是，如果应用不当或过度，或者应用在错误的环境中，那么标杆式方法会导致领导者苛责不断而使员工感到巨大的压力和紧迫感。由于标杆式领导者往往不太清楚指导方针，而只是希望员工“知道该做什么事就好”，因此员工经常不得不反复猜测领导者的意图。当员工看到领导者对他们的要求太过苛刻，或者更糟糕的是，感觉领导者不相信他们能以自己的方式完成工作时，士气就会骤降。更重要的是，标杆式领导者太过于关注自己的目标，而忽视了他们实现目标所依赖的员工。其最终结果就是产生不和谐因素。

数据表明，通常情况下，当领导者因为情感代价而过度依赖标杆式风格时，这种风格就会破坏整体氛围。从本质上讲，标杆式领导者面临的进退两难的境遇是：对员工追求结果所施加的压力越大，它所引起的焦虑也就越多。尽管适当的压力可以起到激发员工的作用，比如应对按时完成工作的挑战，但持续的高压会起到削弱作用。当人们不再追求鼓舞人心的理想时，单纯的生存问题就占据了上风。压力会抑制他们的创新思维能力。尽管标杆式领导者可能会因为大家的顺从而在业绩上取得短期的增长，但是他们无法得到员工持之以恒的良好表现。

我们以一位叫山姆的主管为例。从学业上来讲，山姆职业生涯的起步阶段很辉煌：他以全班第一的成绩毕业。然后，他成为一家大型制药公司研发部门的生物化学家，他精湛的专业技术和知识使他很快就脱颖而出：大家都会就技术问题向他咨询。在卓越和成就的高标准要求的推动下，他总是以一种近乎痴迷的状态寻找完成工作的更好方法。

当山姆被任命为新产品开发团队的领导时，他仍熠熠发光，总体而言，他的队员们和他一样聪明能干并富有进取心。作为团队的领导者，山姆的工作就是为队员树立榜样。他每天工作至深夜，把自己当作典范，告诉队员如何在完工期限的强大压力下实现一流的科研工作。最终，在打破时间纪录的情况下，他的团队出色地完成了工作任务。

但是，当山姆被挑选为负责整个部门研发工作的领导时，他的表现开始褪色。他当前的任务转为更大的领导使命，即描绘一个愿景、分配工作和责任以及帮助员工实现自我提升，然而山姆并不相信他的员工可以像他一样称职能干。他常常拒绝授权，成为一个事无巨细的“细微管理者”，把精力放在一些细枝末节上。当员工表现懈怠时，他就会接管他们的工作，而不是选择相信通过指导他们可以有所改善。最终，在老板的建议下，同时也是为了减轻山姆的负担，他又回到了原来的工作岗位，继续负责管理产品开发团队。

山姆的故事说明了标杆式领导者的典型特征：精益求精的高标准要求，无法忍受不佳的表现，渴望卷起袖子大干一场完成工作，时刻准备着接替陷入困境的员工的工作。这并不是说标杆式领导方法无法起到良好的作用，但它只有在正确的环境中，即当员工有进取心、能力很强而且几乎不需要指导的情况下，才能发挥积极的作用。

有效的标杆式领导风格

什么造就了一个成功的标杆式领导者？这种领导风格的情商基础在于实现目标的动力，通过不断追寻改善工作表现的方法，再加上抓住机会的主动性即可实现这一点。实现目标的能力意味着，标杆式领导者需要努力学习新的方法，提升他们以及下属员工的工作表现。同时，它也意味着这些领导者所受到的鼓舞并不是源于外部的奖励，比如加薪或升职，而是源于一种要满足他们自己卓越高标准的强烈需求。标杆式风格也需要主动精神，需要积极能干的人随时准备抓住或创造机会做到更好，但如果在缺乏其他关键情感能力的情况下采用这种方式，其所追求的目标就可能无法实现。比如，缺乏同理心意味着这些领导者可以毫无顾虑地专注于完成工作任务，而忽视了执行任务的员工所面临的困扰正在不断增加。同样，缺乏自我意识会使标杆式领导者无法意识到自己的失败。

标杆式领导者通常缺乏的其他能力还包括有效合作或沟通的能力（特别是提供及时有益的表现反馈的能力）。而他们最明显缺乏的就是情感的自我管理，这方面的欠缺所导致的问题是事无巨细的微管理或缺乏耐心，甚至更糟糕。

总体而言，标杆式领导风格如果与其他领导风格配合应用，比如愿景式风格的热情和亲和式风格的团队建设，就会非常有效。当一个优秀的技术人员被晋升到管理层时，就会出现标杆式领导者最常见的问题，就像之前的山姆一样，一位天赋极高的生物化学家却无法成功担任部门研发工作的领导职位。实际上，山姆表现出来的正是彼得原理（即在一个等级制度中，每个员工都趋向于上升到他所不能胜任的地位）的典型症状，他被晋升了到自己能力所不及的岗位上。他拥有原来职位所需的所有技术能力，但这对于新工作岗位所需的领导力而言只是冰山一角。因此，他就变成了这样的领导：当员工犹豫不决时就会全盘接管他们的工作，因为他不相信别人可以像他一样出色地完成工作，所以拒绝权力下放；他总是第一时间指责员工的不良表现，却很少称赞员工。标杆式领导者所体现的另一个彼得原理特征就是，他们很擅长自己所管理的技术方面的工作，对于领导力所需的合作能力却不屑一顾。

当领导者过度或不当应用标杆式风格时，他们缺乏的并不仅仅是愿景，还有共鸣感。通常来说，这种领导者只是受到了业绩数字的驱动，却不足以时时激发并调动员工。

照我说的做：命令式领导风格

一家计算机公司正在“大出血”：销售额和利润不断下降，股票价值急剧流失，股东陷入一片哗然。于是董事会空降了一位新的首席执行官，他被誉为扭转局面的大师，一上任就投入工作，大量削减工作岗位，出售了一些部门，做出了几年前就应该执行的强硬的、不受欢迎的决定。

最终，公司得以挽救，至少短期内如此，却付出了巨大的代价。从一开始，这位首席执行官就在直属员工中创造了最强烈的恐怖统治氛围。他就像处于现代社会的暴君，毫不留情地威胁、贬低他的主管，即使面对微不足道的过失，他都会怒吼着发泄自己的不满情绪。他总是表现得像是要杀掉那些告诉他坏消息的人一样，直属员工都深感惊恐，再也没有人敢告诉他任何消息。不久顶尖人才都跳槽了，而他又裁掉了很多留下来的员工。在短期的复苏之后，公司又面临着另一次衰退，问题之一就是全公司的士气已荡然无存。最终，这位首席执行官被董事会解雇了。

可以肯定的是，商界到处充斥着高压式领导者，但他们对员工所造成的消极影响尚未使他们尝到恶果。例如，当一家大型的医院面临亏损时，董事会聘请了一位新院长以扭转当前的局面，但其影响是灾难性的。正如一位医师告诉我们的：“他毫不留情地就裁掉了员工，尤其是护士。看起来医院的确是赚取了更多利润，却造成了人手不足，情况已经变得非常糟糕。我们已经无法满足患者的需求，大家都感觉士气非常低落。”

随后发生的事情就不足为奇了，患者对医院的满意度一落千丈。当医院的市场份额开始被竞争对手鲸吞时，这位院长又很不情愿地返聘了许多以前解雇的员工。“但是时至今日，他也没有承认自己当时太过冷酷无情，”这位医师表示，“他仍然用威胁和恐吓的方法来管理。护士们回来了，但以前的士气荡然无存。与此同时，院长总是抱怨患者满意度下降，却没有意识到自己才是问题的一部分。”

高压式领导风格

实践中的命令式领导风格有时也被称为高压式领导风格，它是什么样的呢？这类领导者的座右铭是“按我说的做”，他们需要的是员工顺从命令，而不解释命令背后的原因。如果员工不能无条件地服从他们的命令，这些领导者就会诉诸威胁。他们寻求的是严格控制所有情况，并进行密切的监视，而非下放权力。因此，即使是他们给出了对工作表现的反馈，那也一定是关注于员工做错的事情，而不是做对了的事情。简而言之，这是产生不和谐因素的一个经典“诀窍”。

数据表明，在大多数情况下，命令式领导风格在所有的领导风格中是效率最低的，当然这也不足为奇。试想一下这种风格会对企业氛围产生什么样的影响。考虑到自上而下的情感蔓延是最容易发生的，因此一个冷酷、令人恐惧的领导者会影响每个人的心情，整体氛围的质量也会急剧下降。尽管有些领导者像那位命令式的医院院长一样，可能没有意识到他的领导风格与患者满意度下降的趋势有关，但是这种关联确实存在。他与护士和医生之间的交流破坏了他们的情绪，这样他们也就无法更好地与患者开玩笑，而实际上正是这些愉悦的玩笑才可以改善患者的情绪，完全改变患者对医院医疗护理的看法。

命令式领导者很少称赞员工，却总是随意批评他们，这种风格侵蚀了人们工作中的好心情、自豪感和满足感，而这些恰恰都是激励员工努力工作、好好表现的重要因素。因此，这种领导风格会损坏所有领导者必备的重要工具：一种让员工觉得他们的工作符合宏伟的共同使命的能力。相反，员工觉得自己对工作肩负的责任感减少了，甚至会疏于本职工作，并且总是想着“这又有什么重要的呢”。

然而，虽然这种风格有很多负面影响，但命令式领导者无处不在，而且竟然非常多，这源自原来 20 世纪企业中典型的命令控制型等级制度。这种组织采用的是军事化的领导模式（自上而下，“我命令你”），最适用于战场。然而，即使是在如今更加现代化的军事组织中，为了建立责任感、集体荣誉感和团队合作，命令式领导风格也是与其他风格均衡应用的。

医学界为我们提供了另一个案例。在如今的美国，许多医疗机构都面临着领导力危机，部分原因是医院文化一直都支持标杆式和命令式领导风格。当然，这些领导风格在某些地方还是很适用的，比如在手术室或急诊室。但它们的优势也意味着，许多上升到领导岗位的医务人员很少有机会更加全面地学习各种领导风格。

在多数现代组织中，这种“按我说的做”的领导者已经过时了，正如一家科技公司的首席执行官所言：“你可能会征服员工，赚得盆满钵满，但这样的公司可以长久地走下去吗？”

命令式风格何时起作用

尽管命令式领导风格有消极的方面，但如果可以明智审慎地应用，它就可以在情商领导者的各种能力中占据重要的一席。例如，在应对紧急扭转局势这种商业危机时，领导者就会发现命令式风格非常有效，尤其是在刚开始的时候，它可以消除那些无用的商业习惯，刺激人们采用新的做事方式。同样，在真正的紧急情况下，比如大楼发生火灾、飓风来临或者是面对恶意收购，命令式领导者可以帮助所有人渡过难关。此外，在处理问题员工时，其他领导风格都无法应对，而这种风格有时却可以发挥有效的作用。

我们调查研究中的一位高管就巧妙地运用了这种命令式风格，当时他被任命为一家食品公司的部门经理，意在扭转公司的亏损局面。上任的前几周，他就开始积极行动，并以实际行动明确表示自己将要进行的变革。

例如，高层管理团队会定期召开会议，他们选择的是一间非常正式的、有点可怕的会议室，大家围着一张大理石会议桌，坐在巨大的椅子中。这位新上任的部门经理表示，那张桌子看上去“就像《星际迷航》系列电视剧中星际进取号的舱板一样”。人与人之间的距离扼杀了自发性交谈，会议本身非常呆板、拘谨，没有人敢于打破这种现状。总之，这间会议室表明高层管理团队之间缺乏对话和真正的合作。为了实现坦诚相向的转变，这位经理以一种明确的命令式风格撤除了这间会议室，并产生了积极的影响。自那时起，管理团队就在一间普通的会议室开会，这位经理表示，“在这里，人们可以坦诚相对，进行真实的交谈”。

他采用了同样的方法来处理企业内部一套非常详尽的决策手册，那套手册明确规定了管理决策生效前应该经过哪些人的同意。新的警告是这样的：不得再通过其他任何手册或繁琐的文件沟通。“我希望大家可以互相交流，”这位经理解释道，“必要的话，任何人都可以在执行委员会上提出：‘这就是我正在做的工作，我需要大家的帮助和建议。’我希望大家都可以成为帮助他人的资源，而不是人云亦云。”

通过传递这些信息，这位领导者表现出了强大的魄力和说服力。但这种强势的策略之所以能起作用，是因为他抨击的是公司的旧文化而非员工。事实上，他明确地表示，他非常看重大家的才华和能力，并且认为需要做出巨大改革的只是他们做事的方式而已。

命令式领导风格如何成功

命令式领导风格的有效实行依赖着三种情感能力：影响力、目标实现感和主动性。同时，与标杆式领导风格一样，自我意识、情感的自我控制和同理心对于保持适当的命令式风格而言是至关重要的。实现目标意味着，领导者为了获得更好的业绩而进行强有力的指导。在命令式领导风格中，主动性所表现出来的形式并不仅仅是抓住机遇，还包括采用坚定的命令语气，当场发号施令，而不是反复思索行动方针。命令式领导者的主动性同时也表现为采取强有力的措施完成工作，而不是坐以待毙、为境所迫。

也许在这种风格的巧妙运用中最重要的就是情感的自我控制能力。情感的自我控制能力可以让领导者检查审视自己愤怒和焦躁的情绪，甚至可以使领导者通过巧妙的渠道释放愤怒，以迅速引起大家的关注，调动员工积极改变或取得业绩。如果领导者缺乏自我意识，即使情感自我控制行之有效的能力，此时命令式领导风格应用中存在的风险也就最大，而这可能也是命令式风格运用不当的领导者最常见的失败之处。命令式领导者所表现出来的不仅仅是愤怒，还有厌恶或鄙视，这些消极的情绪会给员工造成毁灭性的情感影响。

更糟糕的是，如果领导者既无法控制情感又缺乏同理心（即不了解情感基调），那么这种风格就会肆意横行、失去控制：专制的领导者总是怒吼着发布命令，却忽视了接收方员工的反应。因此，命令式领导风格的有效实行需要领导者——正如亚里士多德所言，“在适当的时间，以恰当的方式，因为合适的理由，对适当的人发脾气”。

这就是说，使用命令式领导风格应该谨慎小心，有针对性地应用于一些必要的情况之中，比如需要扭转局面或面临恶意收购时。如果领导者知道在什么情况下高层需要采取强硬风格，什么时候又需要抛弃它，那么这种巧妙的强硬态度就会发挥良好的作用。但是如果领导者的百宝箱中只有这一种强硬的风格，那么他就会使整个组织陷入一片混乱之中。

最糟糕的领导风格

尽管有证据表明过当的命令式（或标杆式）领导者会产生毁灭性的不和谐因素，但是每个人都可以列举出一个粗鲁、强硬的首席执行官，显然，他所表现出来的却是可以带来巨大商业成果的共鸣感的对立面。那么，如果情感能力如此重要，我们又怎么解释那些卑鄙的SOB（Seductive Operational Bully，意为“诱惑性操纵性欺凌者”）领导者呢？

我们先来详细了解一下SOB领导者。仅仅因为某一位高管是最引人瞩目的，那么他就一定是公司真正的领导者吗？一个管理大集团的首席执行官也可能没有什么值得一提的追随者；相反，真正积极领导大家、对赢利能力影响最大的往往是部门主管。据说，比尔·盖茨和他的微软公司正是如此运作的。他是一位高效的标杆式领导者，因为他的直属员工技术非常出众、积极主动、进取心十足。相反，他的直属高管团队则往往在自己的部门中采用共鸣式领导风格，这种风格是营造团队精神所必不可少的，而团队精神也决定了公司的业绩。

然而，有些领导者的成功是建立在一种错觉之上的，比如很高的股票市值或者迅猛的重组，这种错觉背后隐藏的是一个关键人物毁灭性的变动，在不久的将来公司将为此付出沉重的代价。通常情况下，这些高管是自我驱动型的自恋者，他们才是真正可怕的领导者。

我们以阿尔·邓洛普（Al Dunlap）为例，他在自己的自传《商海无情》（*Mean Business*）中吹嘘道，作为斯科特纸业公司的首席执行官，他的领导将会“作为最成功的局面扭转案例之一，载入美国商业史的史册”。尽管邓洛普因为使用强硬甚至卑鄙的领导方式无情地解雇了上千名员工，并因此而得到了赞扬，但后来的分析表明，他这种过度减员破坏了公司的营业能力。他那耀眼的短期成功似乎应该归因于他所采取的其他策略，至少从他随后在日光公司的经历看来是这样的。邓洛普作为日光公司首席执行官被解雇后的两年后，他和其他高管遭到了美国证券交易委员会的起诉，原因是他们“精心策划了一次欺诈性的阴谋，给大家创造了一种日光公司成功重组的错觉，并且通过哄抬物价促进公司的销售业绩”。[2]

这种自我膨胀的领导者通常会盲目专注于眼前的财务目标，而忽视了实现这些目标所付出的长期的人力成本或组织代价。[3]通常，像邓洛普一样，他们遗留下来的公司显露出了滥用“兴奋剂”后的各种迹象：紧张时期的努力奋斗体现了很高的赢利能力，却是以维持这些利润的长期的人力和经济资源为代价的。[4]

最后，我们讨论的领导者可能会有一两个非常明显的情感能力弱点，但他们仍有足够均衡的优势来保持其有效性。换句话说，没有哪一位领导者是完美的，他也无须如此完美。对领导者理想化的观点使我们为他们设定了不合情理的标准，并且总是希望他们可以成为一切美德的典范。

当审视 SOB 问题时，我们也要考虑领导者是否拥有足够的优势可以抵消那些腐蚀行为，但这在商业报道中可能并没有得到过多关注。杰克·韦尔奇在通用电气公司工作的早期，当时他正在负责公司一项根本性的局面扭转的工作，他所表现出来的就是命令式领导风格。在当时的情况下，他这种强硬的、自上而下的风格非常适用。媒体较少关注的是，随后几年韦尔奇是如何应用一种更为明确的情感能力领导风格的，尤其是在描绘企业新愿景和调动人们实现愿景方面。

清除障碍

简而言之，如果一个怀疑者想要质疑情感能力的效果，是非常简单容易的事情，只需要讲一个粗暴而强硬的领导者的成功事迹就可以：他虽然粗暴易怒却取得了很好的经营业绩。但认为一个心胸狭窄、冷酷无情的人可以成功地成为伟大领导者，这种观点非常天真幼稚，只有在缺乏关于哪种领导风格可以真正取得业绩的过硬数据的情况下，这种观点才讲得通。

一项对领导者的科学研究首先应该从清除障碍开始，建立公平的竞争环境，进行系统的比较。通过操控假象或赢得短暂胜利，一个心胸狭窄的领导者似乎取得了成功，但实际上那是因为整个行业进入了高增长期，或者是因为裁员或财务上弄虚作假等短期策略。

本着一种鲜有的公开问询的精神，美国保险公司的行业协会委托第三方进行了一项针对保险业首席执行官领导素质和公司经营业绩的研究。一个研究小组追踪了解各大保险公司的 19 位首席执行官的财务业绩表现，并根据公司利润和增长等标准将他们分为两组，即“优秀”和“良好”。[5] 随后，研究小组开展了深入细致的访谈，评估那些使优秀领导者脱颖而出的能力。研究小组评估了每一位首席执行官，并且寻求从他们的直属员工那里获得公正坦诚（和保密）的评价。

研究结果表明，使最为成功的首席执行官脱颖而出的特有才能就是关键的情感能力。最成功的首席执行官会用更多的时间来辅导高层管理人员，帮助他们发展成为优秀的合作者，并且培养与他们的人际关系。当然，SOB 风格的领导者身上明显缺乏的能力包括同理心、巧妙的合作和关注员工最佳的个人发展。此外，当一家公司的首席执行官表现出情感能力优势时，这家公司的利润和持续增长将会达到最高水平，并且明显高于那些领导者缺乏情感能力优势的公司。

谁愿意为 SOB 风格的领导者工作

这些 SOB 风格的领导者的另一个小秘密就是：他们会使公司的人才流失。行业的佼佼者，即那些为数不多的商业价值贡献最大的人才，他们无须忍受糟糕的老板所带来的持久痛苦，他们中越来越多的人会选择放弃这份工作。人们辞职的首要原因就是对老板不满。在紧俏的劳动力市场中，当人们可以轻松获得一份同等的工作时，那么对那些听命于糟糕领导者的员工而言，他们辞职的可能性是那些为自己欣赏的领导者工作的人的 4 倍。[6]

实际上，在对 700 家美国公司 200 万名员工的采访中，我们发现员工的企业工龄长短和工作效率高低取决于他们与顶头上司的关系好坏。盖洛普咨询公司负责数据分析的马库斯·贝金汉姆（Marcus Buckingham）表示："人们因为公司的名气而加入，却因为糟糕的经理而选择离开。"

数据分析的结果似乎表明了一切：SOB 风格的领导者要么改变自身，要么选择离开。

如何灵活运用各种领导风格

通过增强自己的领导能力，产生不和谐因素的领导者也得以改进。哈佛大学的戴维·麦克莱兰教授发现，拥有 6 种及 6 种以上关键情感领导能力的领导者，与那些缺乏这些能力的同事相比工作更加高效。[7] 同时，他还发现不同的优秀领导者可以通过一套与众不同的领导能力组合来培养员工的共鸣感。例如，一位领导者可能在自信、灵活性、主动性、目标实现、同理心以及开发他人才能等方面见长，而另一位领导者的优势可能就是自我意识、诚实正直、在压力之下保持沉稳冷静、组织意识、影响力和合作能力。

领导者拥有的情感能力越多，工作效率也就越高，这是因为情感能力强意味着领导者可以灵活应对组织运行中的各种广泛需求。每种领导风格都依赖着不同的情感能力，最佳领导者可以在正确的时间运用恰当的领导方式，并且根据需要进行灵活转换。那些缺乏相关能力的人，他们的领导风格也有限，因此往往只能局限地依赖一种领导风格，而这种领导风格可能恰恰与当时所面临的挑战不匹配。我们再次考虑一下对美国保险行业 19 位首席执行官的调查研究。正如我们所看到的，这项研究表明最成功公司的首席执行官拥有许多关键的情感能力，比如改进的动力、推动变革的能力、同理心以及开发他人潜力的能力。但研究又深入了一步：研究小组向重要员工了解他们在这

19 位首席执行官所领导的公司中的工作现状，并关注那些直接影响他们良好工作能力的方面，而不仅仅是他们的满意度。

对那些经营业绩优秀的首席执行官与业绩相对较差的首席执行官，公司员工的感受存在明显的差异。优秀的首席执行官所领导的企业，从交流标准到工作中员工所享受的灵活性和自由创新的明确度，在氛围建设的各个方面做得都很好。高效的首席执行官会鼓励员工感受工作中的主人翁意识和责任感，他们会制定较高的表现标准，并且调动员工积极性去实现更加富有挑战性的弹性目标。总而言之，这些首席执行官创建了一种氛围，使员工可以感受到激励并明确目标，获得自豪感，爱上自己的工作，保持对公司的绝对忠诚。

领导力可以促进各种组织的工作表现，并不仅仅局限于企业。在英国，政府委托进行了一项对 42 所学校领导风格的分析研究，发现了提高学生学业成绩的领导风格。[8] 在 69% 的学生表现优异的学校中，学校校长身上表现出了建立共鸣感所需的 4 种或 4 种以上的领导风格。但在 2/3 的较差的学校中，校长往往只有一两种领导风格，而且通常还是不和谐的领导风格。其中所隐藏的关键因素就是氛围：当学校领导者的领导风格较为灵活时，他们可以一对一地与教师进行谈话，或者为整个团队设定鼓舞人心的奋斗目标，或者必要时可以静静倾听，这时教师之间的氛围是最积极的。当领导者的风格僵硬死板并仅局限于命令和控制模式时，教师的士气最为低落。

在 6 种风格中，领导者采用的越多，效果就越好。我们的数据表明，掌握 4 种或 4 种以上风格的，尤其是掌握那些可以建立共鸣感风格的领导者，就可以营造最好的工作氛围，创造最好的经营业绩。此外，经验丰富的领导者会灵活转换风格，他们可以准确地解释自己的领导方式和原因，即使是那些声称只凭借直觉进行领导的企业家也会适时转换风格。

下面我们看看这种灵活转换的领导力是如何应用于实践的。

适时选择风格领导

琼是一家全球食品饮料公司主要部门的总经理。她临危受命，在部门面临着极大的危机时接受了任命。该部门已经 6 年没有完成利润目标了，最近又亏损了 5 000 万美元。高层管理团队的士气非常低落；不信任和愤恨的情绪在部门里肆意猖獗。上级给琼下达的指令非常明确：扭转部门的亏损局面。

为此，琼机智灵活、游刃有余地应用着各种领导风格，这也正是优秀领导者的表现。从一开始，她就意识到她只有很小的机会施展有效的领导力，并建立良好的关系和信任感，现在她急需了解部门存在什么问题。因此，在上任的第一个星期内，她与管理团队的每位成员进行午餐和晚餐聚会。琼想从员工那里了解他们从商业和企业角度对部门现状的看法，但她的工作重点并不是某个管理者如何判断问题，而是了解每一个人。通过亲和式领导风格，她不断地探索了解他们的生活、梦想和愿望。

有时她也会扮演教练的角色，努力寻求可以帮助员工了解他们职业生涯追求的方式。例如，一位经理经常收到反馈，说他是一个不善于团队合作的人，此时他就会向琼吐露自己内心的担忧。他感觉自己实际上是一个不错的团队成员，却总是被持续的抱怨和投诉所困扰。他知道如果想在公司获得成功，就必须消除这些投诉。琼意识到他是一位很有才干的高管，对公司而言也是不可多得的财富，于是她与这位高管达成了一项协议，表示会帮助他找出他是如何破坏自己团队合作能力的。她发现有时他有点伤人，总是不经意地说些激怒他人的话。她承诺如果看到这类事情发生，在会议结束后就会把他叫到一旁，帮助他更好地意识到自己的这种行为。

随后，在为期三天的高管团队外部会议中，琼在一对一的会谈中一直都是这么做的。她的目标是团队建设，这样每个人都可以针对现存的商业问题提出自己的解决方案。她以一种民主式领导者的初始立场，鼓励每个人都以一种如她所说的“清除一切不良因素”的方式，自由地表达出他们的挫败感和满腹抱怨。

第二天，琼感觉团队已经准备好把重点放在解决方案上了，她要求每个人对当前工作提出三个具体的看法。通过集思广益，团队针对公司重点问题自然而然地达成了共识，比如削减成本。由于团队对每项重点工作都提出了具体的行动计划，琼得到了她所追寻的团队奉献精神和支持。

随着未来愿景的确立，琼又转向了愿景式领导风格，她把每项后续工作的管理责任分配落实到具体的高管头上，并且要求他们负责完成工作。例如，公司已经降低了产品的价格，但销售量没有实现增长，一个明确的解决方案就是稍微提高产品价格。但前销售副总裁在这个问题上一直犹豫不决，才使情况恶化到这种地步。新上任的销售副总的具体责任就是调整零售价格以求解决问题。

在随后的几个月中，琼所采用的领导方式主要还是愿景式风格，不断地向团队传达新的使命，并且提醒他们每个人在其中的重要性。尽管如此，在计划落实到位时，尤其是在前几周内，琼意识到如果有人没有履行自己的职责，公司危机的紧迫性就会促使她偶尔将自己的领导风格调整为命令式风格。正如她所言："在随后工作的展开中，我必须要保持严厉苛责。工作的完成需要纪律和专注。"

7 个月之后，当我们的研究小组再次采访琼时，公司已经从她刚上任时亏损 5 000 万美元的境况扭转为超额 500 万美元完成当年的利润目标。这是公司 5 年来首次实现利润目标。

与工作相符的能力

怎样了解何时应该运用何种领导风格?

最具共鸣感的领导者所面对的远远不是将他们的领导风格与各种境况机械匹配的过程，他们的应用方式更为灵活多变。他们会观察审视每位员工和团队成员，搜寻那些可以提示他们当前领导需求的线索，并且立刻调整自己的风格。这就意味着他们不仅可以应用 4 种可以建立共鸣的领导风格，也可以根据强烈、急迫的形式适当地应用标杆式领导风格，或者展现命令式风格的积极方面。但是，当采用这些风险较大的领导风格时，他们需要适当自律，因为只有这样他们才可以避免愤怒、急躁或者攻击他人的冲动所带来的不和谐因素。最终，这些领导者不仅可以获得绩效成果，还可以在员工中建立起对公司的奉献精神和工作热情。

考虑到掌握多种风格所带来的有效领导力的重要性，在招聘、升职和继任时就应该直接考虑这些领导力。简而言之，当需要填补某一空缺的领导职位时，我们需要寻找一个可以灵活运用 4 种或 4 种以上领导风格的候选人，因为这才是优秀领导者的标志。如果无法做到这一点，就必须要了解，在针对某一特定领导职位时，你所考虑的候选人是否至少掌握了某一种或多种对公司现状而言最重要的领导风格。

例如，一位需要扭转局面的领导者必须掌握愿景式领导者所拥有的技能，即绘制促进变革的新愿景的能力。如果所在职位需要采取紧急措施，比如从根本上快速解决不称职人员问题，那么此时这位领导者就需要采取命令式领导风格，并且在问题解决后从这种风格中全身而退。当企业需要在员工那里达成共识，建立奉献精神或者激发新观点时，领导者就需要采取民主式领导风格。如果职位需要的仅仅是指导一个高素质、自我激励的团队，比如律师或者药理学家，那么这个领导者的领导风格中就应该包括明智地应用标杆式风格。

无论一个领导者现在的领导风格是什么，未来都可以不断地扩大、增多。其关键在于增强推动某一特定领导风格发展的相关情感能力。领导力是可以通过学习获得的，在本书的下一部分中我们将会看到这一点。但学习的过程并不容易，它需要花费大量的时间以及最重要的因素——付出。然而，这些相比于富有健全情感能力的领导力所带来的益处，对个人和组织而言都是值得的，也是非常鼓舞人心的。

Part

- 2 -

第二部分

如何提高你的领导情商

第六章

提高领导情商的 5 个步骤

零售连锁店的整个顶尖团队一直处于变化之中，随着公司变革或往高处走，或往低处走，或被踢出局。不过，这一过程中也常伴有大量的阴谋、办公室政治甚至诡计。人力资源经理比尔刚好夹在这些阴谋之中，他参与了每一次的对话和争论。在这些交锋之中，他要确保每个人都了解他的想法，并把自己扮演成“知晓内幕的人”。

比尔极其自负，顶尖团队中的一些人对此逆来顺受，因为迁就他对他们自己而言是有利的；其他人则选择视而不见，采取回避态度。然而，公司权力更迭过渡时，董事会辞退了一位优秀却采用高压统治策略的执行委员会成员，此举扰乱了整个团队。比尔是这样回应的：他分析了状况，然后向任何愿意倾听的人抱怨，并四处诽谤、散布谣言。他的老板听到了其中一次对话，不无伤感地说：“比尔这是在煽风点火。”

然而，无论老板还是最高管理层的其他成员都没有坦诚对待比尔，或者给他坦率的评价以帮助他提升自我。比尔一直把自己视作团队的“关键人物”，并认为自己是团队中受人尊敬的一员。他不知道如何解读周围复杂的环境，更不用说自我管理。然而，比尔之所以缺乏自我意识是因为他极度缺乏政治意识和同理心。

为什么像比尔这样的高层领导者反而无法看清真实的自己？其实，这种情况远比你想象得更为常见。事实上，领导者的职位越高，就越不能做出准确的自我评价。因为他们严重缺乏他人的意见反馈，就如同比尔一样。领导者接受坦诚的反馈，特别是关于他们领导作为的评估反馈时，他们面临的问题往往比一般人更多。具体而言，考虑到情感能力对杰出领导力的贡献，领导者需要了解他们应该在何处提升他们的领导情商。比尔散播谣言，在公司中制造了紧张的氛围，而他过度的分析也让人觉得索然无味。最后导致的结果是，人们不把他当回事儿。

事实上，矛盾的关键在于，一个领导者在组织中的职位越高，就越迫切需要这种反馈。

首席执行官病

"我经常觉得自己并不知道真相，"一家欧洲公司的首席执行官告诉我们，"我无法正确地指出问题所在，因为实际上没有人对我撒谎。但是我能感觉到，人们隐藏了一些信息，或者说隐藏了一些关键事实，以防我察觉到。他们没有说谎，不过也不会告诉我所需要了解的一切。我总是得反复猜测。"

这是"首席执行官病"的一个典型案例：人们为了隐瞒重要信息（通常是令人不愉快的信息），而制造了领导者周围的信息真空。[1] 为什么领导者无法了解关键问题的准确信息？有时候，那些本应该提供事实的人出于对领导者愤怒的恐惧而不敢说，尤其是当领导者的风格是命令式或者标杆式时，情况会更甚。任何给这样的领导者带来坏消息的人都可能会被当作信使而被“斩首”。有些人只为领导者提供正面信息，认为这是一个“好公民”或团队一员应该做的，或者只是害怕因为提出反对团队路线的看法而被看成亵渎神明的异教徒。或者，他们可能只是为了让自己看起来乐观些，所以隐瞒了消极的事实。

不管动机是什么，其结果都是领导者只掌握了发生在他周围的事情的部分信息。这种情况在组织内相当普遍，不仅限于首席执行官，大多数高层领导者也同样如此。因为人类有取悦老板的自然本能，就导致了这样一种普遍趋势：无论何时向上汇报信息，总是给予老板正面反馈，而隐瞒负面信息。

然而，一旦领导者接受了正面反馈，特别是有关于他们绩效的反馈，问题就变得更为复杂。当告诉老板关于公司的坏消息时，你可能需要小小的勇气来面对他，但要让老板意识到他与员工的想法脱节或者他激励人心的谈话效果其实不佳时，必须鼓足勇气。

当然，不仅仅是领导，有许多人抱怨他们得到的有效绩效反馈太少，但通常高管所获得的表现反馈是最不可靠的。例如，一份对177 项单独研究的分析，评估了超过 28 000 位管理者，结果发现，管理者的职位越高或者角色越复杂，绩效的反馈则越不一致。[2] 而如果领导者是女性或者少数人群，那么问题更复杂。[3] 一般来说，与男性相比，女性无论是作为领导者或是就任其他任何职位，她们得到的有效反馈都更少。这种情况同样存在于成员中明显占少数的人身上，不管他们是在马来西亚的中国管理者还是在伦敦信奉锡克教的高管。

共事者无论是老板还是下属，人们总会不让他获得诚实的绩效反馈，其理由有很多，但主要原因是这样的反馈会让人感觉不舒服，我们害怕伤害他人的感情或令他们心烦意乱。然而，虽然我们倾向于了解他人对我们所作所为的真实评价（奇怪的是，不只是希望了解消极的评价，也想知道积极的评价），所有人都不肯如实反馈。坦诚的评价很重要，这种评价有其他信息不可比拟的价值。

不甘于平庸

自我评估在“首席执行官病”中又起着怎样的作用呢？毫无疑问，领导者的自我意识和准确地感知自我表现的能力，与从他人那里获得的反馈一样重要。然而其中却潜藏着最具危害性的病症：在某种程度上，大多数人往往会高估自己的能力，并且越是蹩脚的人越会夸大自己的能力。[4] 这种人性的弱点，不仅对于领导，对于他们所领导的公司都会产生严重的后果。

例如，来自肯塔基州莱克星顿健友医疗的首席执行官，埃里克·哈特（Eric Harter）进行了一项关于保健服务公司首席执行官的研究，发现在运营状况最佳以及最差公司的首席执行官最大的差异就是领导力自我意识。[5] 作为一个有学者风度的首席执行官，哈特去研究生院研究了区分高效与低效高管的特质。他所研究的首席执行官都来自拥有 10 年上佳财务绩效表现的公司（以资产负债表结果和股本回报率来衡量），并将其与有 10 年消极财务绩效的同行做了对比。

针对自我意识的不同程度，他列出了 10 种领导力，来对比首席执行官对此的自我评估以及下属对他们这些能力的评估（例如自信心和同理心）。值得注意的是，业绩最差公司的高管对其中 7 种领导力都给自己打了最高分，但下属对他们的评价则大相径庭：对于相同的能力，他们给这些首席执行官打了低分。而另一边，在业绩优秀的公司中，下属则认为他们的首席执行官时常展现这 10 种领导力。

哈特的数据与我们的研究结果不谋而合，我们调查了 787 位来自不同岗位、不同行业的工作者。[6] 我们按组织层次分析了这些数据，出现了一个惊人的结果：在对 20 项情感能力的评价中，与底层管理者相比，高级管理人员和经理的自我评估往往高于他人对他们这些能力的评价。组织中领导职位越高，自我膨胀率就越大，即在同一水平上，他们总是认为自己的表现比他人优秀。这种错觉是因为高管和经理在如何看待自己和别人如何看待他们之间的差异很大，职位越高的人就越容易产生这种情况。那些职位最高的管理者往往无法准确地看待自己的能力。

很显然，寻求领导力的诚实信息对于领导者的自我意识至关重要，因此，这些信息对于领导者的成长以及有效管理的作用同样不可小觑。那么，为什么没有更多的高层领导者征求和鼓励准确的反馈呢？这不是因为他们自大虚荣，或者认为自己万无一失。通过与领导者的对话，我们认为这往往是因为他们确信自己无法改变现状。因此，即使他们确实收到了有关他们领导风格如何影响团队或组织的良好反馈，即使他们了解到反馈中的真实情况，他们仍不相信可以改变自己维系如此之久、行事多年的领导方式。这种情况同样出现在领导者周围的人身上：如果他们认为领导者不能真正改变，那么他们又何必自找麻烦提供令人反感、尴尬的负面反馈呢？

然而我们看到的证据正好相反：任何领导者都可以学习新的技巧。在某些情况下，领导者也可以转变领导风格，从而改变其一生，并推动他们的团队和整个组织发生重要的变化。

后天培养胜于先天能力

尼克·米肯（Nick Mimken）一直是他所在的保险公司的大明星，因其高超的推销技术而不断赢得各类奖项。但是，当他成为另一个城市新成立的办事处的负责人，手下有25名销售人员后，他再也不会因其领导力而赢得任何嘉奖了。他又看到了事业刚起步时的自己，他知道自己不能犯错误，因为他的新办事处在公司全美销售业绩排名中处于倒数第四。

后来领导力顾问公司麦克伯公司，即现在的合益集团，在他工作刚起步的几个月内与他一起工作。来自他下属的反馈显示，作为成功推销员典范的米肯，已成为标杆式风格的领导者。他依仗的仍是使他销售长虹的相同的高压政策来提升业绩。但在新办事处，这打击了销售人员的士气。更糟糕的是，当压力增加和工作最后期限临近时，米肯采用了命令式的领导风格，反复强调销售目标，而不是和员工一起制定切实可行的目标。那时，公司的气氛变得越来越紧张。

作为第一步，麦克伯公司鼓励米肯去关注销售人员的绩效，而不是他自己的业绩。这意味着他需要寻找方法帮助销售人员发展他们自己，即发扬辅导式和愿景式领导风格。幸运的是，这些风格吸收了许多米肯自身已经具备的能力，因为正是这些能力，例如同理心、自我管理和鼓舞人心，使他成为成功的销售人员。现在他只需要学会如何利用这些能力来领导员工。

随着时间的推移，他开始抓住机会对销售人员进行一对一的培养课程，包括有关目标和业绩的持续对话。当他对销售人员的工作失去耐心时，他会克制自己跳起来发怒的冲动，并自我平衡对销售人员的批评与正面鼓励。相应的，他发现了达成目标的方法，即以共同的价值观和愿景指导大家。

18 个月后，办事处有了明显的进步。下属提供的评价表明，他将他的主导风格从标杆式和命令式转为辅导式，并开始发展愿景式领导风格。而且，一项调查显示，这些改变已初显成效：销售人员的积极性显著提高，奖惩制度公平，工作起来也变得动力十足。由于米肯的指导，他们对自己的优势也有了清晰的认识。

在三年的时间里，米肯不断发挥自己的领导优势，他的办事处也成为首个因销售增长连续两次获得嘉奖的机构，而这个奖项在全美 100 家机构中只有 8 个名额。米肯成为公司历史上最年轻的获奖者之一。从他走进办事处成为新经理之日起的 5 年内，办事处已经从当年效益排名倒数第四走向了正数第四的位置。

我们已经看到了一个又一个像米肯这样的故事（在后面的专栏中有进一步描述），证明了不仅领导者可以后天培养而成，情感能力同样也可以通过学习获得，就像米肯学习并应用共鸣型领导风格一样。

尽管如此，问题仍然存在：是不是有些人天生就具有一定水平的同理心？还是后天学习获得的？答案是两者兼有。情商有一定的遗传成分，但可以肯定的是，后天培养发挥着重要的作用。尽管人们天生能力的初始水平可能会有所不同，但无论起点在何处，人们都可以通过学习得以提升。

有时，它只是充分发挥已有能力的问题，例如销售员米肯多年来一直用同理心与客户打交道，而作为老板的他，却犯了标杆式领导者常见的错误：他更关注他的下属做错了什么，而不是他们需要怎样才能做得更好。通过实践，他开始对销售人员运用同理心，以此让他们觉得他理解员工的需求。米肯也掌握了一些方法，来辅助其领导力的提高。例如，他变得善于构建绩效计划，并指导销售人员实现这些目标，而员工也开始相信他有能力助他们一臂之力，并获得成功。更重要的是，米肯在工作中的变化也带到了他的家庭生活中。他的妻子认为他变得更加体贴，也越来越了解家庭的需要。

米肯的故事阐明了另个一关键点：情感能力不仅可以通过学习获得，还可长期保持。我们的研究表明，领导者可以采取一些具体方法来确保维持这样的学习成果。我们跟踪记录了他们最初起步的 7 年间领导力发展的收获，在过去，这有时被称为蜜月效应。

蜜月效应之后

我们从米肯的故事中可以看到，学习效果不曾减退，也持续对公司业绩发挥作用。而大多数培训，短期内效果显著，但在 3—6 个月后基本上会效果全无，与这些再熟悉不过的蜜月效应般的培训相比，显然米肯的培训成果更卓著。我们所熟悉的周期是这样的：一个人结束培训时热情洋溢，立志于改善自己的领导方式。但是，回到办公室后，成堆的电子邮件、信件、电话都在等待着他来处理，上司和下属都在紧急呼叫，他陷入了无边的需求沼泽之中。所有新学习的知识悄无声息地溜走，下意识的反应又重新掌管了一切。不久，他的行事方式又回归如旧，而其在训练结束时信誓旦旦要运用的新方式已然远去。蜜月也就这样戛然而止。

几十年来，人力资源的专业人士一直深受该现象的困扰。他们已经看过太多的人褪去培训时的热情，美好的愿望也随着时间的推移逐步淡去。虽然研究表明培训会引起实质性的改变，但大多数时候，这种变化似乎难以持续，这就是为什么人们通常称之为“蜜月效应”。[7] 鉴于北美仅在培训方面的花费就超过了 600 亿美元，这个问题就更值得深思了。

也许正是因为人们普遍认为培训的效果不会持续太久，所以关于培训对人们行为影响的研究也相对较少。[8] 在为数不多的几项针对人们行为方式改善情况的研究中，对训练前后人们行为变化的研究以及对比受训者和未受训者的行为的研究就更是少之又少了。[9]

但凡事也有例外。研究证明，我们可以改善一个人的表达能力和沟通技巧。一项对销售部门经理的研究显示，为期一周的有效沟通技能训练过后，人们的沟通技巧得到了 37% 的提升。但我们无法因此而推断一周后这样的提升是否还有效果。

当对本书中探讨的代表情感能力的一系列自我管理和人际关系管理能力进行研究时，我们发现培训项目通常不会产生惊人的效果。[11] 研究了大量的情感技能后，我们发现培训后 3—18 个月的时间内，这些能力只提升了约 10%。[12] 为什么投入了如此之多的资金和精力后，效果甚微呢？

当谈到建设可持续领导力技能时，人们的动机以及对待学习的态度是至关重要的。人们只学习他们想要了解的东西。如果学习是强加于人们的，那么即使人们暂时掌握了这些知识和技能（例如，为了通过测试而学习），也会很快就淡忘。正是因为如此，研究发现，工商管理学硕士的课程所学知识的半衰期约为 6 个星期。[13] 因此，公司要求员工参加一项通用领导力发展项目时，除非员工真正想学，否则受训者可能只是走走过场罢了。事实上，行之有效的行为改变原则告诉我们，当一个人被迫改变时，一旦压力与胁迫消失，这种改变也就随之消失。[16]

领导者是后天培养而成的，而不是天生的

• 他刚刚来到美国时才 13 岁，渴望适应新学校的生活，并得到大家的认可。于是，他加入了曲棍球队。作为一个技术尚可但又不是特别突出的曲棍球球员，他决定不上阵打球，而是选择辅导新手。这是他第一次意识到在帮助别人的过程中，也

培养了自己的能力。24 岁时，他找到了大学毕业后的第一份工作，成为销售团队的负责人。他必须学会自己摸索，因为没有人教他如何打销售电话。但是，他找到了窍门之后，立马就开始让他的团队成员模拟电话演示以锻炼他们的能力。后来，他加入了一家制药公司，由于他善于教学，领导让他制作视频用于销售培训。当他成为一名管理者时，已经是培养人才的大师了。

- 在大学里，这个年轻女孩是国际商业俱乐部的一员，她发现许多成员的目标与俱乐部的不一致，于是她找到一个方法让大家都认同一个共同的目标。大学毕业后，她的第一份工作是做销售代表，单枪匹马的她不得不与其他代表通过电话和电子邮件联系，以创建一个虚拟的团队，那期间她学会如何激励人们进行合作。然后，当她成为一个团队的领导者时，她从一个下属那里学会了如何建立团队精神，那名下属非常善于寻找认可团队成员的贡献的方法。最后，作为跨职能部门高层领导团队的一员，她掌握了如何铺平道路、顺利达成共识，即每每在做出重大决定前，她会寻求与关键的利益相关者进行深入谈话。

笼统而言，这两个故事说明许多出色的领导者是如何自然而然地掌握了高效的情感能力的。强生公司的研究小组考察了 9 位优秀高管中的两位：即销售经理和团队领导者，马修·曼基诺（Matthew Mangino）和克里斯汀·德雷福斯（Christine

Dreyfus ），旨在找出人们是如何成为领导力构建大师的。[14] 相同的模式一再出现：领导者关于能力的第一意识出现在童年后期或青春期；然后，在他们的第一份工作中，或发生了其他一些突然的转变使得能力成为生存的关键后，他们开始有目的地运用能力；随着岁月的流逝，他们不断地磨炼技能，能够越来越好地运用这些能力；第一次运用这些能力与开始经常运用它们时，也存在截然不同的阶段。从一个人首先意识到能力到掌握这种能力，也就是说，到后来能够经常并有效地使用能力，这整个过程让我们清晰地看到了生活中这些杰出领导的发展历程。虽然例子中的领导者看起来是天生的，因为他们潜移默化地获得了领导优势，但没有任何人生来就知道如何领导团队或培养他人的优势。他们也是通过学习才懂得如何运用能力。研究显示，伟大的领导者都是在他们的生活和职业生涯中逐渐获得了这些使他们优秀出众的能力。任何领导在任何时候都能学习并掌握这些能力。

掌握领导力所面临的挑战就像掌握任何其他技能所面临的挑战一样，如提高高尔夫球技或学习演奏滑音吉他。一旦了解这些步骤，任何人只要有意愿和动机就都可以成为更好的领导者。

事实上，从就业成本指数的数据分析中，我们发现在职业生涯中，人们往往会自然而然地发展情感能力，特别是随着年龄的增长，这种能力会越来越强。[15] 这表明随着人们年龄的增长，不仅自我评估更客观，也更有说服力，而且别人对他们的评价也随着时间的推移而有所改善。

但要注意：情感能力提高的普遍趋势无法确保所有领导者在需要这些能力时，就会自然而然地将其情感能力增强到他们所需的水平。这就是为什么对于某个特定领导者而言，他的优缺点评判和发展计划仍然是至关重要的。

好消息是，尽管随着时间的推移，许多领导力项目失去了影响，但如果领导团队建设遵循正确的基本原则，改善仍然是可以持续的。标杆式领导可以改变自己，培养辅导式和愿景式领导力。我们也可以培养并保持同理心。不过，这需要参与者有目的性地努力、保持动力和付出情感。

更重要的是，我们甚至知道这种学习如何在大脑中发生。

大脑的重要性

正如我们在第二章和第三章中谈到的，情商存在于大脑的前额叶区和脑的边缘系统这两个大脑执行中心之间的回路中，这条回路支配人们的情感、冲动和欲望等。研究显示，良好的动机、扩展实践和反馈，是习得基于边缘系统的技能的不二法门。[17] 将这种学习与新大脑皮层里负责分析和技术能力的学习相比较，我们发现新大脑皮层可以迅速掌握概念，并将其放置到联想和理解扩展的网络中。例如，大脑的这一部分作用可以使我们通过读书了解如何使用计算机程序，或掌握电话销售的基本技巧等。并且，我们在学习科学技术或者分析技能时，新大脑皮层会高效运转。

问题在于，大多数提高情商的培训，比如领导力培训，都把目标锁定在新大脑皮层而不是大脑边缘系统。因此，学习的效果有限，有时甚至可能产生负面影响。在显微镜下观察，掌管情感的大脑边缘系统比那些掌管思维的大脑皮层有着更多的原始脑细胞组织。大脑皮层的设计使其成为高效的学习机器，通过将新想法或新事实联系到更广泛的认知网络来扩展我们的理解能力。这种关联模式的学习速度非凡：我们在简单地倾听或阅读之后，负责思维的大脑就可以领会到某些东西。

而另一方面，大脑边缘系统学习起来非常慢，尤其是当面临的挑战是对那些根深蒂固的习惯进行再学习时。如果试图提高领导技能，这个区别就显得非常重要：从最根本的层面上来说，这些技能是在生命早期习得的习惯，如果这些习惯已不足以推动前进，或阻碍个人发展，那么学习将会花费更长时间。因此，对负责领导力学习的情感大脑进行再教育需要一种不同于思维大脑的模式：它需要大量的实践和重复。

如果采用了正确的模式，训练可以改变调节消极和积极情感的大脑中心，大脑中心联结着大脑扁桃核和前额叶区。例如，威斯康星大学的研究人员教导一家生物技术公司研究与开发部门的员工进行正念训练，他们总是抱怨工作节奏紧张、压力大。[18] 正念是一种技能，可以帮助人们集中注意力关注当下，丢弃杂念（比如忧虑），而不迷失在其中，从而使人平静。8 周后，研发部员工表示他们的压力明显减轻了，他们对工作充满了更多的创意和热情。但最引人注目的是，他们的大脑活动由右前额叶区（负责产生悲伤的情绪）转向了负责乐观情绪的大脑中心。

这些发现以及其他类似的研究证实了人们一种普遍的看法是错误的，即从成年早期开始，神经连接不可避免地走向萎缩并且无法替代（以及认为成年人要改变基本个人技能为时已晚的推论）。神经学研究显示的结果与这种看法恰恰相反。在整个成年期，人类的大脑可以创造出新的神经组织以及新的神经连接和回路。例如，研究人员发现，伦敦出租车司机以在迷宫似的单向街道和限时通行道路的优秀导航能力而闻名，这也显示了他们的大脑具有极强的可塑性。经过多年在伦敦开车的经验，负责空间关系（即如何导航）的大脑某部分不断地发展、变强。[19] 在生命中任何时候，经常使用的神经连接就会变得更强大，而不经常使用的则会被削弱。[20]

那么，很显然，刺激新神经连接的关键是学习活动。[21] 谈到培养领导力，它需要一种情感方法来促使这些神经发生变化：即直接作用于情感中心的方法。正如科学家研究所得出的结论，“当大脑边缘的连接已经建立了神经模式，就需要另一个边缘的连接来修正它”。[22]

学习有效领导力的黄金时期是从青春期延伸到 20 岁出头。在此期间，从解剖学的角度来说，人体发展的最后器官——大脑，会继续为情感习惯铺设原始回路。掌握任何一种学科或成为某一团队成员或有机会磨炼公众演讲技巧的年轻人，都在铺设为未来生活提供领导力关键支持的神经支架。早期的学习将有助于如自我控制、对成功的渴望、协作和说服力等能力的培养。

如果人们缺乏掌握某种领导力的早期经验，也为时不晚，但之后想培养需要强烈的学习动机。人的一生，大脑都有能力生长出新的神经连接。只是成年后我们需要付出更多的努力和精力吸取经验教训，而其实这在年轻时更容易掌握，因为这些新的经验教训会与大脑中已经根深蒂固的模式展开一场艰苦卓绝的战斗。而那时我们的任务量就增加了一倍，因为我们必须改正不良的习惯，并培养新的好习惯。这就是为什么强烈的动机会成为领导力发展的关键所在：与最初我们习得这些习惯相比，我们必须付出更多的时间和精力来改变习惯。只有精诚所至以及努力才能培养情商。一个简短的研讨会是不会有多大效果的，而我们也不可能只用学习指导手册就成功。因为大脑边缘系统学习起来更缓慢，而且相比大脑皮层需要更多的练习，因此，相对于掌握风险分析等行为，它需要我们付出更多的努力才能增强同理心等能力。但它仍是可以实现的。

可持续性学习

正如上文所描述的，因为大脑边缘系统的学习需要付出更多的时间和实践，所以也更可能长期保留。因此，人们不仅可以提高情商，也能维持多年来学习的成果，而一系列仍在凯斯西储大学魏德海管理学院进行的纵向研究中的数据已经证明了这一点。自 1990 年以来，这些研究作为能力建设的必修课在学生中开展，允许学生评估自己的情感能力（以及一些认知能力），并让他们选择自己希望加强的能力，在个性化的学习计划指导下，有针对性地增强这些能力。在课程开始、毕业以及工作多年以后分别对学生进行客观的评价，这也让研究人员有独特机会来衡量这种领导力发展方式的长期效果。[24]

研究结果令人印象深刻。与大多数领导力发展项目的蜜月效应相比，这些读工商管理硕士的学生的学习效果持续了几年。经历了这些改变的两年之后，调查结果仍然显示他们的自我意识，如自信、自我管理能力、适应性以及对成功的渴望等增强了 47%。此外，他们在社会意识和人际关系管理能力上也取得了很大的进步：同理心和团队领导能力等增强了 75%。

这些学习的收益也与标准的工商管理硕士课程的结果形成鲜明的对比，因为工商管理硕士课程里没有增强情感能力的任何设置。最好的证据是来自美国大学商学院联合会研究委员会的数据。[25]我们发现，在两家排名较高的商学院中，与刚开始学习工商管理硕士课程时相比，毕业生的情感能力只有 2% 的增强。事实上，参与其他 4 个高级工商管理硕士课程的学生，接受了更全面的评估测试，结果显示他们在自我意识和自我管理能力上增强了 4%，但在社会意识和人际关系管理能力上降低了 3%（见下页图表）。[26]

再次参考魏德海管理学院的研究，在职工商管理硕士的学生的情商也有所提高，他们一般需要 3—5 年才能完成学业。在课程结束之时，学生的自我意识和自我管理能力增强了 67%，社会意识和人际关系管理能力增强了 40%。但即使是在这些在职学生毕业两年之后（这时距他们学习课程之时已过去了 5—7 年的时间），博林格林州立大学的教授简·惠勒（Jane Wheeler）发现，学习的收益仍在持续：自我意识和自我管理能力仍有 63% 的增强，社会意识和人际关系管理能力也有 45% 的增强。

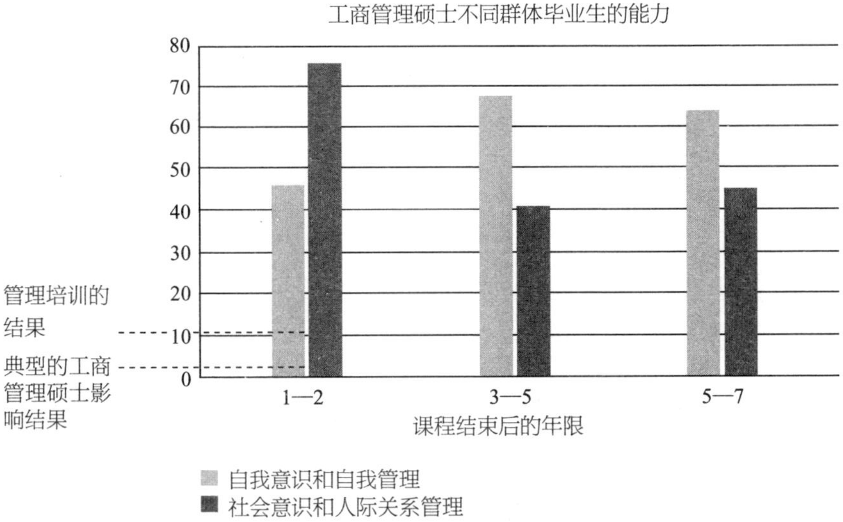

情商领导力提高的比例

而在全日制工商管理硕士的学生中，这些研究记录的所有经过评估的 14 项情感能力都有所增强。结果表明，只要有针对性地进行学习，没有哪一种能力是无法增强的。[27]

这些显著的结果首先证明了共鸣型领导力所需的情感能力的效果可持续多年。持续了 1—2 年的培训计划跟踪结果显示，学生的情感能力增强了 10%，而在典型的工商管理硕士课程中，情感能力增强了 2%。但简·惠勒在数据中看到了另一种意想不到的额外收获：课程结束 5—7 年后，人们不只是增强了那些他们已经在 3—5 年后增强了的能力，其他能力也得到了增强。换句话说，一旦他们学会了如何加强造就领导力的情感能力，他们就可以继续发展新优势。这一发现拥有坚实的证据，可以证明这些能力在整个生命过程中可以不断习得。

更多关于终身学习的证据来自凯斯西储大学魏德海管理学院专业研究计划的高级管理人员进行的一项研究。该专业研究计划是为经验丰富的管理人员和高级专业技术人才（平均年龄为 48 岁，与平均年龄为 27 岁的工商管理硕士的学生形成鲜明的对比）而设计的，旨在吸引那些希望增强业务能力和领导能力的高管、律师和医生。研究人员对参与该计划的这些高级管理人员进行了三年的纵向研究，发现他们的情感能力增强了 2/3。[28]

因此，很显然如果领导者掌握了正确的学习方法，那么他们就可以通过学习变得更加高效。不过，这种深度学习的成果甚至远远超越了使用正确方法所带来的收益。这个过程并不一定一帆风顺，更确切地说，是一段充满惊喜和顿悟的旅程。

敲响警钟

当诺兰·泰勒（Nolan Taylor）点击鼠标发送时，他意识到自己刚刚发送了一封严厉批评公司最新裁员的邮件，其中也提到了他的老板在裁员中所扮演的角色。他本想把邮件发给另一个部门的朋友，却不幸发给了老板。而在他试图想办法在他老板读到之前撤销这封邮件时，却被邮件所蕴含的另一个更大的问题惊醒了。这是一个令人惊醒的时刻：他意识到，他并没有成为自己想要成为的人。

多年以来，诺兰·泰勒发誓要控制自己的火爆脾气，并寻找方法来增强自我控制能力。这种明显的失误以及可能造成的后果提醒了他，他正在走向一个与自己设定的目标截然不同的方向。他希望自己变得更加乐观，即使在艰难的情况下也能看到积极的一面，而不是立即冷嘲热讽、批评他人。发送电子邮件后，他不得不面对一个断层，那就是他的理想自我与现实自我之间的巨大差异。从那一刻开始，他就下定决心要改变。

即使在自然界中，这样的断层也会引发巨大的变化。理论表明，复杂的事情或者骚乱的变化过程与其说是平稳过渡，倒不如说是突然变化。例如，地震是因为地壳的突然断裂而发生的，尽管随着时间的推移，地表下的压力可能积蓄了很久。

同样，在培养领导力的过程中，生活中偶然的惊人发现可能会促使我们采取行动，用赤裸裸的事实大声提醒我们，并为我们的生活提供一个明确的新方向。这种断层既可怕又具有启发性。有些人选择逃避，有些人干脆拒绝它的存在，对此不屑一顾，而其他人听到警钟后，会更加坚定决心，要开始把这些弄巧成拙的习惯转变为新的优势。但他们怎样才能做出真正的改变呢？

自主学习

领导力发展的关键在于自主学习：有意识地培养或提升真实自我和理想自我的某个方面，或两者兼而有之。你先需要建立理想自我的强大形象，以及真实自我的真实影像，也就是现在你是一个什么样的人。在改变时，如果了解变化的过程以及实现变化的步骤，那么这种自主学习就会是最有效且可持续的。

这个学习模式是理查德·博亚特兹在30年领导力培养工作中创建的，他既是企业顾问，也是一位学术研究者。[29]下页的图表描述了自主学习过程的轮廓。[30]

五个发现

自主学习包含五个发现，每个发现都代表一个断层。当然，我们的目的是运用每一个发现来实现造就情商领导者所需要做出的改变，使他们掌握书中所提到的18项情感领导能力（参见第三章的专栏）。

这种学习是反复循环的：各个步骤并不以平稳、有序的方式展开，而是遵循一种特定的顺序，每个步骤都需要不同程度的时间和精力。随着时间的推移，培养新习惯的结果就是新习惯成为真实自我崭新的一部分。通常情况下，随着生活习惯、情商和领导风格的变化，愿望、梦想以及理想自我也会随之改变。因此这种发展与适应的循环将会终生持续进行。

揭示了理想自我后，你就会充满动力想要发展自己的领导能力。也就是说，你看到了理想自我的形象。无论这一理想是出现在你的梦中，与指引你生活的价值观和承诺紧紧联系在一起，还是简单的反映，这种愿景都足以强大到可以唤起你的激情和希望。在困难和令人沮丧的变化过程中，它会变成维持工作的动力。

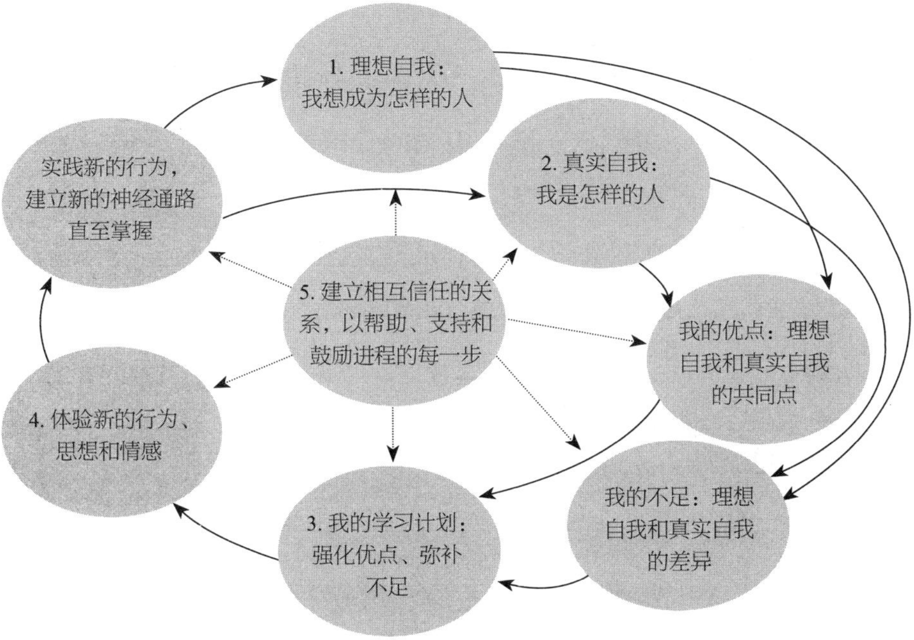

博亚特兹的自主学习理论

第二个发现类似于从镜子中发现真实自我，包括你的行为、他人对你的看法以及你内心深处的信念。这些观察所得与你的理想自我相一致，即可看作个人优势，其他则代表了真实自我和理想自我之间的差异。意识到自己的优势和不足，就可以为改变领导风格铺平道路。这就是治愈我们之前描述的“首席执行官病”的一剂良药。

但要使这种变化获得成功，你还需要为增强能力制定一项议程，这就是第三个发现。一项行动计划需要列举详细的指导，包括每天要尝试什么新鲜事物，发展自己的优势并慢慢接近理想。这个计划应该令人内心感到满意，适应你的学习偏好以及生活和工作的实际情况。

第四个发现就是培养新的领导技能。

第五个发现可能会发生在整个过程的任何时候。你需要通过他人来认识你的理想自我或真实自我，发现优势和不足，并规划未来的发展议程，开展磨炼和实践。领导力培养也可能只发生在我们人际关系的动荡和可能性之中。他人可以帮助你看清自己缺少什么，肯定你取得的进展，测试洞察力，让你知道自己做得到底怎么样。他们为你提供了磨炼与实践的环境。虽然这种模式被称为自主学习过程，但实际上它不可能单独完成。如果没有他人的参与，也就不会产生持续的变化。

总结整个过程，那些坚持并成功改变的人都遵循了以下几个阶段：

- 第一个发现：理想自我——我想成为一个怎样的人？
- 第二个发现：真实自我——我是一个什么样的人？我的优势和不足是什么？
- 第三个发现：我的学习议程——如何建立我的优势，同时改正不足之处？
- 第四个发现：磨炼并实践新习惯、思想、感情，直至可灵活掌控。
- 第五个发现：培养支持和信任的关系，使变化成为可能。

理想的情况是，这种进步在断层中产生，也就是发现的时刻，它不仅可以激发个人意识，还会产生一种紧迫感。在下面的章节，我们将对这些发现和它们如何造就领导能力的推论过程进行深入的探索。

第七章

不做沸水中的青蛙：改变的动力

阿伯丁纳瑟·阿里（Abdinasir Ali）即将开始自己的梦想发现之旅。过去8年里，作为一名水文地质学家，他一直为美国一家综合能源跨国公司工作。表面上看，他是一个性情柔和的员工，也是家庭坚实的支柱。但他一直都有一个计划，尽管他想把这个计划推迟到退休之后再去完成。

阿里在肯尼亚北部的曼德拉镇长大，他有一个由25个兄弟姐妹组成的大家庭。后来，他来到了美国，希望他的孩子能在这里获得更好的教育和医疗保健。但是，一旦孩子长大并且他也退休了，他希望能和妻子一起回到肯尼亚，传授人们有关水资源管理的知识，并帮助村民挖掘水井，这些都是他的祖国急需的知识和帮助。

当阿里还是个孩童时，他的心中就已萌生了一个这样的希望。他的家乡位于埃塞俄比亚和索马里交界处附近的干旱地区，他曾目睹这里常年的干旱。在一次极为严重的干旱中，他曾看见数以百计的牛羊骆驼因缺水而渴死，而他的家庭原本以肉和牛奶为食，也不得不改以谷物维持生计。近几年，水资源的缺乏仍然严重影响了曼德拉的灌溉工程以及肯尼亚水电站的发电能力。

现在阿里已经40岁了，而离他实现帮助家乡的梦想至少还需要

20 年的时间。尽管他非常珍惜自己在这家大型跨国公司的工作以及各种福利待遇，但他的内心总是惴惴不安。一次谈话改变了这一切。

“阿里，为什么还在等待呢？”他的执行教练问他。

当阿里回答他还没有准备好放弃他在这家跨国公司所享受到的福利待遇时，执行教练问道：“有没有跨国公司在肯尼亚或者东非投资水资源管理项目的呢？”当阿里回答没有时，执行教练又深入了一步：他是否考虑过咨询他的公司或者其他公司，组织一家子公司发展东非的水资源管理事业？阿里表示这个提议耗资巨大，他从未敢提及。

“试想一下，你可以把它拟定为公司回馈社会和地区的一种方式。”教练说。

听到这个建议，阿里陷入了沉思之中。慢慢地，阿里的脸上浮现出了认可的微笑，就像黑暗的房间里突然出现了光亮。他点了点头，微笑着靠在椅子上。他开始流畅、详细地阐述这个水资源管理项目将会给公司带来的战略优势。他意识到他可以通过公司现有的全球社会倡议项目来实现他的梦想。他激情澎湃地讲述着一切，就好像他在给一群如痴如醉的观众发表演讲。阿里将这一切与自己的梦想联系在一起，就在那一瞬间，它变成了一个他未曾考虑过的更伟大的梦想。

对阿里而言，开始改变的那一刻就是第一个重大的发现。他感受到了自己的工作热情，突然受到了前所未有的鼓舞，开始追寻自己的梦想。曾经，阿里看到的实现梦想的途径只有一条，那就是努力工作，直到攒够钱在退休后实现梦想。现在，他的眼界开阔了，看到了更多实现梦想的途径以及更大的希望。

在接下来的讨论中，阿里意识到自己的情感能力可以让梦想成真，尤其是他出色的社会意识和人际关系管理能力。一直以来，阿里和别人相处得都很友好，合作也很愉快。作为前任工程师，虽然他在自信和适应能力方面存在一定的问题，却培养了自我管理能力。

为了实现梦想，阿里知道自己必须承担起变革催化剂的责任，像一个梦想家向公司高管宣扬在他家乡开展水资源管理项目能给公司带来的种种好处。这也就意味着他必须高度自信。并且，为了在高层中提倡一种新的策略，并激发他们的创新精神，他自身就需要变得更加灵活。阿里的梦想变得越来越具体，他的自信心也实现了前所未有的提升：他不仅可以帮助自己的家乡，还可以对肯尼亚甚至整个东非地区产生巨大的影响。

阿里只花了几分钟的时间就重新构建了他一生的工作。他对未来的憧憬和希望变得触手可及，他发现了理想自我的新意义以及一个全新的自我。不到一个星期的时间，阿里说他已开始在公司着手实施自己的新想法，进展比他想象的要快很多。虽然这个新角色需要他掌握新的情感能力，但他已经在构建理想自我的道路上迈出了重要的第一步。

第一个发现：理想自我——改变开始的地方

将现实与自己的梦想相结合，可以释放自我生活中的激情、能量以及兴奋。对领导者而言，这样的热情可以带动整个团队的热情。关键在于发现理想自我，即你想成为什么样的人，包括在生活和工作中的目标。这就是“第一个发现”，即上一章中提到的自我导向的学习过程。发展理想形象需要了解一个人的内心世界。当你突然对生活中的种种可能充满热情时，就像阿里，那么你就会意识到你的梦想已经触手可及。

为了开始或持续发展情感能力，你首先必须学会运用理想自我中的力量。原因很简单：改变习惯是一项艰巨的任务。你只需回顾一下自己新年愿望的成败，就可以找到充足的证据来证明这一点。无论何时人们打算改变自己的思维和行为习惯时，他们都必须完全改变自己十多年来的学习，这些学习植根于根深蒂固、高度强化的神经回路中，是经过十年如一日的重复而形成的。

从现在开始，拭目以待 15 年后的自己

想想 15 年后你已经达到了自己理想生活的状态，你会坐在何处阅读这本书呢？你的身边又会有什么样的人？你周围的环境是怎么样的？在日常的一天或一周内，你可能会做什么事情？不要为创造这种理想生活的可行性而担忧。就让这幅图景慢慢延展，并让自己置身其中。

想象 15 年后的自己，恣意挥洒、写写自己的理想，或者用录音机记录下来，或者与你信任的朋友促膝畅谈。在做这项工作时，许多人表示他们释放了自己的能量，感觉比之前更乐

观。这种对理想未来的展望可以成为与改变我们生活的真实可能性相联系的一种强有力的方式。

事实上，对改变的深思熟虑可能会使人们对可预见的困难产生焦虑。有时，人们在经历了对自己理想未来最初的兴奋感之后，兴奋感很快就会消失，人们会陷入沮丧之中，这是因为现在他们尚未实现自己的梦想。此时，大脑在情绪产生中所扮演的角色将会起到帮助作用。正如我们在第二章所讨论过的，通过让我们想象实现理想目标之后的感受，左前额叶皮层的活动会使我们充满动力与希望。正是这激励着我们不畏险阻、努力奋斗。

相反，如果我们将自己的视线固定在阻碍我们的事物之上，而不是置于我们理想生活的强大图景中，那么我们可能会刺激右前额叶区，并陷入悲观之中，从而打击我们的热情，阻碍我们获得成功。

“应该”vs 理想

在《饥饿的灵魂》一书中，查尔斯·汉迪（Charles Handy）描述了与理想自我相联系时的重重困难：

> 年轻时，我花费了大量时间努力使自己成为另外一个人。在学校里，我想成为伟大的运动员；在大学里，我想成为受人尊敬的社交达人；后来立志成为一个商人；再后来，想成为一家大机构的领导者。很快我发现我并不一定能成功，但这并未阻止我继续尝试，也没使我

陷入永久的自暴自弃之中。

问题在于：在试图成为另一个人的时候，我忽视了自己，无法集中精力看清自己可以成为一个什么样的人。当时，这种想法可怕得令人不敢深思。我更乐于追随当时的风气，用金钱和地位来衡量成功与否，借助他人攀登人生的阶梯，搜集事物以及种种联系，而不是表达自己的信仰和个性。[1]

这是一个成功的行业高管的自白，他是伦敦商学院的领导者、英国皇家艺术协会的主席，也是享誉全球的作家和教授。但是，像查理斯·汉迪这样的人在忙碌的生活中很容易就受到权力和名气的诱惑，或者屈从于他人对自己的期望。

当父母、配偶、老板或老师告诉我们应该成为什么样的人时，他们所说的只是他们希望我们实现的理想自我，这个形象有助于塑造“应该自我”（应该自我是个体对自己过去属性的认知和评价），即我们认为自己应该成为什么样的人。一旦我们接受应该自我，我们就会被拘禁在盒子里，社会学家马克斯·韦伯称之为“铁笼”，它时时刻刻地围绕着我们，就像一出冲击无形墙壁的哑剧。在组织中，假设人们寄希望于通过事业上不断向上的攀升来取得成功，而不是承认每个人都有自己的梦想和对成功的不同定义，同样也会产生这种结果。这些假设可能很容易就成为工作中应该自我的元素之一。

久而久之，人们可能对理想自我感到麻木，他们的理想也开始变得模糊，慢慢地，自己就忘记了曾经的梦想。不管他们是否相信这一道路能帮助他们实现梦想，但当偿还贷款、支付孩子学费以及对某种生活方式的追求所带来的压力接踵而至时，这一切都会把人们推到这条道路上。他们的热情已不再，只是麻木地满足于现状。这种典型的案例，在很多成长于高度传统文化中的专业人士身上都可以看到，这些专业人士通常只追随某一特定职业，而这仅仅是因为他们的父母如此告诫他们。我们认识的一个印度男子就生长在这样的家庭之中，他非常热爱音乐，但他还是忠实地遵从了家人的希望，像他父亲一样，成为一名牙医。最后，他放弃了孟买的工作，搬去纽约以演奏西塔琴谋生，并且生活得很快乐。

我们会很容易混淆应该自我和理想自我，并且以一种不真实的方式采取行动。这就是为什么在领导力发展过程中逐步揭示理想自我是如此重要。但是，很多这样的项目都是建立在这样一个假设之上的，即一个人只是想要最优化他的工作业绩。他们忽视了关键的探索，忽视了个人学习目标与他们对未来的梦想和期望之间的联系。一旦理想自我和训练强加的理想之间的差距越来越明显，人就会变得冷漠或者叛逆。[2]

没有愿景，就无激情

北欧一家通信公司的高级经理索菲亚（Sofia）知道自己需要培养领导力。她参加了各种研讨会议，阅读大量相关的书籍，并与良师一起共事。她制订了培养计划，并设定了短期和长期的目标。她知道自己需要做些什么，但似乎这些计划对她的能力培养并没有起到指导作用。几个星期以后，这些计划书就不可避免地被塞到了她抽屉的最下面。“不要误解，”她说，“我希望在事业上取得成功。但是这些计划与我所关心的东西毫无关系。培养这种或者那种能力，纯粹是因为工作的需要，这并不足以使我充满动力。”

索菲亚的经历是许多领导力发展项目肄业人员的典型经历。问题在于，这些培养项目多数都是以错误的假设开始的。真正的领导力发展需要从一个比职业生涯规划更为广泛的层面开始：以一个丰富多彩的人生的整体理想为开端。为了提高商业绩效，领导者需要从情感上参与到他们的自我发展之中。这就要求他们致力于那些对他们而言真正重要的工作。

因此，我们让索菲亚想一下她未来某一个特定时刻的生活，天马行空地想象自己某一天的生活是什么样的：她那时在做什么，住在哪里，谁会在哪里，感觉又如何。接着，我们让她选择 8—10 年后的某一天，时间必须足够远以保证那时的生活与现在不同，但是也不能太过于久远，必须让她能够想象得到。索菲亚选择了 2007 年 8 月的某一天，那一天对她来说非常有意义，因为她最大的孩子将在那一年离开家去上大学。索菲亚以第一人称的角度写下了她在 2007 年 8 月的生活愿景，就好像写的是今天一样。我们让她有意识地考虑那时她生活的各个方面，她的价值观，那时她自己想做什么以及成为什么人的梦想。她的愿景非常迷人：

我想象自己领导着一家公司，有 10 名员工，大家的关系非常友好密切。我享受着自己与女儿之间健康而开明的关系，以及与朋友和同事间相互信任的关系。作为领导者和母亲，我感到非常开心、放松，并且对周围的一切都充满爱心和力量。

以这样全面的眼光来看待自己生活的理想之后，索菲亚开始看到她生活的各个部分是如何相互交织的，并且意识到如何制订计划来使梦想成真，不仅让人感到激动，并且充满动力。正如索菲亚最后所说："很多年来，我需要解决的一个问题是，当我深陷压力之中时应该如何与人相处。在工作中我可能太像一个标杆式领导者了。现在，看看整个未来愿景，我意识到我与我女儿之间的一些矛盾也根源于同样的问题。"那时，索菲亚已经开始思考如何将这些发现转化为发展目标，以便采用更有效的风格来处理压力。

我们发现许多年轻领导者，粗略定义为 40 岁以下的领导者，有着更全面的学习目标，他们不像前几代领导者那样只局限于工作，他们也注重生活的各个方面。在某种程度上，这个转变反映了一个事实，正如对 X 一代和 Y 一代的调研所示，相对前几代人而言，20 多岁和 30 多岁的人对待生活和工作的态度更为均衡。他们不愿意做出父母一辈所做出的牺牲，而是追求一种平衡的生活。他们不想让心脏病突发、离婚或者失业来唤醒他们对人际关系、精神生活、社区责任以及身体健康的关注。许多比他们年长的同事都尝到了这一苦果，但是对他们而言这已经成为老年、中年以及职业生涯中期危机的一部分了。

人生观：人们如何确定价值

显然，价值观对揭示理想自我有重要作用。因为随着生活的变化，比如结婚、生子、被开除等，价值观也会变化，但是一个人的基本人生观则更为持久。[3]一个人的人生观决定了他的价值观和领导风格。一个认为达成目标高于一切的领导者采用的自然是标杆式风格，并且认为民主式风格是在浪费时间。了解自己的处事人生观可以帮助你理解理想自我如何反映你的价值观。

我的指导原则

想一想你生活中重要的各个方面，例如家庭、人际关系、工作、精神生活以及身体健康。在各个方面中你的核心价值是什么呢？请列举5—6个指导你工作和生活的原则，思考一下这些是否真的是你安身立命的原则，还是只是随口说说而已。现在，请试着用一两页纸记录下你余生想做的事情。或者在一张纸上，从1写到27，列举出生前想要实现或体验的事情。不要考虑先后顺序或者实际操作的可能性，只是把你所想到的事情都写下来。

这样的练习比它实际看起来的要困难很多，因为人的天性使人们往往考虑那些不得不做的事情，比如明天、下周、下个月的事情。但这种短浅的目光关注的只是紧急的事情而不是重要的事情。如果人们将目光放长远，例如思考生前应该完成的事情，那么就可以更加开放地接受各种可能性。在我们与运用这项练习的领导者共事时，发现了一个惊人的趋势：多数人都列出了一些事业上的目标，但其他目标有 80% 或者更多都与工作无关。当他们完成练习并开始研究写下的目标时，他们看到了帮助他们了解真正梦想和愿望的模式。

例如，一个咨询师把“家庭”列为其主要价值观，但他仍然每周有 5 天远离他的妻儿在外出差。他说他通过养家糊口来实现自己的价值观，为家庭提供充足的金钱。相反，一个制造业的经理也将“家庭”列为其首要价值观，他拒绝了升迁的机会，只是为了每天能和妻子、孩子一起共进晚餐。

两个人的不同在于，他们是如何认识自己真正价值观的，他们的行为与价值观是如何保持一致的，或者说与他们诠释价值观的方式是否一致。这也反映了他们在对待人、组织和活动方面存在的巨大差异。这些差异反映了不同的处事原则，其中最常见的是务实、智慧和人文主义原则。[4] 尽管不存在哪种原则高于另一种原则的说法，但每种原则都以不同的方式指导着人们的行为、思想和感觉。

务实原则的中心思想是相信实用性决定了一种想法、一次努力、一个人或组织的价值。[5] 务实的人认为他们应该对生活中的事情负有绝大部分的责任，并经常通过衡量事情来评估他们的价值。因此，在情感能力中，务实在自我管理中排名靠前也就无可厚非了。但不幸的是，他们的个人导向经常将他们推向标杆式领导风格，而非民主式、辅导式或者亲和式领导风格，不过也并非总是如此。

我们以甲骨文公司采用标杆式领导风格的首席执行官拉里·埃里森（Larry Ellison）为例。他不懈地追求市场份额，总是让员工挑战，去摧毁或者消灭对手。他常常将公司与竞争者做比较，并以此来衡量公司的进步。他在演讲和采访中常常提及和引用这样的比较，展现他的务实原则。[6]

智慧哲学的中心主题是追求了解人、事物以及世界，通过构建它们如何发挥作用的图景，为预测未来提供情感上的保障。[7]秉持这种哲学的人依靠逻辑做出决策，并依据根本准则或者一套强调理性的指导准则来衡量事物的价值。持这种观点的人特别依赖认知能力，有时候甚至会排斥社交能力。例如，你可能听到某个秉持智慧哲学的人这样说过："如果你有一个漂亮的解决方案，那么人们会相信它。没有必要设法让他们相信它的优点。"如果愿景描绘的是一个合理的未来，那么他们就可以采用愿景式领导风格。

思科系统公司的首席执行官约翰·钱伯斯（John Chambers）就展现了一种智慧哲学，他认为未来的生活会因为科技而变得更加美好。例如，他谈到冬天当人们从温暖的家里走到停放在室外的汽车旁时，集成电子系统将会调整衣服的温度。他听起来就像布道者，他公开表明自己的信念，认为他的公司可以创造这种未来的模式，让每个人为更加美好的社会做出自己的贡献。[8]

人文主义原则的中心主题是亲密的私人关系赋予了生命意义。[9]

拥有这样原则的人致力于追求人的价值，认为家庭和亲密的朋友比其他关系更重要。他们以活动如何影响他们的亲密关系来衡量这个活动的价值。同样，忠诚比掌握一门技能或者得到一份工作更为重要。实用主义者的原则会致使人们“牺牲少数来赢得多数”，而人文主义领导者注重的是每个人的生命，自然也就培养了社会意识和人际关系管理能力。因此，人文主义领导者更倾向于那些强调与他人互动的风格，比如民主式、亲和式或辅导式风格。

例如，纳拉亚纳 · 莫西（Narayana Munthy）是一个富有启迪性的首席执行官，他创办了信息系统科技有限公司，总部设在印度的班加罗尔。他的远见中的一部分就在于采用民主式领导风格充分调动员工融入工作。结果，他使得信息系统科技有限公司成为定制软件开发和维修领域最吸引员工的公司之一。事实上，莫西称他自己为“思想上的资本家，情感上的社会主义者”。[10]

不断改变的理想

随着职业生涯的展开，人们的梦想和愿望也随之发生变化，并不断重塑他们认为在生活和工作中重要的部分。同样，随着生活的继续，理想自我也更加多变。这些变化不仅决定了人们愿意使用哪种才智和能力，也决定了他们认为应该在哪里应用这些能力并产生共鸣。有时，人们也可能会一直做同一件事，而不去理会自己的使命，忽略自己的梦想和重要事情所带来的变化。

这就是为什么我们经常看到领导者在人到中年之时，往往会跳槽开始另一段职业生涯。当领导者在他们职业生涯中达到某一点时，他们感觉自己已经谙熟一切，并完成了大部分的职业目标，他们可能对自己一直从事的工作失去了热情。在那时，领导者往往希望在新的理想中寻找新的能量，例如回馈别人。彼得·林奇（Peter Lynch）就是这样一位领导者。在成为大获成功的富达麦哲伦基金的领导时，他的事业达到了顶峰，而那时他宣布自己将要离开富达，但并不是为了接管别的公司，而是要和妻子一起创办一个慈善基金。他说他在事业上做得足够好之后，想去做一些好事。并且，他希望在自己精力充沛和创意十足时去完成这件事。[11]

一次又一次地，我们见证了杰出的能力使领导者在事业上取得成功，同时在生活重心发生转变后，也能让他们在其他领域找到新的能量。塞拉尼斯公司的前任首席执行官约翰·麦康伯（John Macomber）后来成为政府公职人员，担任美国国家进出口银行行长一职。[12] 雷克斯·亚当斯（Rex Adams），美孚石油公司的人力资源部主管，后来成为杜克大学福古商学院的院长。这两个例子都说明理想自我在职业生涯中是不断变化的。

我们的理想自我形象激发了我们的热情、情感以及动力。一个人的理想是对生活期望最深切的表达，这种形象不仅是我们做出决定的指引，也是测试我们生活满意度的晴雨表。[13]

当然，如果你想领导一个组织，仅有个人的理想愿景是远远不够的。领导者需要为组织设定一个愿景。如果没有明确的目标和方向，领导者很难将激动的情绪传染给员工。在这里，个人的理想自我形象转变为集体共同的未来愿景。为了与他人的愿景保持一致，领导者还必须要了解他人的希望与梦想。

富有热情的领导

尤尔根（Jurgen）是一家瑞士银行的负责人，正遭受一场信誉危机。银行已经尽其所能，但并不是所有高管都对自己的工作尽职尽责，一些人甚至无法适应他们的工作。尤尔根觉得自己不可能违反银行的传统开除他们。更甚的是，他也无法处理发生在银行其他部门的事情。没有人给他提供正确的信息，似乎所有人都害怕提出反对或批评的意见。尤尔根感觉自己对此无能为力，也无法再享受工作中的乐趣，他觉得自己唯一的选择就是离职。

但在与尤尔根工作的 6 个月中，我们发现他可以为自己的生活和银行的工作制定一个愿景，并且变得动力十足、备受鼓舞。同样重要的是，这也鼓舞了他所领导的下属。尤尔根开始从自己身上寻找内在的原因，反思自己工作以外的生活和个人愿景。他也阐释了自己在银行的真实处境，以及为什么银行工作无法再使他感到满足。在对比了真实自我以及理想之后，他更加清晰、急迫地认识到了哪些地方需要改变。接着，他问了自己一个非常重要的问题："我热爱这家公司和这里的同事，但这是否足以使我留下来继续应对未来更加艰巨的工作呢？"

一个夏日的清晨，尤尔根与一个朋友在阿尔卑斯山上的一个湖泊附近远足，他诚恳地道出，自己害怕无法带来所需的改变。他审视了自己的过去、现在和未来，想着那些与他工作了多年的同事。他思索着现在的问题以及自己的承诺，如果他的改变正确，那么这一切将会很美好。他仔细思忖着自己的理想愿景，如果回到银行，他将集中精力在他能改变的事物上，并为之努力奋斗。散步结束时，他有了答案："我会回到银行去。"

重新回到银行的决定再次点燃了尤尔根的热情，也挖掘出了他内心深处对领导力的热情。这种热情又催生了勇气，他发现这已经足以使他迎接即将到来的艰巨任务了。

识别并阐明理想自我，遵从生活中真正想走的道路，就像尤尔根一样，这些都需要自我意识。一旦你明确了解理想自我，就会激起内心的希望，而希望才是人类克服惰性习惯的一剂良药。如拿破仑所言："领导者是希望的经销商。"[14] 每个领导者所面临的挑战就是如何接近希望之源。那里有唤起和明确个人理想自我愿景的力量，而共同的理想也源于此，所以它才能指引人们向着同一个方向努力奋斗。

然而，这样的领导力需要的不仅仅是愿景，还有对现实的明确认识。

第二个发现：真正的自己，还是沸水中的青蛙

如果你把青蛙丢到沸水中，它会本能地跳出来。但如果把青蛙放在一锅凉水中，再逐渐升高温度，青蛙就不会注意到水温的升高。它会一直待在水里，直到水沸腾，将它煮死在热水中。很多领导者的经历与这只青蛙的命运其实不无相似之处，他们习惯于一定的常规行

为，或者把小小的便利集聚成大习惯，任惰性恣意生长。

我们来看一下约翰·劳尔（John Lauer）的例子。他就任百路驰总裁的时候，没有人会想到这样的惯性将会在公司里生根发芽。劳尔高大英俊，嘴角常挂着迷人的微笑，面对领导力挑战时，他总是活力四射，表现出极强民主式和愿景式领导者的优势。例如，任职之初，在一个关键部门的高管会议上，劳尔仔细倾听了高管们的讨论，之后结合公司当前优势和更好的未来全球化定位，明确提出了自己对公司的愿景。在座的高管纷纷点头，这表明劳尔的观点深深打动了他们。接下来的几年，公司进行了重组，劳尔仍然扮演着高效领导者的角色，同时也成为高管团队中的一员。

在掌管百路驰6年之后，有一次，劳尔给一些工商管理硕士的学生演讲时，他的魅力明显黯淡了。他谈到了企业和管理问题，但这些内容听上去都很平淡，甚至有些无聊。他身上那种具有感染力的兴奋感早已不复存在。

就像一只被慢慢煮沸的青蛙，劳尔逐渐适应了失望、挫败，甚至厌倦了大公司那些无聊的常规和政策，他对工作的兴奋感已经消失了。在那次平淡无奇的演讲结束之后的短短数月后，劳尔就离开了这家公司，这一结果毫不令人意外。他想要改变以前的公司生活，转而做一些能重新激发他兴趣的事，于是他选择了和妻子一起工作。他的妻子艾迪（Edie）是匈牙利救济组织的积极参与者。

失去了作为领导者的精力和兴趣，劳尔开始了新的进程，这一进程将带他进入第二个发现。领导者情商的进一步发展要求他们去揭秘真正的自己，只要对自己的理想生活有所憧憬，就需要这样做。这个过程将使他深入理解领导力，并重新发现领导者的意义。

离开百路驰公司两年后，劳尔参加了一个领导力发展研讨会，这个研讨会是行政管理博士培训项目的一部分。[15] 他仍坚持表示自己不想再参与和经营公司有关的事情，他人生中的那一阶段已经过去了。而读博士是通向崭新生活的一扇大门，虽然他不确定自己正在做什么，却对未来充满希望。

领导力研讨会期间，劳尔思索着自己的价值观、人生观、内心渴望以及自身的独特优势。在思考自己未来 10 年的人生规划，仔细考虑自己的能力之后，他认识到自己其实非常热爱领导者的工作。他找回了自己掌管公司时的种种兴奋，以及与主管团队一起工作的热情和完成重大项目时的激动。后来有一天，他一觉醒来，突然意识到自己已经准备好再次担任首席执行官。这种情况可能会很有趣，因为他可以把在博士项目中形成的观点应用于实践。

在给几个猎头公司回了电话后，不到一个月的时间劳尔就接到了欧格力贝·诺顿公司的邀请，担任该公司的领导职位，这家公司市值 2.5 亿美元，从事原材料贸易。在那里，他成为民主式领导风格的典范，他认真倾听员工的声音，并鼓励自己的领导团队也这样做。劳尔反复地向大家阐述一个令人信服的企业愿景。正如劳尔领导团队中的一员所说："劳尔激发了我们的力量，让我们对自己卓越的表现充满自信和热情。"[16] 尽管公司总是与单调的碎石、泥沙一类的商品打交道，但劳尔在任期的第一年就使欧格力贝·诺顿取得了很大的进步，使其在《财富》《商业周刊》和《华尔街日报》这些知名刊物上占有一席之地。

劳尔当初离开百路驰，是因为他觉得自己对生活有了不同的认识。而那就是第一个发现，即对理想自我的认识。然后，面对自己的经历，他认识到自己的独特优势，这就是第二个发现，他又找回了作为领导者的热情。最终，他又回到了原来的生活轨迹，实现了与以往不同的领导者角色转变。

难以捉摸的真实自我

要对真实的自我进行评估，先要全面了解自己的才能和热情，即了解现实中自己作为领导者的真实情况。这项工作要比看上去的困难得多。这需要有很强的自我意识，因为平时习惯的积累不可避免地将导致粗心的惰性，而只有自我意识才能克服这种惰性。另外，习惯会产生逐步的变化，时间一长这些变化就会成为主流，所以我们常常很难看清生活的真相。这就像照一面模糊的镜子：要看清自己变得很难。当我们最终认识了自己——常常源自某一刻的顿悟，事实又可能是令人痛苦的。正如与我们合作的一位管理者兼工程师说的那样："我看到的自己绝非我想要成为的人。"

洛根测试

在一次为期一周的假期里，9 岁的洛根住在叔叔家，他总是定好闹钟，让自己每天都能早起。然而，每天他一听到叔叔走下楼梯的声音，不管是几点钟，哪怕凌晨 5 点或 5 点半，都会从床上跳起来，洛根不想错过一天中的任何事。这让叔叔非常惊讶，因为他本想趁洛根睡觉的时候悄悄干点活儿。（洛根的妈妈说，这孩子通常每天早上 7 点半到 8 点起床。）但每天早上只要叔叔一起床，洛根也就跟着起来，迫切地期待一天的开始。

洛根测试可以当作快速测试标准，检测你是否已经变成一只沸水中的青蛙。请从几个方面考察一下自己最近的表现，并与过去的自己进行对比。你每天起床时是否对新的一天充满兴奋，而不想赖床？你最近笑的次数是否比以前多？在个人生活中获得的乐趣是否和以前一样多？工作的时候是否同样觉得有趣？如果你发现，你的工作、人际关系和生活总体看来并不能让你觉得充满力量或对未来充满希冀，那就暗示着你可能偏离了真实的自我，此时你可以深入了解一下自己现在的状态。

这种事情是如何发生在聪明人身上的呢？曾经拥有的感觉怎会消失？沸水青蛙综合征，即妥协和自满的缓慢而无形的侵袭，对准确认识自我而言所造成的障碍恐怕是最大的。虽然我们身边的人通常对此有清晰的认识，但我们自己并不能确定自己现在的状态。

在很多因素的共同作用下，人们往往看不清真实的自我。人的心理自身就会屏蔽那些有可能削弱自我认知的信息。这些所谓的自我保护机制在情感上保护着我们，这样我们便可以更轻松地应对生活。但是在这个过程中，它们掩盖或者抛弃了一些必要信息，比如他人对我们行为的反馈。时间一长，这些无意之中产生的自欺行为就会变为可自我延续的神话，虽然会造成很多困难，却依然持续不断。[17]

当然，自我保护机制也有很多优点。例如，与普通人相比，能力出众的人对待自己前途和未来可能性的态度都更为乐观。[18] 这种豁达乐观使他们对事业充满热情和能量。但如果保护过度，问题也会随之产生，它会导致一个人对真实自我的认识产生扭曲，即对自己现状的认识产生完全不成比例的曲解。

剧作家易卜生将这种自欺行为称为“生动的谎言”：人们宁愿相信令人宽慰的假象，也不愿面对那些令人烦扰的事实。

生动的谎言

自欺确实是一种强大的诡计，它会扭曲我们对自我的认识。正因如此，我们更倚重那些对自我扭曲形象起巩固作用的信息，同时忽视那些起相反作用的信息。令人惊奇的是，这些扭曲并不总一无是处。

我们经常在领导者培训中看到，即使实力非凡的管理者也认为自己办事并不总是高效，尽管他们的同事表示这些领导者都非常出众。也许是因为谦虚，这些领导者低估了自己，但通常是因为他们对自己的表现有很高的标准。因此，他们更看重自己为何不能达到自己设定的标准，而不在意自己做得好的方面。

纠正自我认识的曲解，最明显的方式当然是从我们身边的人那里获取正确的反馈信息。这听上去很简单，但真的简单吗？考虑到生活中有很多人可以对我们的行为做出评价，也许你会认为我们会被反馈信息吞没，然后不停地更正自我认识上的错误。那么，为什么这种情况没有发生呢？

一个原因就是前一章提到的“首席执行官病”。这种现象使人们对领导者隐瞒了重要信息，不仅是关于领导者行为和领导风格的信息，还有关于组织状况的信息。人们对此保持沉默的原因包括对领导者愤怒的恐惧，不想被看作坏消息的散布者，或者自己想扮演好人或友好合作伙伴的角色。

然而，受这种毛病困扰的并不是只有首席执行官，大部分领导者都得不到重要的反馈信息。通常，原因只是因为对他人行为做出坦诚的反馈会让人们感觉不舒服。没有人想故意伤害别人的情感，但他们常常不知道如何反馈才能富有成效而又不会造成伤害。因此，他们常常举棋不定，为了做个“好好先生”而不辞辛苦。但如果人们混淆了与人为善和对他人的行为或风格做出准确评价，那么他们的反馈就变得毫无作用了。

“好好先生”的问题

一家巴黎酒馆的老板兼厨师站在门口，身着白色制服，头戴厨师帽。一对夫妇走进来，微笑着说：“你是老板吗？”

“是的。”他回答道。

这两位潜在就餐者环顾四周，就餐环境、装潢和展示的餐盘配饰都十分大气，他们转身对他说：“这真是个不错的地方，环境优雅，食物精美！”

听了这番话，他回答：“您应该在品尝我们的菜品后再做评价！”

作为老板，他当然希望听到赞美，但是他想要的是实事求是的赞美，而不是出于礼貌和热情。同样，在组织中，人们在为他人提供反馈时，可能把“好好先生”和提供准确信息相混淆了，而后者才是有所裨益的。这一点尤其适用于领导者。

多年以来，一些行为科学家建议人们做出客观的表现反馈。这种反馈不带有任何正面或负面的评论，更易于被人所接受，同时他们还表示，这样的反馈更有用。对反馈进行无害处理，那么听到反馈的人就更易于接受。

根据麻省理工学院的一项研究，这种中性处理实际上降低了反馈的作用；不表态、谨慎的中立立场减少了反馈中重要的情感信息。[19]这项研究是组织行为学入门课程的一部分，研究要求就读工商管理硕士课程的学生为该课程 15 个周的学时设定一个改进目标。每周上课时，学生按小组进行讨论，从小组同学处获得对自己进展的反馈。每堂课结束时，每位同学都要从当天收到的有用反馈中选出至多三项。

与当时盛行的建议不同，结果显示评判性反馈比非评判性反馈更有用。评判性反馈指坦率地评价他人的行为，指出做得好的和不好的细节。这些发现是有道理的。众所周知，在某种程度上，我们在做事，他人在看、在评判，因此大多数人宁愿知道实情，而不是“掺水”后的版本。当他人为了让我们内心舒服一些而对反馈进行处理或者做“好好先生”时，其实是在伤害我们：因为我们无法得到有助于进步的关键信息。

这也解释了为什么智商高的领导者不仅积极寻找正面反馈，而且也积极寻找负面反馈。这些领导者明白，如果他们想要表现得更好就需要全面掌握信息，不论这些信息听上去是否顺耳。

获得真相

为了变得更加有效，领导者需要突破身边的信息封锁，并识破试图取悦他们的阴谋，即使这些阴谋是在无人知情的情况下发生的。很少有人敢于告诉指挥官他太严厉，或者告诉领导者他应该更加富有远见和民主性。因此，智商高的领导者需要自己找出真相。

有效的领导者该如何发现真相？一项针对400多名领导者的调查显示，一方面，他们运用自我意识和同理心来监测自己的行为和他人对自己的反馈。他们乐于听取批评意见，无论这些意见是关于他们的观点还是领导力的。他们积极寻找负面反馈，衡量反对者的声音。与之相反，效率低的领导者常常希望得到肯定的反馈。自然，那些领导者掌握的关于自己表现的信息就更不准确。而最有效的领导者对自己的评价往往与他人对自己领导能力的评价十分接近。[20]

同样的，从上千份对老板、同事和下属做的360度调查问卷中可以看出，寻求负面反馈而不只是积极的言论预示了人们自我意识和整体效率的准确性。如果一个领导者知道自己需要改进的地方在哪里，他就可以有的放矢。相反，只寻求正面反馈的人不能得到很好的自我评价，他们的效率当然也会很低。[21]

因此，负面信息对一个人的继续成长和效率提高而言无疑是至关重要的。但是你应该向谁咨询建议，寻求那些与自我评价不一致的反馈？简而言之，领导者该如何检测事实？[22]

完成第二个发现

正如我们已看到的那样，第一个发现提倡自主学习，即确定你的理想自我。第二个发现以发现现实为开端：你如何看待自己，别人又如何看待你。然而，要完成第二个发现，你需要了解自己领导力的优势和劣势，即理想和现实的差异及相似之处。[23]

这是自主学习的真正开端：对自我进行评价，找出你喜爱并想要保留的部分，以及你想要改变或根据新环境需要调整的部分。一个人的自我意识可以激发人们改变的决心，这种自我意识就是指自己认识到想要保留的部分和需要改变的部分之间的平衡。你突然明白了自己身上有价值的部分，并因此想要保留这一部分。同样，你也可以坦诚地接受需要改进的地方。每一方面都是相对的，无论是需要保留还是改变。[24]这样看来，有时优势反而产生了破坏作用，比如，因为太过于积极而无法很好地控制情感。或者，有时不足也是由优势而生，例如，适应性的不足也许是因为你是一位鼓舞人心的领导者，有时因为太过于热情而只专注于某个特定的愿景。[25]

你的领导力优势，即你想要保留的部分，存在于真实自我和理想自我相匹配的地方。现实无法满足你作为领导者对理想自我追求的部分，即你的不足。将真实自我和理想自我的图画拼在一起就像在玩智力拼图一样。首先寻找边缘部分，也就是最明显的部分，然后慢慢填充，一次完成一部分。开始你可能不清楚整个图像，但最终所有拼图都归位的时候，你就能清楚地看到整幅图画了。

对抗盲点

虽然我们承认“首席执行官病”的存在，但对于领导者而言，要找到自己的优势和不足并不是一件容易的事情。想要增强自己能力的领导者首先需要搜寻其他人的观点，以便更准确地了解自己。这种360度的方法会给出更完整、全面的画面。从你的老板、同事、下属这些不同的人那里搜集信息，你就可以从多种角度了解自己的行为以及他人对此的观点，并从中受益。这种360度的视角为你的整体能力提供了一个大家认可的形象。这种认可是否与真实的你相吻合，取决于两点：（1）参与360度评价的人的确经常与你接触；（2）你向他们展露了真实的自己。[26]

我们之所以需要寻找很多不同的人参与360度反馈，有充足的理由：多种观点可以构成更为完整的画面。实际上，在不同的人眼中，在不同的环境中，你将会是完全不同的人，例如在配偶、搭档、老板或者下属眼中。事实上，对不同的反馈来源进行的调查证实了这样的常识：老板、下属和同辈对同一个人的行为的关注点不同。因此，对于同一位领导者而言，从不同的角度看他就会得到截然不同的评价。

例如，塔尔萨大学的吉恩·哈里斯教授（Gene Harris）和乔伊斯·霍根教授（Joyce Hogan）对货运公司所做的研究发现，在一次360度评价中，下属认为他们自己的管理者在责任心上得分最高，而老板认为这些管理者在情绪稳定方面得分最高；[27]管理者们认为自己在人际关系成熟度上得分最高，而下属和老板却给这一项打了低分。有一点明确的是，两方都认为管理者在提供反馈方面得分最低。这些管理者需要从不同角度获取信息，来避免自己的盲点和反馈信息不可避免的局限性。

另外，内布拉斯加大学的弗雷德·卢桑斯（Fred Luthans）和他的同事也进行其他方面的研究，他们从成功与有效性的异同来分析领导者。[28]他们认为成功表现为晋升、加薪和薪酬。但他们认为，要评定一个人的工作是否有效，必须根据利益相关者的意见来评判，尤其是下属的意见。弗雷德和同事认为下属的意见是长期观察所得出的观点。他们也收集其他人对领导者行为的看法。毫不意外，他们发现上级倾向于将建立关系、沟通和影响力视作管理者的关键能力，这些是领导者进行管理所必需的能力。而另一方面，下属们认为，管理者在开发他人潜能、团队合作和交流沟通以及同理心等方面具有独特的优势，而这些都是领导下属所需要的能力。

上级和下属对领导者优势的不同意见，为领导力培养进行360度评估提供了有力的论据。最佳领导者会选择性地运用自己的能力，对不同的群体展现不同的能力。任何一个特定的群体，下属、同事、上级、客户或者家人和朋友，都只会看到领导者能力的一个特定部分。

在所有的观点中，下属和同事的观点，而不是上级的观点，对一个领导者的实际效率有最明显的预示作用。[29] 例如，针对一家政府机构的领导者效率所进行的纵向调查显示，从两年和 4 年后来看，下属对领导的评价最好地预见到了领导者的成功和效率。即使在 7 年之后，下属的评价仍可预示领导者的成功，这比上级的评价要准确得多。下属的观点就如同评估中心根据累积表现所做的详细评价一样准确。[30]

了解优点和缺点

一旦确定自己从反馈中得到了个人的全面认识，你就要做好了解自己优点和不足的准备。多数人都知道，要立即将不足挑出来实在是轻而易举。毕竟，在组织中我们总是在讨论不足和缺点，尤其是在领导力培养方面。工作文化也许会重视表现方面的不足，尤其是领导者风格更看重组织的缺点而非优点的时候。这些领导者常常提倡实用性优先，这一点我们之前讨论过，它的标志就是强烈的目标实现感。

另一方面，有时人们更加关注自己的缺点是因为他们缺乏自信，他们认为自己的能力实际上没有那么强，因此往往会不信任或者排斥积极的反馈。通过 360 度评价数据看出，这种领导者通常放大了自己的缺点而忽视了自己的优点。

强调缺点和不足常常会刺激右前额叶区皮层，触发焦躁感和防御性。防御性一旦占了上风，就会产生消极的影响，进而减少甚至清除自主学习以及改变的可能性。

个人资产负债表

尽管年度绩效考核存在潜在的问题，很多领导力培养项目或者管理者进行的年度绩效考核还常常用“适可而止”的老话使错误合理化，即不承认人们只重视缺点。

这意味着那些人们重视、赞赏和引以为豪的能力在这个过程中丢失了。只关注缺点不仅令人压抑、使人失去动力，而且会导致资产负债表不平衡。我们的优点表现为作为领导者，我们在生活和事业中学到的有意义的事情，是我们经验的底线，是留存的知识，就像公司资产负债表中的留存收益一样。

多年以来，优势有时又被称为专属特质，通常代表着领导者想要保留的方面，即使那些特质在一段时间内表现并不突出。[31] 这样的特质为领导者提供了可供利用的天然资源。例如，任职时间很长的美国西南航空前首席执行官赫伯·凯勒（Herb Kelleher）总有强烈的幽默感。作为领导者，他喜欢开怀大笑，也喜欢让别人笑，他将这个优势发挥得淋漓尽致：欢乐有趣成为西南航空区别于其他竞争者的组织优势。

通过收集人们在生活的不同领域而不只是工作领域的阅历，可以更加容易地辨认出这些专属特质。

我们已经看到，第一个发现和第二个发现，即理想自我和真实自我、优势和不足，已经让你为了改变而跃跃欲试。但是如何实现这样的改变？你需要一个路线图：规划如何依靠你的优势，弥补不足，让你的愿望成为现实，让梦想成真。

第八章

持续提升领导情商

胡安·太宾诺（Juan Trebino）在一家大型综合性能源公司担任拉美区营销主管，负责公司在整个拉美地区的市场拓展，包括他的祖国委内瑞拉。在一次领导力研讨会上，他得到了360度的领导能力反馈，但他觉得自己还没有做好准备接受这项工作。以前作为一名工程师，他以目标为中心，但是现在，他需要培养的不仅是辅导式领导风格，拉美地区拓展业务的成功与否取决于他激发团队合作精神的能力。

太宾诺马上要开始自主学习过程的第三个发现：为自己想要培养的领导力制订可行的方案。这项方案要针对个人兴趣进行改善，同时实施步骤要实事求是、易于管理，这样的步骤将会帮助他实现这些可能性。这项方案的制订应该立足于他的优势，同时致力于改善他的不足。

太宾诺觉得，如果想要拓展辅导式风格以外的领导能力，他需要增强自己的同理心。于是，他决定通过日常生活中的行动来锻炼这项能力。他学习计划的一部分就是认识每一位下属；如果他能更加了解下属，就能帮助他们更好地实现梦想、达成目标。太宾诺制订了员工见面计划，为了保持轻松随意的氛围，他选择在下班后和员工见面，这样员工便能更自如地表达自己的愿望和理想。

除此之外，在工作以外的领域，他也尝试锻炼自己的同理心和辅导技能，例如，太宾诺在自己女儿的足球队担任教练，还在当地的困难家庭救助中心做志愿者。这两项活动一方面让他体验更好理解他人的过程，一方面他也有机会尝试新的辅导技能。

这些新的训练领域让太宾诺对自己的学习目标更加专心、更加在意。他就像获得了一副新眼镜：通过新的透镜看世界，让一个人有机会对自己的不足变得更加敏感。

事实上，领导力学习目标与日常生活联系得越紧密，我们就越能得到锻炼的机会。美国凯斯西储大学魏德海管理学院的简·惠勒教授发现，在制订学习方案的人中，那些能充分利用周围不同人群、生活的方方面面——不仅是工作中，也包括在家庭、教堂和居民区等地方，以此练习新技能的人，往往可以取得最大进步。而且，这些进步在两年或者更久的时间之后依然非常明显。[1]

当学习机会出现的时候，能够留心注意并主动抓住机会练习新的能力可以让你进步得更快。生活就是学习的实验室。值得铭记的是，相比于只针对特定目标而制订的方案，认识到理想自我与真实自我之间的差距后制订的学习方案更为有效。

第三个发现：学习计划

领导能力培训经常围绕着“表现力计划”展开，这个词让人不由得联想起治疗康复计划。但学习不是为了把一个人变成更好的领导者而进行死板的练习，而是应该把学习目标和个人梦想联系起来。因为表现力计划是为了实现一定程度的成功，因此，它就变成一个必须要证明的事情。表现力计划也会激起防御意识，这样的计划没有抓住使个人梦想与目标（目标可以激发人的动力）保持一致性的动力因素。[2]而学习计划则注重改变的可能性，这些改变最终会促进工作表现力的进步（可能提高总体生活的满意度）。

毫无疑问，人们发现重视学习的改善计划最为有效，而不是强调表现结果的计划。例如，在一项改善沟通技巧的课程中，学习计划可以大幅增强表达能力，而表现力计划可能会使人们产生防御反应，他们并不想“表现得糟糕”，但这项计划忽视了为他们提供改善实际表现的具体方法。

最好的学习计划可以使你专注于你想要成为怎样的人，即理想自我，而不是别人眼中的、应该是某种样子的你。它会为你的表现制定有意义的标准，而不是用任意的、世俗的标准来评判成功，这样的标准可能适合也可能不适合你的个人目标。[3]在制定具体、可掌握的学习目标时，最好将它与能激发你动力和才能的目标联系在一起。

另一方面，被动接受一个表现力目标时，其结果往往将适得其反：它使人对自己表现是否可以得到改善产生焦虑和怀疑，进而破坏了人们的动力，因此，这样的做法并不能提高表现力。[4]例如，即使是在目标驱动性较强的销售领域，学习目标也比表现力目标带来的改善更多。[5]制定重要的发展目标，可以将我们带离对改变的凭空想象，进而专注于实现改变的具体步骤。[6]我们的学习目标是一种精神上的演练，为我们的行为改变铺平道路。

将日常生活变为学习的实验室

正如我们在胡安·太宾诺的例子中所看到的，根据具体目标制订学习计划，将日常生活变为学习的实验室。在女儿的足球队担任教练、在救助中心做志愿者、下班后和同事交流，这些都为太宾诺提供了锻炼情感能力的机会。这些目标帮助太宾诺审视自己的当前状态，同时提醒他该注意些什么。[7]

太宾诺想要克服的习惯早已变成一种自发的行为，尽管他自己并没有意识到，但这些习惯随着时间的推移早已根深蒂固，所以意识到这些习惯的存在是改变的重要一步。[8] 只要他稍加留心，那么无论是与同事交谈、做足球教练，还是接听那些暴躁的人的电话，这些状况都会变成激发他改掉旧习惯、尝试做出新反应的有力线索。

这种习惯改变的暗示是神经性的，也是知觉性的。匹兹堡大学和卡内基－梅隆大学的研究者已经证明，人们为一项任务做好精神准备的同时，也激活了前额叶皮质——大脑中的一部分，具有执行功能，并促使人们将想法转化为实际行动。在没有准备的情况下，前额叶皮质是不会被提前激活的。因此，人们的提前准备做得越充分，表现也就越好。[9]

当我们试图克服原有的领导习惯，并采用更好的方法取而代之时，这种精神准备就变得非常重要。从事这项研究的一位神经科学家发现，当一个人不得不为克服一项固有习惯而做准备时，前额叶皮质就会变得非常活跃。前额皮质的激活标志着大脑将专注于即将要发生的事情。如果没有这种激活，一个人就会继续按照原来令人不悦的方式行动。不善倾听的管理者就会再一次中断与下属的联系，标杆式领导者就会掀起另一次过于惨烈的攻击。

因为领导技能是过去形成的、无意识习惯的一部分，所以旧习惯不会凭空消失。要想集中精力改掉旧习惯，就需要下定决心并不断提醒自己。经过一段时间，随着新行为方式成为大脑中较强势的方式，我们就渐渐不再需要提醒了。

设定目标

设定目标、制订计划并不是什么新鲜事物。[10] 本杰明·富兰克林曾列出要成为高尚人士的具体步骤，通过制订每日目标和每周目标建立自己的良好行为。有研究明确表示，这个方法有科学依据。

20 世纪 60 年代，哈佛大学的戴维·麦克莱兰就已证实，通过设定具体目标并为之制订实施计划，即可使企业家变得更为成功。[11] 之后，麦克莱兰的学生大卫·库伯（David Kolb）在麻省理工学院做了一系列研究，明确指出了目标制定过程中哪些部分对于进步和改善而言至关重要。[12]

现在，管理者对制定目标再熟悉不过。他们不仅要计划自己的日程，为实现年度目标制订方案，还要为下属制订相关计划。另外，他们要参加事业部、部门和公司等层级的计划制订。从每日活动计划手册到电子掌中宝，他们已经被这些计划制作工具淹没了。难怪管理者抱怨自己需要花费大量时间制订计划，而真正做事的时间却很少。

人们因为这种计划而变得狂乱，那么还有什么新信息或者工具可以利用呢？近来，对情商提高者的调查揭示了一些有用信息和工具的关键点。[13] 虽然有些看上去显而易见，甚至是常识，但也并不是人人都可以做到的。研究发现包括：

- 目标应该建立在个人的优势而非弱点之上。
- 目标应该是个人自己的，而非他人强加的。
- 计划应该有灵活性，允许人们为将来做好多种准备。组织强加的单一“计划”方法往往会产生不良后果。
- 计划必须可行，并且步骤易于管理：如果计划无法适应人们的生活和工作，那么很可能在数周或者数月后就被放弃。
- 如果计划无法适应人们的学习风格，将会使人很快失去动力和兴趣。

现在，我们来了解一下以上几点是如何改变目标制定的，其实它正如我们通常应所知的那样。

目标应该建立在优势之上

德莫特里斯（Demetrios）是一家研究型咨询公司的总裁，这家公司发展得很快，他本人也是一位办事高效、处事民主的领导者。德莫特里斯的自我意识和社会意识都很强，善于建立人际关系、进行团队合作以及开发他人潜能。通过从他人观点中提取精华的能力，他带领公司渡过了难关，现在公司所占市场份额不断扩大。

但是，公司取得成功后，德莫特里斯不得不面对领导的两难境地。公司的合伙人和员工开始对公司今后的发展方向产生疑惑。他们需要一位愿景式领导者，希望他可以对工作的优先事项做出抉择，从而保持公司的增长势头。此时，德莫特里斯的民主风格显得太过自由放任：允许合伙人按照自己意愿带领公司向不同的方向发展，这对于公司而言具有很大的威胁性，可能会导致公司四分五裂。

德莫特里斯随后与一位高管教练的合作告诉了我们一个道理，即基于优势的学习计划可以弥补一个人的不足。这次合作揭示了德莫特里斯领导风格中的不足之处，即行使权力不够果断、积极，例如在影响力和冲突管理方面。教练帮助德莫特里斯认识到，他在对待客户时表现出的鼓舞人心的领导力和促进变化的能力，在他成为领导者后却被弃之不用。

为了在公司里也建立愿景式领导力优势，德莫特里斯制定了一个全新的学习目标：像对待最重要的客户那样来管理公司。面对公司出现的每一个挑战，他都会像对待客户的疑难一样，用自己的社会意识进行分析。德莫特里斯的行动计划包括为新“客户”，即他自己的公司制订问题解决方案。他甚至开始每天给自己写咨询记录，并在其中提出具体的解决方案。

他的第二个学习目标是处理领导力危机：他的目标是在每次公司会议上都表现得鼓舞人心。例如，每次开始小组讨论时，他都提醒大家的职责所在，即他们的理想、价值观和使命。在培养愿景式风格时，虽然他一开始觉得难为情，甚至有些奇怪，但很快他就表现得不那么刻意，变得更加自然。他依仗的两种优势是：对待客户时鼓舞人心的能力和团队合作能力。例如，每次开会之前，他都会重提公司使命，这样就能够引起大家对公司前景的共鸣。

通过运用自己的优势，德莫特里斯可以自信地按照学习计划继续学习。他明白他为客户做的事情也正是公司所需要的。在接下来的 6 年时间里，公司的收益增加了三倍。除了根据自己的优点改变领导风格以外，德莫特里斯还发展了那些接近转折点的能力，所谓转折点，即相对较小的提升或某种能力展开频率的增加都可以显著改善一个人的表现。

戴维·麦克莱兰是第一位将转折点分析应用于能力增强的专家。[14]人们此前的研究已经回答了这个问题：哪些能力是人们脱颖而出所必需的呢？这种新方法回答的问题则是：拥有多少能力才能使人脱颖而出？在德莫特里斯的案例中，他有两种能力缺陷接近了转折点，即鼓舞人心的领导力和促进改变的能力，同时也有两种能力缺陷远离了转折点，即影响他人的能力和冲突管理能力。

假设他的学习目标是发展个人或者与合伙人的愿景，然后再推销给员工，那么他就真的需要加强在影响力和冲突管理方面的能力了。但是通过培养与现在风格相近的新习惯，他就更有可能成功建立有效的愿景式领导风格。

这真的是你的目标吗

马克·斯科特（Mark Scott）是一家抵押贷款银行公关部副总裁，他回顾领导力培养课程的收获时，提到自己实现了三大进步。第一，更能理解不同背景的各色人群；第二，能够与各行各业的人建立有效的工作关系；第三，在遇到新情况和不确定情况时，可以更加灵活应对。这些收获是他两年前制订学习计划时列出的前三项学习目标。

但是，在提到他学习计划中的第四和第五项目标时，斯科特就需要想一想那些目标到底是什么。“哦，那些是我老板的目标，”他说，“她执意认为一个好的学习计划应该解决能力评估中暴露出的所有问题。”

显然，对于别人认为自己应该做的事，斯科特并不认同。但是这种类型的失败案例在目标设定时经常发生：人们会因为老板、导师、教练或者配偶鼓励或者强迫他们改变，才制定发展目标。但是，需要记住的重点是，学习目标与你自己的情况越接近，你就越可能实现它们。[15] 热情和希望——与梦想密不可分的活跃的脑部活动，对持续学习而言至关重要。目标越难实现，攻克目标的承诺就越重要。[16]

关于未来，你有什么想法

“我从来没有给自己制定过目标，事业如此，个人生活也是这样。但是我坚信，不管我做什么，我的所作所为应该和我的价值观一致。”当被问及未来的计划时，一位企业家如是说。作为一家咨询公司的唯一所有者，在任何人眼里，他都非常成功，而他的个人生活也是如此。

他能清醒地认识到事物对自己是否重要——按照他的价值观、信仰和喜欢的生活方式判定，并以此为依据对未来进行“规划”。他为自己规划了一条没有具体里程碑的道路，例如一项特定的工作。但是，在这条发展道路上有一些路标，他可以利用这些路标做出重要决定，同时他也依赖高度的自我意识和把握好机会的本领。

这位企业家所采取的方法与丹尼丝·西泽尔（Denise Cesare）形成了鲜明的对比，丹尼丝·西泽尔是蓝十字公司的首席执行官，公司位于美国宾夕法尼亚州东北部。从小，西泽尔就有明确的目标，以及对未来的愿景：“公众会计师这个行业，非升即走。因此我在进入这个行业的时候，就明确了成为合伙人的目标。之后，当我从事医疗保健行业时，我的目标是跻身公司高层。我全神贯注于自己的目标，保持一贯的幽默感，清楚自己的价值观，朝着自己的目标一步一个脚印地前进。”

她也正是这样实践的。在紧要关头，她总是紧盯目标，为了自己事业发展的某一阶段获得成功而努力。她擅长分析所处的环境，以成绩为导向，知道如何处理变革中的起伏跌宕。

而另一类人则截然相反，他们根本不考虑未来，至少不像我们平时一样规划未来。他们一边前进，一边创造未来，牢牢地坚守自己做事的喜好。“我不想浪费时间为以后的事情担忧。”一家日用消费品公司的领导这样说。但这并不意味着他在个人生活和职业生涯中就无法获得成功。他更关注于现在的成功，通过对当前形势的理解来指导自己的行为。

因此，未来规划没有绝对的正确方法。研究者表示，未来规划因人而异。[17]如果人们真的想要尝试一个已被禁止的模型，那么他们的学习计划也就毫无用处。在为自己制订未来规划方案的时候，并非每个方法都适用于所有人。

即便如此，我们发现每种计划风格都有值得学习的地方。例如，方向明确或者有远见的计划者，擅长在他的价值观、信仰和对生活的感知的基础上描绘意义非凡的未来。[18]目标导向的计划者得到了自己追求的东西，社会科学研究告诉我们，具体、可测量的目标更可能得以实现。[19]懂得如何制定这样的目标可以帮助人们将能量聚集在所需之地和所需之时。

另一方面，行动导向的人更关注短期内实现的成就。此外，以行动为导向的计划非常自由，这也为增强创造力提供了机会。最后，人们往往容易忽视的是，反思式计划中的“应当之事”会发生在大多数人身上，因此在规划未来的时候，最好也将其考虑在内。

计划必须可行

也许，人们在制定目标时所犯的最大错误，就是让自己从事一些按照当前生活和工作风格很难完成的事。行动计划应该适合自己的生活结构和节奏。从前面的章节中，我们了解到，如果人们将特定的情感能力当作自己学习目标的一部分，而不是设定一个模糊目标，他们就能得到持久的提升。[20]即使只锁定一个提升目标，他们也可以大幅度提高效率。

学习计划中如果列出具体、实际的步骤，就可以带来最大的提高。例如，有的人想要增强自己的演讲能力——这是领导者交际能力的关键，同时对其他能力也至关重要，他可以为自己制定如下一些具体目标：

- 每个月至少要做两次正式演讲，并请一位自己信赖的同事做出评价。
- 演讲之前和朋友进行事先演练。
- 给自己的演讲录像，请上司帮助自己对录像进行评价。
- 参见演讲会，获得更多有效的练习机会。
- 和那些演讲风格轻松风趣的人交流，看看他们是如何准备的，尤其是他们如何克服怯场，轻松地进行演讲的。

对于特定的某个人而言，哪些目标起作用取决于他的现实情况。制定发展目标，就必须把它插入已经排满的日程表里。因为行动步骤经常需要额外占用时间，问题就变成了：为了挤出实现目标所需的时间，你应该对什么说“不”？答案就是，设计你自己的步骤，这样它们才可以与你的情况相符合。

例如，一个中层管理者没有参加演讲会，而是每天都约见员工。通过这个方式，她就可以为其他人宣读报告，从而给自己创造更多的练习机会。于是，她就把学习计划融入每天的工作中，把工作环境当成了加强领导能力的实验室。

了解个人的学习方式

大多数领导者有自己喜欢的学习方式，而那种方式对他们而言才是最自然舒适的。你不需要争抢某个学习方式，也不需要遵照某强加的风格，而是应该选择自己喜欢的学习方式。

例如，有两个朋友——在短短几年内都成了首席执行官，他们决定在夏天学习航海。其中一个人出去买了一艘 12 英尺（约 4 米）长的小艇，他计划用这个小艇在缅因州海岸练习一个月。同时，他的朋友报名参加了波士顿港的一个航海训练课程。

第一天，购买小艇的那个朋友驶离缅因州海岸，他的朋友则端坐在教室里学习航海的基本知识。但是，一旦掌握了一定的航海理论，他就可以直接驾驶大船。同时，在缅因州的海岸边，他的朋友从第一天起就在水上学习，虽然只是一艘小船，但他自己收获了很多，例如为什么中插板很有用等知识。在接下来的几年，他驾驶的船越来越大，并且不断练习自己新发现的技巧。

最后，这两个朋友都学到了自己想要的本领，不过他们采取的方法截然不同。购买小艇的朋友喜欢通过具体的实践来学习，而他的朋友则倾向于先掌握一些航海知识。幸运的是，这两个航海初学者都具备学习能力，必要时他们都可以通过积极的实践来学习。

研究表明，人们选择了适合自己的模式才能更好地开展学习。[21] 在麻省理工学院的时候，大卫·库伯拓展了学习风格调查表，这个表已经沿用了 30 多年，用来调查管理学和医药、法律等领域的学习。库伯发现，人们在以下模式中学习效果最佳：

- 具体经验：经验可以使人们看到、感知到事物的样子。
- 反思：思考自己和他人的经验。
- 建立模型：形成一种理论，使观察富有意义。
- 反复试验学习：通过使用新方法，尝试新事物。

如果将以上模式中的 2—3 种结合应用，学习的效果会更好。[22] 另一方面，有些人使用的学习风格不利于自己的学习，尤其是在使用过早或过多时。这样的学习风格会使人们失去继续学习的动力，或者丧失学习的热情，因为它们会使学习变得无聊、失去意义。

例如，很多领导者为了更高效地领导团队都接受过不同程度的相关教育。如果他们跟随大学教授学习，就可能在最开始的几节课中努力学习关于团队建立和组织发展的理论。他们也许会在课上重点学习关于团队的不同哲学观点。与此同时，当周一早晨他们需要安抚一位搞破坏的团队成员时，他们需要的不是理论，而是解决问题的工具。因此，几节课以后，领导者也许会觉得这些课程毫无意义，自然也就不会认真听讲了。

教授往往按照自己喜欢的学习方式来安排课程，这种知识通常都是抽象性和反思性的。但是领导者的学习风格可能是更加积极、更加实在的，那就有必要在课程之初学习一些能立即使用的实用技巧。

领导力课程和工作场所的时间表经常一成不变、千篇一律。为了避免这种学习上的缺陷，你需要辨认出最适合你的学习风格，确保你的行动步骤有效。如果苦苦思索后仍无法确定自己的学习风格，那么有一些简单的测试可以帮助你。[23]

通过回顾前三种自主学习的发现，人们可以制订一个吸引人但又切合实际的方案，帮助他们实现领导力目标。你已经比对了自己的理想目标和现实中的行为风格，并得出自己的优势和不足。胸有成竹之后，你已经在一个学习计划中选择了特定的领导力，并制订了切合实际的课程来强化这些领导力。

如果你的计划已经准备好，步骤安排妥当，并且把注意力集中于制定的目标，那么你就可以进入最后两个发现了。现在你就可以尝试并探索如何使这种学习一直伴随于领导者生涯。

第四个发现：大脑重置

杰克（Jack）是一家全球食品公司的市场部经理，是一个典型的标杆式领导者，他总是精力充沛，以提升成果为导向。他总是想找到更好的做事方法，当看到别人似乎无法按期完工时，他就会急切地接手。更糟的是，对那些达不到他要求的人，他总是抓住其错误不放，只要有人不按照他的方法做事，他就勃然大怒。他的直接下属抱怨道——当然是在私底下，杰克是个“控制狂”。

通过对他直接下属的调查，我们发现，他的行为经常会给集体氛围造成恶劣的影响。人们清楚目标是什么——就是他们需要达到的地方，但是他们不知道该如何实现。杰克知道自己想让别人做什么，但是没有在他们做得对的时候告诉他们；对他们的表现，他也没有给出肯定的反馈。这样做的一个结果就是麻木：人们觉得没有灵活性，不能按照自己觉得合适的方法来工作，而是需要猜测杰克想要他们怎么做。杰克接管部门两年以来，经营陷入停顿，这不足为奇。杰克接受老板的建议，去找了教练。

第一步就是通过一项360度情感能力评估测试，对杰克的优势和不足做出准确的判断。他很清楚自己的优势：充满自信、精力充沛、以业绩为导向、主动性强并且有责任心。对杰克来说，最能说明问题的数据就是，他的自我评价和他直接下属对他的评价之间有巨大差距，他的下属主要就两点对他进行了评价：自控力和同理心。

为了帮助杰克就以上两个方面能力的培养制订一个学习计划，杰克的教练花费了很多时间，先是简单地帮助他消化这些反馈信息。教练将报告中提到的杰克在自控力和同理心方面的不足，与他的两项特殊优势联系起来：他能很快想出备选方案，并对解决问题充满热情与渴望。因为杰克过度使用了那些优势，结果就没有充分应用更加积极的领导力风格，例如，愿景式和辅导式风格，而这些风格都来自自控力和同理心。

一旦杰克看到自己的不足是如何阻碍自己成为理想中那个卓有成效的领导者时，他就开始把注意力集中到自己需要改进的地方。他努力调整优势和不足之间的平衡，而他的教练也帮助他制订了一个学习计划。这项计划强调了一些具体的方法，以便将日常工作和每天发生的事情当作学习的实验室。

例如，杰克发现，事态平稳时，他运用同理心是没问题的，但是，一旦面对压力，自己就像完全换了一个人一样。缺乏自控力破坏了他听取别人建议的能力，而这恰好是他所需要的。因此，杰克的学习计划主要用于解决有效控制情感的问题。教练传授给杰克一种观察身体内部感觉的方法，这样他就能尽早发现那些提醒他自己将要失控的危险信号。无论他何时开始感到沮丧，都要遵循以下4步来调整情绪：

1. 后退一步：倾听，不要暴跳如雷。
2. 让他人发表意见。
3. 保持客观：问问自己，自己做出某种反应有没有充分的理由，或者自己是不是急于下结论？
4. 提问题要清楚明白，不要提那些听上去像评判或者带有敌意的问题。

杰克主动改变了自己一贯过度的反应，使自己能运用同理心去理解他人，能倾听别人的意见，更全面地收集信息，更清楚地理解信息，谈话更富理性，而不是充满责备呵斥。他不必赞同他人的观点，但是要给他人发表意见的机会。

另外，为了做出这些改变，杰克先必须学会辨认情况下可能出现问题。过去，有些情况可能产生一些破坏领导力发挥的旧习惯，对这些情况要进行预警，我们最好采取一种新的、积极的反应。[24] 就像预警雷达一样，这种预测会提醒我们，应该对我们即将实施的行为投入更多精力，这样就可以为下一步的行动早做准备。这样，我们就有了练习的机会——而不是错过改变的机会。

对于这些新的习惯，杰克真的练了一遍又一遍。直接下属工作完成出色时，他就给予积极的评价，而不是一味批评。他提醒大家，每个人的贡献都有利于完成整个团队使命，他克制自己，不要对每个人的工作方法管得太细。日积月累，杰克的愿景式领导力和辅导式领导力都大幅增强。杰克在6个月的时间里，实现了实质性的进步。他的记录显示，以前他大发雷霆的情况至少一天上演一次，而现在一个月也只有一两次。部门的氛围也大大改善，部门的业绩也终于开始提升了。

一种新的学习模式

像杰克一样的领导者，在研究自己的全部领导力时，在某种意义上，衡量的是自己一生所学的全部知识。人们从很小就开始学习领导力，他们观察自己的教师、教练——任何一个他们遇到的、扮演领导者角色的人都是他们学习的对象。这些榜样为他们形成自己的领导习惯搭建了第一座学习的平台，即他们对于领导者这一角色的最初认识。之后，随着他们加入俱乐部、球队、学生组织，开始扮演自己的第一个领导者角色，或者在同龄人中扮演领导者角色的时候，他们就会将那些榜样身上的领导力模式付诸实践。参加工作后，他们遇到新的领导者，尝试新的领导行为，并在最初建立的平台上添加新内容。

事实上，这些课程中没有一门涉及对于领导力构成元素的明确讲解——这些元素是在人的成长过程中自然生成的。但是，领导力的学习为领导习惯的形成铺设了大脑回路，以决定一个人在以后的生活中遇到类似情况时应该如何应对。例如，一个人每次领导一个团队时，他总是最乐意重复自己以前的领导行为——每一次的重复都会使那种习惯的神经连接加强。认知科学家将一种习惯的自动加强称为隐性学习，与学校课程提供的各种各样的显性学习相对应。

在极大程度上，大脑控制领导力——从自信心、情感的自我管理，到同理心和说服力，采用的是隐性学习的方法。你所回忆起的隐性学习不是发生于大脑新皮质的最顶层，大脑思维区——而是在大脑底部的基底神经节。领导力的学习大体是通过情商的前额叶皮质边缘回路而实现的。[25] 大脑的这个原始部分可以选择和控制我们经常使用的习惯，不断学习如何完成生活中的基本任务——从遣词造句到主持一个卓有成效的会议，如此种种，不一而足。

这样的学习是潜移默化的，大多数情况下，人们甚至没有意识到自己正偷偷地学习这样的课程，但积少成多，不知不觉人们就已经掌握。大体上，这是一个先进的系统。但问题在于，人们在一生中是通过重复他们看到的榜样的做法而偶然选择了自己的领导习惯，还是反复实践自己的领导力企图而形成的领导习惯呢？如果影响你的第一个领导者是个疯狂的标杆式领导者，那么他有可能成为领导者模仿的对象；如果他是个优秀的教练，那么向他学习的人又会遵循一套不同的路径。最后的结果是：人们最终形成一揽子混合领导力技巧，这就像一个人掌握了很多高尔夫的击球技巧，却还是一个糟糕的球手。

然而，如我们所见，如果你能做到以下 3 点，还是可以提高的：意识到自己的不良习惯，有意识地尝试更好的方法，把握每次机会练习新的行为举止，直到它变成你自觉的举动——即在隐性学习的层次上掌握这种新行为。

增强情感能力需要花费几个月而不只是几天的时间，因为大脑的情感中心都会被调动起来——不仅仅是新皮质，新皮质只是大脑的思维区，负责获取技术方面的技能和纯粹的认知能力。前面提到，新皮质学东西非常快，甚至第一次听见某事物就能很快学会。但是基底神经节和它与情感中心的关联则以一种大不相同的方式学习：要掌握一种新的能力，它们必须经过不断的重复和实践。[26]

这解释了为什么在教室里有效地学习领导力是件困难的事情。教师无法指导你的带有领导力旧习惯的大脑回路再学习新的习惯。你需要的是不断练习：一个行为序列重复次数越多，底层的大脑回路就变得越强。于是人们就能够重新构建自己的大脑：学习新习惯使神经元之间的通路得到强化，而且甚至可能产生神经形成现象，即新神经元的增长。[27]

例如，为了改掉自己的标杆式习惯，扩展自己的领导力，杰克就必须不断重复练习。他越是在更多方面实践这些新的思考方式、感觉和行为方式，新的神经回路就越有灵活性、越强大。这样，像杰克一样的人就会发现自己做到领导力培养的各个步骤之后，就可以毫不费力地控制自己的情绪，在倾听别人谈话时，能实现运用同理心。这标志着新的神经通路已经变成了大脑的默认选项。

这样掌握的能力，即使不是一生受用，也可以持续数年。

只有执行，没有练习

培养辅导式领导风格过程中，如果没有不断尝试新的行为方法，尤其是停下脚步倾听意见、咨询问题，杰克就不会取得长足的进步。这个过程并不简单。遇到问题时，杰克身体里的每一个细胞都跃跃欲试，为杰克干预、接管并独立解决问题做好了准备。对于杰克来说，这种倾向就像知道如何骑自行车一样自然而然——这个反应的每一点都让人无法察觉，却非常强大。

因此，带有更多积极选择的试验就非常关键。新的思维方式、感觉或者行动方式最初都会让人觉得不自然，感觉就像穿了别人的衣服。从神经层面而言，就是一个人强制大脑走入一条不经常走的道路。毫无疑问，杰克在第一周会怀疑自己，努力倾听他人的意见而不是急着干涉别人，这在最初的确令人感觉不那么自然。

吉姆·洛尔（Jim Loehr）和托尼·施瓦茨（Tony Schwartz）在《哈佛商业评论》撰文指出，伟大的运动员训练时间很长，但上场时间很短；而管理者没时间训练，所有的时间都在场上。[28] 因此，难怪领导者经常重复自己的错误：急于达到目的，完成任务，忽略了对更好领导力的学习。领导者经常尝试一两次一种新方法，就开始应用，没有给自己练习的机会。

领导者学习新习惯的关键是通过练习来掌握技能。否则，就会故态复萌，又恢复到以前的习惯。如果你学过某种乐器的话，就会知道不断练习活页乐谱直到不犯错误，才达到自如的境界：给老师演奏的时候，你可以即兴演奏。但如果参加一场正式独奏会，重压之下，你或许会遗漏某些部分。然而，专业音乐家迈出了至关重要的一步：他们一遍一遍地排练，然后再排练，直到自己用来演奏的手指或者呼吸都变成习惯性的。他们一直练习到不需要思考就能凭感觉演奏的境界。

同样，为了掌握一种领导力，就需要打破旧有的习惯，改变大脑的默认系统，学习新的习惯，而这需要很长的时间来建立新的神经通路，然后进行强化。[29] 当你能够长时间坚持新反应，一直到未来——而不只是一周或者一个月，你就知道自己养成了新的习惯。

自控力，特别是情感自控力，在掌握之前可能需要一些特别的努力。一些研究显示，管理情感冲动是精神活动，即故意改变某人的情感带来的压力，会耗尽自控所需的能量。[30] 然而，有时候，使用新的领导风格恰恰需要自控力——比如，像杰克一样的领导者，想要改变自己的标杆式领导风格和命令式的习惯，培养一种有亲和力的领导风格。这就需要特别的准备：克服用旧习惯反应的倾向。一个人必须克服自己的情感冲动，否则会加重学习的负担，失去侧重点。

这暗示了一种学习策略，即最初要多用点力气克服你要改掉的冲动性领导习惯，之后再全力练习新习惯，取代旧习惯。最终，通过练习自控力，直到掌握，原来需要努力练习的内容就变成了习惯，压力也就消失了。在练习新的领导力模式时，一旦采取了这个关键步骤，你的精力和注意力就不必那么紧张了。

隐性学习

即使不是绝大多数，很多典型的领导力培养也是在研讨会上进行的，利用周末或者一周的时间到另一个地方进行培训，但是这么一点时间根本不够开启这一进程。

因此，杰克没有参加周末举行的敏感度培训项目来加强自己的同理心，他利用上班时候与下属和同事自然发生的各种情况作为训练平台。另外，他也和妻子讨论自己的学习计划，这样，她就充当了非正式的教练，帮助他更好地倾听家人和朋友的意见。通过这种方式，杰克扩展了自己的学习平台，更多地依靠日常活动让自己的学习效率最大化。

诀窍是做其他事情的同时进行学习，这叫“隐性学习”，对于提高情商非常有用，尤其是提高领导力。通过研究科学家和工程师中的杰出领导者——即经常使用诸如同理心能力的人，研究员克里斯汀·德里福斯（Christine Dreyfus）发现，情感能力在很多情况下使得那些天才变得更加出色。[31] 鉴于他们工作于技术领域，而技术领域并不常用情商，他们在这方面的表现令人特别印象深刻。

如同第六章列举的强生公司的杰出领导人一样，德里福斯研究的领导者中，大多数人在 40 年前的孩提时代，就已经开始实践这些技巧，例如当童子军。之后，他们在高中和大学时也充分利用各种场合进一步实践，例如运动队、俱乐部、乐队和宿舍生活。之后，他们变成了杰出科学家和工程师，相对独立地解决问题，还继续在工作之余增强这些能力，也在各种场合练习团队建设能力，例如在教堂和社区组织，或者进行专业协会的会议准备。他们经过体验另一种以关系为导向的环境，使工程文化中普通的标杆式的唐突变得圆滑。

例如，有一个工程师，现在已经成为一位有威信的领导者，他说，他已经改掉了自己的命令与控制式的工程师文化，而他发展领导力的地点令人出乎意料：竟然是在教堂。“在教堂里，人们可以发表自己的观点和感受，”工程师回忆道，“作为一个工程师，我通常觉得自己必须时刻拥有逻辑，而在教堂，对于那些缺乏逻辑的观点，我也能够接纳了。时光流逝，这种接纳逐渐影响了我的领导力方式——少关注一些逻辑流程和具体内容，多理解整个团队的进程。”

对于德里福斯所调查的大多数工程师来说，先前的项目领导者经历为他们提供了工作环境中的关键的领导力学习实验室。多年以后，他们承担更大的管理责任，与教练一起工作，参加公司举办的培训项目。随着他们不断增强自己的领导力，他们成为随时随地都可以进行隐性学习的榜样。[32]

内心演练的力量

训练的时间越长，得到的收获越大。扩展练习领导力的机会，还有一个方法：利用内心演练。

我们回到杰克的例子。按照他学习计划中的一个部分，杰克开始利用开车上班的空闲时间，想象如何应对当天可能出现的情况。一天，他开车去和一位员工一起吃早餐，这位员工看上去难以完成项目，杰克想象出一种积极的场景：在开始解决问题之前，他要先询问情况并耐心倾听，以充分了解当前的形势。他预计自己会感觉厌烦，因此就在内心里演练如何克服这种感觉，而不是直接采用自己惯常的方法急于解决问题。

这种内心演练可以大大提高学习新技能的效果。众所周知，经科学研究证实，内心演练大大改善了运动员的表现。奥运会运动员，例如美国跳水运动员劳拉·魏金森（Laura Wilkinson），经常运用内心演练。在备战2000年奥运会时，魏金森折断了三根脚趾，以致不能下水。但她没有停止备战，每天在跳台边坐上好几个小时，不断在内心里回顾跳水的每个具体动作。2000年奥运会上，她取得了颠覆性的胜利——荣获十米台跳水金牌。[33]

很多运动员运用内心演练取得了成功，这种想象能唤起强大的与生命过程和状态有关的能力。30年来，越来越多的研究表明，通过内心训练、正确的反馈和对未来的想象，可以提高身体某些部位的体温，使呼吸或心跳变慢。因此，领导力的成功取决于你想象出理想状态的能力，然后始终保持将注意力集中于此。这种视觉化行为有另一个优点：切记，大脑通过提供我们将要达到的目的地的景象和达到目的时的感受，来激励我们。

但收获不仅仅只有这些。关于大脑的研究显示，通过生动的想象，可以激发参与想象的完全相同的脑细胞。[34] 换句话说，一个人即使只在心里重复某个序列，新的大脑回路也会通过各个步骤建立并显现出来，并强化神经连接。这提示了一个减少恐惧的方法，这些恐惧可能与尝试新方法或更有风险的领导方法有关。如果你事先想象一些工作中或生活中的类似情形，在实际将新方法投入实践时，就不会觉得那么尴尬。

试验新行为，然后，抓住工作中和工作外的一切机会练习，同时采用内心演练等方法，最终会刺激大脑，形成那些实际改变必需的神经连接。

第五个发现：人际关系的力量

20 世纪 90 年代初，在当时的永道会计师事务所（现为普华永道会计师事务所），一群女性合伙人组织了一个学习小组。起初，她们每月集会一次，讨论事业，以及如何在公司、在一个传统上由男性主导的行业中发挥领导力。但在几次集会之后，这些女性合伙人开始认识到，她们在集会上讨论的通常是她们的工作和生活。她们建立起了更加牢固的互信关系，并发现在加强领导力的同时，她们可以互相依赖，得到直率坦诚的反馈。

今天，很多职场女性寻求在公司成为领导者，或者保持自己已有的领导地位，出于善意的理由，她们创建了类似的组织。正如我们在第六章指出的，女性像少数族裔一样，难以得到有用的表现反馈。同时，也许更重要的是，和那些让我们有信任感的人在一起，能为我们提供安全的实践机会，可以在没有风险的环境下，尝试领导力技能中不熟悉的部分。

很多人参加过有效的领导力培养，对他们来说，在那个过程中一直帮助他们的人，其重要性显而易见。正如在一个有两年历史的同辈小组最近一次聚会上，一位中年领导者所说的那样，发挥作用的不仅是培养项目本身，还有“参加的人和我们所建立的关系”。事实上，或许有些自相矛盾的是，在自主学习过程中，每走一步，我们都在依赖他人——从明确表达和提炼理想自我、与真实自我做比较，到做出确定我们进展的最终评估，无一例外。我们的人际关系提供了恰当的情境，让我们理解自己的进步并认识到所学知识的用处。[35] 就像咨询律师一样，与一位备受信任的教练、导师或者朋友的交谈，变成了一个安全的区域，人们可以更自由地探索政治化工作环境下的痛苦现实，或自由地质疑那些无伤大雅却不能轻易向老板提及的问题。实践和练习新习惯需要找到安全的环境和安全的人际关系。

我们已经见过的很多例子中，这样的支持可提供的不仅仅是改变的希望，还有拥抱希望的信心。例如，在一个行政人员和专业人士项目的结尾阶段，这些已经很有成就的人表示他们在自信心方面有了很多收获。[36] 他们如何解释这种收获呢？尤其是同辈人认为他们在接受项目之前就已经自信十足。采访中，他们解释道，他们所增长的是相信自己能够改变的信心——这是他们在职业生涯中很久没有感受到的。他们说自己感觉到，尽管他们自己想要改变，身边的很多人——同事，甚至是家人，都希望他们保持现状。但在领导力培训项目中，他们有了新的参照组：和他们自己一样的人，鼓励变化的参照组。另外，我们在不断研究中发现：积极的群组帮助人们做出积极的改变，如果这种关系充满真诚、信任和安全感，那么效果就更明显。[37]

领导压力

对于领导者来说，要想真正学到东西，安全感也许非常重要。领导者经常感到不安，就像自己置身显微镜下，一举一动周围人都看得很仔细，因此他们从不冒险尝试新习惯。知道其他人用批判眼光看他们，导致领导者急于评判自己的进步，限制了实践，也降低了要承担的风险。

从很多方面看，领导从来都是充满压力的。对追求权力——希望拥有影响力的人群进行的早期调查显示，渴望权力对自身产生的反应，与身体实际接受压力后产生的反应是一样的。[38]一个人的压力增加——或者对追求权力的动力增加的时候，身体就会分泌更多的肾上腺素和去甲肾上腺素，即身体的应激荷尔蒙。这将导致血压升高，让个人做好行动准备。同时，身体分泌比肾上腺素作用更持久的应激荷尔蒙皮质醇——这种物质会阻碍新的学习行为。[39]

人们感到有压力当然就不再感觉到安全，这就进一步阻碍了实践新的行为方式。相反，人们会转入防守状态，依赖最熟悉的习惯。领导压力带来的另一个问题是：如果压力一直很大，大脑就不断分泌皮质醇，而皮质醇会杀死位于海马区的那些对学习新知识必不可少的脑细胞来阻止学习行为。

基于上述原因可知，当人们有安全感时——但不至于太过放松而失去动力，对领导力的学习效果最好。[40]大脑有一个最佳兴奋水平，即动力和兴趣都处于高水平的状态。安全感创造了一种氛围，让人们能够进行实践，而不害怕难堪或者失败。

一个有共鸣的小组——比如，这个小组里有和你一样的领导者，大家一起冒险培养新的领导风格，给人们提供了改变的最佳舞台。你看到和你一样的其他人克服了自己的拘谨并承担风险，你也会更加自由地尝试一些有风险的事情。[41]

培养特别的人际关系，它们的唯一目的就是能一路帮助你，这对于持续发展来说至关重要。正如我们看到的，导师或教练帮你发现梦想、了解自己的优势与不足和你对他人的影响，并在学习计划的每一步对你进行指导。但是，仅仅称呼某人为“导师”或“教练”还不够，这层关系应该充满真诚、信任和支持。

导师和教练

当我们评价某家大型综合性能源公司的高层领导者时，那些领导力技能超群的领导者意见一致：在职业生涯初期，他们在导师的监护下培养了优点。这个发现验证了北卡罗来纳州格林斯博罗的创造性领导力中心所做的研究，该研究长久以来认为，导师对塑造领导者的能力有很大作用。[42]

受访高管在回忆自己的领导生涯时表示，他们在发展过程中最关键的经历是进行那些让人备感压力的工作，至少在那些工作的最初阶段他们就觉得挑战很大。这需要一名负责的导师要求他们接受这项工作，然后保护他们不受公司总部“援手”的干扰。导师创造的保护伞至关重要，公司把这种指导能力称为给他人“行动的空间”。导师让这些经验不足的领导者安全地展开羽翼，试验新型的领导风格和领导力。导师制不仅为整个公司确立了领导力优势的核心，也培养出两代首席执行官，每位首席执行官创造的纪录都为人称赞。

想要让导师和你一道培养某种领导力，很重要的一点是把这种意图明白清楚地表达出来。找一个懂得你意图的导师，和他分享你的渴望和学习计划，将导师转换成教练。

教练有很多种。[43] 有的教练或许是正式的行政教练，有的或许是非正式的导师，还有一些或许是自己的同事甚至朋友。因斯蒂尔公司的创始人兼首席执行官马克·提灵（Mack Tilling）就有一位导师，这位导师是另外一家公司的首席执行官，即威瑞星通信公司的大卫·加里森（David Garrison）。提灵觉得，与拥有相关经验的另一位管理者交流，可以帮助他理清思路，这比请教练有用得多。[44]

另一方面，现在行政教练的数量不在少数，雇用一名行政教练可以为你提供更多自由交流的机会，这比和老板或同事在一起更加自由。有了教练或者导师，你不仅能提高领导技巧，他还为你提供了另外一双眼睛和一对耳朵，这样就可以克服很多领导者常犯的信息闭塞的问题。教练能帮你透过环绕在你日常经验周围的迷雾，看到惯常生活之外的世界。

合格的教练除了能够弄清楚领导者的人格优势和不足，还能理解一个组织的困境和组织文化，他自己也会使用情商。[45] 教练要想对领导者有所帮助，就要从多个角度理解领导者所处的困境：个人水平，即个人的处境；团队水平，即团队管理者或员工的集体动态；组织水平，即组织方式如何适应企业文化、企业体制和战略。教练能够为领导者量身打造领导力培养课程，提供一对一的完整过程的奢华培训。

带领团队共同进步

帮助领导者获得更大共鸣感只是一个开始，对于整个组织来说，如果领导力增长不仅仅局限于个人层面的话，那将产生更大的效应。

以马来西亚化学品制造商亨斯曼钛奥彩公司的罗萨德·赛阿德（Rozano Saad）为例。在晋升为业务总经理之后不久，他收到了下属的反馈，这反馈着实令他震惊，在下属眼里，他是一个命令式和标杆式的领导者。这个结果并不意外，毕竟罗萨德是一位受过专业训练的工程师，发号施令和带头等风格是他过去 16 年所处的工程师文化的规范。

问题在于，如果想要成为一个成功的业务总经理，就需要拥有更广泛的领导力组合。亨斯曼钛奥彩公司已经连续 4 年亏损。马来西亚工厂虽然配备了全公司最现代化的设备，却是这个世界级集团产量最低和质量最差的工厂。结果，总部位于美国犹他州盐湖城的联合企业集团亨斯曼集团当年，用一位顾问的话说，以“极低的价格”收购了这家马来西亚公司。

为了帮助工厂摆脱困境，罗萨德应用领导力方面的新知识来设定学习目标，培养愿景式领导风格和辅导式领导风格。另外，他想大幅改善组织氛围，尤其是让人们明确自己的职责和期待他们能达到的工作标准。罗萨德同时也意识到缺乏自知之明是自己的缺点，因此培养这种意识也成为他的学习目标之一。

为了防止自己染上那些“首席执行官病”，罗萨德公布了自己的学习计划。他将自己日常打交道的人都纳入自己的学习计划，周围人成了他的学习实验室的一部分。他还让整个管理团队也参与他自己的领导力培养项目。他想让大家都用同样的语言来说话，以此强化他们的新学习计划。他也希望大家共同努力，确认公司的未来发展以及员工对公司的期望。例如，他自己的学习计划安排他在与工厂员工的每次会议上，都要谈一谈自己对新确立的愿景的看法。

管理者组建了不同的团队，每个团队都有“月度方案私人联络员”，即内部教练，用于指导学习计划，并监督计划的实施。管理人员每月召开一次会议，讨论的问题涉及管理风格、组织氛围、学习计划和一些常见话题，例如表现和安全。他们还组建了特别参照组，这些小组在每月的会议上讨论每个人的学习计划、回顾计划执行进度并得到持续的反馈。

仅用了两年，罗萨德和他的高管就取得了可喜的业绩，他们为此欢欣鼓舞，还开放工厂给游客和其他的管理者参观，整个经营环境也焕然一新。在项目之初，如果你随机采访车间工人，问他们的个人目标是什么，得到的答案是模糊的，比如“要生产 5 万吨色素”。而现在，如果你问同样的问题，工人将侧重用质量而不是数量来回答问题，比如，“我必须保证每 4 小时取样一次，并根据正确的标准进行分析。如果取样结果背离常用参数，我会进行检修，以最快速度达到与标准一致的水平”。

另外，公司赢利方面也开始出现明显的上升态势，生产力标准也有所提高。当公司所有管理者做出评估时（罗萨德直接下属的评估接近 300%），为监控公司进步而定期进行的评估显示，公司氛围上升近 200%，尤其是在准确性、灵活性、标准和团队责任感方面进步最大。改革后的第三年，联合企业的首席执行官表示，马来西亚亨斯曼钛奥彩公司是集团中表现最好的公司之一，以创纪录的赢利打破了生产力目标。

这是如何做到的？工作的人还是一样的，改革期间没有进行大的人事变动。改变的是人们合作的方式，工作环境鼓励每个人更多应用自己的情商，培养领导力。每一个管理者都有机会阐述自己的梦想和渴望（第一个发现），通过 360 度反馈和优势与不足分析，站在别人的角度看自己，对自己进行全面认识（第二个发现），制订个人学习计划（第三个发现），在工作中试验和练习新的领导习惯（第四个发现），管理者互相合作完成以上工作（第五个发现），并创造出领导力的新环境。他们对领导者使命和领导力培养产生了情感共鸣。

谈及领导力，改变一个领导者只是任务的开始。剩下的工作是培养关键性的、产生共鸣的领导者集体，然后，改革人们的合作方式，鼓励这些领导者持续地进步。最有效的领导力培养，与在其领导之下的组织的改革是同步的，本书后面的部分将展示这一点。

Part

- 3 -

第三部分

高情商领导与高情商团队

第九章

重视团队情感：打造高情商团队的第一步

一家制造企业的高层管理团队接到了一项重要的指令：想方设法解决公司长期零增长现状。这里所指的是：企业正在丧失自己的优势。问题是，无论事情多么重要，团队似乎都无法做出重大决策。事实上，越是紧迫，团队成员就越会延迟决策，更加小心谨慎地回避那些他们知道自己不会认同的问题。更糟糕的是，他们有时在重大问题上表现出确实同意的态度，然而只有在会议结束后，正如某位人士所言，他们才会表示要"暗中破坏这个决策"。与此同时，这家制造企业在实施重大决策时会越来越拖沓、落后。

那么这个团队存在什么问题？通过对团队成员的领导力审核，一切才水落石出：几乎每位成员都不喜欢与人有分歧，而且处理冲突能力都较差。瞬间，团队决策不力的原因就一目了然了。团队从来都没有达成集体共识，没有意识到开放性的讨论和意见分歧——而非对意见相左的人的攻击，可以增强决策力度。相反的是，这个团队养成了规避一切分歧的习惯。

对于这个团队来说，只有意识到是他们之间的隔阂导致了低效，才算迈出解决问题的第一步。事实上，这一发现是一种支配着整个团队的重要而又无形的力量：关于团队冲突和集体情感的基本规则使团队产生了一种情感现实，而这种现实麻痹了他们。意识到这一点之后，他们就可以明白作为一个团队和个人，他们需要做出的改变；而且，除了行为上的调整，他们也要意识到真正的解决方案需要转变原来他们面对冲突的心态。

我们曾多次看到，当团队（和整个组织）面对集体情感现实时，他们就开始对共有的习惯进行健全的复审，而正是这些习惯创造并控制着情感现实。事实上，领导者若想要通过团队和组织扩展情感能力，这正是他们应该着手的地方：认真考虑现实，而不是先聚焦于理想愿景。因此，反思和自我发现的顺序就与第七章所描述的个人层面的顺序正好颠倒。

为什么会颠倒呢？答案就是动力。作为个体而言，当我们接近生活中的梦想和理想愿景时，我们改变的动力最大。个人未来的愿景赋予我们力量和承诺，促使我们改变自己的行为。而一个集体的理想愿景则是一个更加遥远模糊的概念，因此缺乏足够的动力促使成员改变。一个很好的例子就是公司使命宣言那种华丽、空洞的辞藻，实际上它们与员工日复一日的工作相差十万八千里。

只有在团队完全掌握自身运作的真实情况，热别是当团队中的个人认识到他们的工作环境不协调、不舒适时，团队才会改变。重要的是，他们能够从情感甚至是内在的层面来理解这一现实。然而，只是认识到团队本身不对劲并不能从本质上促进变化。团队成员必须找到不满的根源——即一种情感现实，它通常超越了“坏老板”这一表面的源头。问题的根源常常在于团队管理中历史悠久、根深蒂固的基本规则或习惯。谈论团队时，我们把这些规则称为“规范”，而谈及一个更大的组织时，又将其称为“文化”。

一旦人们理解了团队的情感现实、规范和组织文化，就可以把它们作为发展集体理想愿景的基石，这里所说的集体理想愿景通常具有很强的感染力，同时也必须与每个人的个人愿景相一致。理解了情感现实和理想愿景之后，我们才有可能认识和探究它们之间存在的差距，并且有意识地制订计划，使当下与未来的愿景相一致。现实与理想越是一致，改变也就越能延续。理想与现实之间的一致性创建了一个框架，使团队远离不协调因素，并且发展成一个高情商、有共鸣的高效团队。

然而，在探究如何实现改变之前，我们将更加仔细了解情感现实这一概念。首先，我们将从团队层面来探究此事，其次扩展至组织层面，因为团队的情况与人们的日常工作更加接近。团队也为改变提供了一个更直接的场所，同时又反映了一个更大组织的现状。

规范的力量：当团队失败时

过去的几十年间，许多研究都已表明集体决策比最优秀的个体更具优势，[1] 然而这条规律也存在一个例外。假如这个集体内部不和谐或者缺乏合作能力，那么决策的质量和速度都会受到影响。剑桥大学的一项研究发现，即使集体中的成员才华横溢，但内部分崩离析、争论不断或者充斥着敌对情绪和权力之争，那么他们做出的决策同样会很糟糕。[2]

简而言之，只有当集体成员都表现出高情商时，集体才会比个人更具智慧。集体中的每位成员都有助于提升整体的情商水平，而领导者则具有特殊的影响。情绪是可以传染的，人们很自然也会格外注意领导者的情绪和行为。[3]因此，通常集体的领导者会奠定整体的基调，创造集体的情感现实——作为团队一部分的感受。[4]一个协作能力较强的领导者可以保持集体内较高的共鸣感，确保集体的决策物有所值。这样的领导者知道如何平衡团队对手头工作的专注度与团队成员间关系的关注度。他们通常会在办公室创造出一种友好、合作的氛围，而这种良好的氛围又会为公司未来营造积极乐观的前景。[5]

因此，情感能力较差的领导者可能会严重地破坏团队的整体氛围。

- 一家医疗保健公司的一个部门面临巨额亏损，他们的服务水平很低，冗员繁重。而管理团队的领导目光短浅，面对裁员等重大问题时，总是无休止地开会以求达成共识。最终却因为无法做出任何决策，几年后这个每况愈下的部门把整个公司都拖入了财务泥潭。

- 珍妮特（Janet）是一家大型保险公司的优秀领导者，她以雷厉风行之势接管了这个死气沉沉的部门，但完全无法容忍旧的做事方式。对于那些不同意她计划的成员，她有句直白而又公开的口头禅：这儿没你说话的份儿，忙别的事情去吧。然而珍妮特并没意识到她的这种行为激起了成员们之间一个共同的目标，那就是不惜一切代价都要亲眼见证她的失败。几个月后，这个曾经辉煌一时的部门开始变得惨淡，不到一年的时间就彻底解散了。

不幸的是，这些事情就发生在你我的身边。其实，以上两个例子的根源问题与领导者如何管理协调情绪和规范这些无声语言有关。我们通常视规范为理所当然，殊不知它们潜藏着巨大的力量。规范在集体层面上代表隐形学习，即隐性规则，我们通过日常的交流进行吸收与学习，并且在一种无意识的状态下接受，也正是因此这些规范才能顺利地在公司实施。

归根结底，集体的规范将决定这个团队是高效出众还是如一盘散沙。[6]在某些团队中，人们每天面对的都是激烈的争吵和敌对；而在某些团队中，礼貌与兴趣的面纱掩盖了厌倦和无聊。在其他一些更高效的团队中，人们互相尊重、有问有答，以言语和实际行动互相支持，开诚布公、诙谐幽默地解决分歧。无论基本规则是什么，人们都可以自动感知，并相应地调整自己的行为。换句话说，规范规定的是在某一特定情境下什么是正确的，然后以此支配人们的行为。

然而有时，那些看似有益或者植根于高尚目标的规范却具有毁灭性的作用。前面我们所说的医疗保健部门的那个例子印证了这一点。该部门里最自豪的一条规范就是决策要达成一致。但是，鉴于通常只有那些具有高度奉献精神和积极的团队成员才能达成共识，而该部门的领导却把共识作为拖延甚至是阻止决策的方法，尤其是那些会带来重大变革的决策。

在那个死气沉沉的保险公司的案例中，作为一个新的领导者，珍妮特没有认识到团队的情感现实，也没有遵守潜规则，这才导致了灾难性的后果。她低估了团队的力量：当有了长期的集体习惯和共同的信念时，人们之间就会产生强大的凝聚力。

珍妮特受命把现有这个部门转变为先进单位，初来之时也是怀揣梦想、雄心勃勃，密切关注着需要做出调整变动的地方。她采用的是传统的命令式领导风格，审视部门上下，找出那些有领导风范的人（其实这些人像她一样），拉拢他们，然后开始清理门户——裁掉那些缺乏能力或权力的员工。当她的新下属反对她的策略时，珍妮特并没有为此担忧；相反，她却认为高层人员会看到调整变动的需要并且采纳她的愿景，否则就应该辞职走人。

珍妮特所忽视的这些正是大家不言而喻但又威力强大的潜规则，这些潜规则早在她来之前很久就已支配这个部门。而这些潜规则中最为重要的就是团队成员间的高度忠诚，他们引以为傲的是即使是在困难时期成员也会互相关心、照顾。他们也有自己处理争端的方式，以确保将受伤害的人数降至最少。而珍妮特对待员工的粗暴方式，违反了这个团队核心的文化规范。团队成员发现他们的指导原则——合作、友爱、互敬互重，受到了抨击，因而他们也奋起反击。几个月后，这些员工因共同的愤慨而聚集到一起，关键成员决定公开与珍妮特争夺领导权，而其他一些人则选择离开——这才导致部门最终走向解体。

珍妮特的例子就是领导者所犯的最大错误之一：忽视团队基本规

则的现实和团队的集体情绪，并且认为凭领导者一人之力足以引导所有员工的行为。然而，这一错误在生活中屡见不鲜：一位领导者刚到达一个新的岗位——通常是需要转机之时，忽视了团队规范的力量，并且佯装人们的情感或情绪无关紧要。领导者采用了命令式和标杆式的强势风格组合，而非可以建立共鸣的领导风格。最终的结果是造成一种不利和难以控制的困境。

显然，前面例子中的领导者缺乏致力于团体现实和提升团队协作水平与效率的情商。另一方面，领导者如果能敏锐洞察团队的核心规范，并且能最大化地激发团队积极情绪，那么就可以创建高情商的团队。

凯斯西储大学魏德海管理学院教授凡尼沙·杜鲁斯凯特（Vanessa Druskat）和曼利斯特学院管理学系教授史蒂芬·沃尔夫（Steven Wolff）的研究表明：集体情商是区分高效团队和一般团队的标准。他们认为，团体情商决定了团队的能力，它通过培养“信任、团队共识和团队效率”最大化团队的协作能力和工作效率，最终管理团队的情绪。[7]简而言之，情商可以产生积极而强有力的情感现实。

最大化提升团队情商

毫不奇怪，团体情商所需的能力与具有情商的个人所表现出来的能力相同：自我意识、自我管理、社会意识和人际关系管理。然而不同的是，团体情感能力与个人以及作为一个整体的团队都息息相关。[8]团队也有自己的情感和需要，并且以集体的形式表现出来——回想一下最近一次你开会迟到，一进入会议室就能感觉到紧张的气氛。虽然没有任何的言语，但你可以觉察出刚才肯定产生了某种冲突。整个团队都很紧张，斗争的氛围一触即发。你也知道现在这个一体的团队需要采取一些行动回归正轨，否则事态将急剧恶化。这就是我们所说的团队情感和需要。

与个人一样，实际上团队中每项情感能力都在相互作用，形成一个统一体。换句话说，当团队成员开始练习自我意识时，就会注意到团队的情感和需要，他们也会倾向于产生同理心。表现出来的这种同理心会使团队创建和维持一种积极乐观的规范，使其更加高效地管理团队与外部世界的关系。从团队层面而言，社会意识——尤其是同理心，是团队与组织的其他部分建立和维持良好关系的基础。

团队自我意识

一家工程公司的管理团队把周例会安排在公司外的某个地方召开。会议即将开始时，团队的一位成员跑了进来，喃喃自语地抱怨开会的时间和地点太不方便了。团队领导注意到他情绪很低落，就让大家注意这位成员所做出的牺牲，并为此向他表示了感谢。而这句感谢的效果就是：平息怨气。

团队通过关注个人的情感以及团队共同情感来表现自己的自我意识。换句话说，在一个有自我意识的团队中，成员应该对个人和整个团队的情感倾向十分敏感。它们相互之间存在一种共鸣，并且有相应的规范支持人们的警觉，促进相互间的理解。所以团队领导者的姿态看似简单，但往往就是这种看似细微却精明的举动，比那些华而不实的行为更能减少团队的不和谐因素并恢复共鸣。

由于情感具有传染性，所以团队成员会从其他人那里获得情感暗示，当然这些情感既有积极的，也有消极的。如果团队无法意识到员工的气愤，那么这种情绪可能会产生一系列的负面影响。从另一方面来讲，假设团队认识到并积极有效地面对这些情感，那么一个人的沮丧感就不会席卷整个团队。

工程公司管理团队开会时的小插曲体现了团队自我意识和同理心近乎完美的结合，这也形成了团队的自我管理。同时，这也说明了领导者是如何在行为上起到表率作用的。例子中的领导者通过同理心认识到了成员的情感现实，并且使其得到团队的关注。这种关怀成员的态度建立起信任感和归属感，而这些都强调了成员的共同使命：我们同舟共济。

团队的自我意识可能意味着创建一些规范，比如听取每位成员的观点，当然也包括势单力孤的反对者的意见，然后再做出决定。或者它也可能意味着，当了解工作任务后有位队员感觉不适，这时你能意识到并主动给予支持。

天普大学的苏珊·惠伦（Susan Wheelan）和克利夫兰完形学院的弗兰·约翰斯顿（Fran Johnston）在他们的团队研究中指出，通常是情商高的团队成员——而不仅仅是领导者，能够指出潜在的问题，从而提升这个团队的自我意识，[9] 正如朗讯科技公司的战略规划研讨会那样。

会议的一切都在预料之中进行着。经理像往常一样询问“挑战性目标”，设定明年的营业额。团队以惯常的虚张之势回应道：“两倍！”“只要下定决心，一切皆有可能！”但是，拉美地区的现任副总裁迈克尔·德夏贝尔斯（Michel Deschapelles）备感失望。他知道团队这种人人皆知的虚张声势长期以来掩盖了低效的目标设定模式——这倒是有助于解释部门增长缓慢的现象，同时也反映了人们倾向于躲在模糊的目标之后以避免承担责任。

他决定挑战一下自己的队员，他问道：“大家说的是真的吗？那我们今年就实现400%的增长！对，就把这作为我们的目标！”你可以想象得到队员们脸上的表情：他们认为这家伙一定是疯了。一度的惊慌使得所有团队成员不知所措。但几分钟后，大家又开始大笑：德夏贝尔斯是让他们都摊牌，并且把团队空洞的虚张声势的潜规则摆到台面上来。

他的这次挑战引发了一场关于团队如何用毫无意义的浮夸之语来掩藏他们的业绩表现的讨论，可谓是开诚布公、畅快淋漓。不久，团队就开始更加务实地交流一些可测的目标，并且脚踏实地去实现它们，携手负责团队表现。事实证明，这对公司绩效而言是至关重要的一刻，它明确并落实每个成员的责任。第二个财务年度的财务结果首次证明了团队在公司中的价值：他们为公司创造了超过9亿美元的营业额。

德夏贝尔斯的行为激发了集体意识——意识到团队正在做什么以及为何如此做。[10] 这种团队层面的自我意识激发出一种关于做什么以及如何去做的决策能力，而非盲目地跟随低效的规范或者受团队成员（或领导者）情绪变化的摆布。

团队自我管理

卡里·彻内斯（Carry Cherniss）是一个著名研究小组的主席，他将自我意识放在首要和中心位置，并且让团队成员负责管理他们自己的合作。在为期一天的会议之始，他把一天的议程安排都发给大家——其中附带着流程规范单，简要概括了团队应该如何执行这个议程表。下面是这个例子。

卡里以及每位团队成员应承担的责任：

- 如果跑题了应该提醒大家回到正题上；
- 促进团队信息输入；
- 对进程提出问题（比如，要求团队明确方向，总结讨论的问题以确保大家理解一致）；
- 运用良好的倾听技巧：建立在正在进行的讨论基础之上，或者是意识到大家都想改变话题的明显信号，并且询问是否可以转换话题。

这些来自世界各地的团队成员表示，这些会议是他们所参加的最专注、最有成效和最愉快的会议。

这个例子为我们提供了一个很好的案例，告诉我们高情商领导者的团队是如何学会进行自我管理的。当然，彻内斯应该知道自己在做什么——毕竟，他是罗格斯大学组织情商研究联盟的领导者。但彻内斯所传达的流程规范本身来讲都很平常。不同寻常的是，彻内斯确保自己会提醒团队规范合作——明确规范使每个成员都能依此行事。

这也引出了团队自我管理至关重要的一点：只有团队不断实践，这些积极的规范才会持久发挥作用。彻内斯的团队不断使情商互动的潜力最大化，提升团队的工作效率，同时给每位成员带来积极的感受。如此明确的规范也有助于新成员快速适应并融入团队：从某点来说，这个团队的规模扩大了一倍，但由于人们知道如何紧密配合，所以团队可以顺利运转。

当成员清楚了团队核心的价值观和规范后，领导者甚至无须亲临现场指导团队开展有效的工作——这对那些数以千计的与分布在世界各地的虚拟团队和成员共事的管理者来说尤为重要。在拥有自我意识和自我管理能力的团队之中，成员会自己灌输并强化共同的规范，并且共同遵守它们。例如，在一个研究实验室里，没有人会记得研发小组会议上是谁最先提出了大家应该遵守的规范。当有人提出创新的观点时，下一个发言的人必须担任“天使代言人”的角色，给予前者大力的支持。这样，这个微弱的观点生存的前景才会更乐观，并且使它避开那些不可避免的批评。“天使代言人”规范有两个重要的意义：它有利于保护新的观点，它也使人们在提出创造性思维时感觉良好。这样，人们会变得越来越具有创新性，团队的共鸣也会不断增强。

因此，团队的自我管理是每位成员的责任。这需要一个强大的、高情商领导者掌控团队练习自我管理，尤其是那些不太适应主动处理情绪和习惯的团队。然而，当核心价值观和团队总体任务明确之时，当自我管理规范明了并且不断实践之后，团队的工作效率就会迅速提高，团队成员的体验也是如此。成为团队的一员本身就使人获益匪浅——而那些积极的情绪也会为团队目标的实现提供能量和动力。

团队同理心

一家制造业工厂的团队知道，它的成功很大一部分要感谢维修团队给他们的设备提供的最高待遇权。因此生产团队提名维修团队“季度团队奖”，并且写信帮助他们获得此奖。这种完美的关系同时也帮助生产团队保持工厂最佳生产团队之一的纪录。

效果显而易见：通过帮助激发维修团队的团队自豪感，生产团队在组织的两部分之间营造出了一种友好关系以及一种帮助对方成功的意愿。生产团队运用自己的技能尽力去理解另一个团队以及两个团队互相影响，由此营造出一种互利互惠的关系。最终，双方所获得的成功都比依靠个人团队所获得的要大。

那么，具有高情商的团队也就意味着它是一个具有同理心的团队，因为同理心是处理所有人际关系技巧的基础。它能识别组织内部（和外界）那些对团队成功有益的关键部门，同时不断采取行动与这些部门建立良好的工作关系。但是，从团队层面上来讲，同理心并不仅仅是待人友善。它意味着团队要清楚整个系统真正需要的是什么，然后以一种大家都受益并且满意的方式来实现。[11] 生产团队积极主动的姿态在两个层面上发挥了作用：它在两个团队之间建立了共鸣感；

当它被评为最佳生产团队时，它的光环同时也照耀到了维修团队的身上，表明维修团队的工作非常出色认真。

跨越组织范围的同理心，比如团队之间的同理心，可以强有力地推动组织的效益和效率。而且，这种同理心不仅可以在团队内创造积极的情感氛围，还可以在整个组织内创造一种健康的情感环境。

发现团队的情感现实

领导者如果想要建立一个高情商的团队，可以先帮助团队提高集体的自我意识。前面的一些例子早已印证了领导者真正的工作是：观察团队的情感基调，帮助团队成员认识到任何潜在的不和谐因素。因为一个团队只有在直面情感现实时，才会意识到需要改变。通过承认团队共同的情感，就像“我不喜欢这儿的感觉”一样简单，团队在改变的过程中才算是迈出了关键的第一步。

通过听取团队发生的一切，一个领导者可以帮助团队改变。这意味着领导者不仅要观察团队成员的言行举止，还要了解他们的感受。然后，一旦领导者帮助团队找到致使团队效率低下的原因，团队就可以采取新的做事方式以提高工作效率。

了解团队情感现实的方法形式多样。例如，一家金融服务企业的副总告诉我们：“我总是先了解团队成员是如何看待问题的，而非我自己的观点。我会问自己，‘他出什么事情了？为什么做事会如此糟糕？他在害怕什么或是在为什么事情生气？或者，什么使她如此激动？又是什么给她带来了安全感和幸福感？’”

通过塑造和鼓励团队内部关键性的能力，即自我意识，这位副总使她的部门成为人才中心。此外，因为拥有同理心和关注他人而非个人需求这样的团队规范，部门才能够站在高于个人的位置将公司作为一个整体，确定其需要解决的领导和管理方面的问题。最终，该部门的方案和提议都大获全胜，其中还包括业界首屈一指的管理评估中心。

制定基本规则

与其他人相比，领导者有权建立规范，使团队和谐和合作达到最大化，以确保成员都能发挥所长为团队贡献力量。领导者通过推动团队建立更高的情感基调，采用积极的形象、乐观的诠释，建立有共鸣的规范和领导风格，尤其是愿景式、民主式、亲和式和辅导式领导（更多领导风格请参见第四章），最终完成工作。

比如，领导者能以自己的实际行动为成员树立榜样，或者积极支持那些建设团队情感能力的成员。领导者可以在会前开展简短的预热谈话，以确保那些心扉紧闭的人能表达自己的感受，并使他们得到慰藉。正如宾夕法尼亚大学的肯文·史密斯教授（Kenwyn Smith）和耶鲁大学的大卫·贝尔格教授（David Berg）在研究中指出的一样，团队中的这些情感对领导者而言是至关重要的信号，即“解决面临的问题而非回避”，简化问题而非任其郁积。[12] 再比如，领导者可以给那些行为粗鲁的成员打电话，讨论问题的症结所在，或者领导者可以主动询问那些对某一决议有看法但又保持沉默的人。

制定正确的基本规则需要领导者具有很高的情商和直觉决断力，而非惯例。优秀的领导者会注意团队中发生的一切，并依此采取行动。微妙的信息，比如在集体讨论会上小声提醒某人不要反驳他人的观点，也会起到很大的作用。在这样的领导之下，随着时间的推移，团队就会自然而然地形成如何相互合作的积极共识。

另一位高管则注重把团队当作一个整体。由于意识到团队在生命周期的不同阶段表现也不尽相同，这位高管就为成员提供一些方式来谈论新团队中存在的问题。[13] 当要成立一个项目团队时，她通常会让成员谈论个人优点以及他们所能做出的贡献。微妙的是，她正在诱导团队成员意识到团队情感现实的两个方面：内部动态（人员的流入流出）和成员的角色（谁做什么以及为何如此做）。她和团队创始成员一起建立起来的开放性关系有助于创造良好的规范，而这些规范也会有助于团队日后处理一些不可避免的冲突。

领导者发现团队情感现实的另一个方法是观察重要信号。例如，在近期两家欧洲制药巨头合并期间，一位经理就很轻易地了解到了部门集体情感的变化：监测停车场的汽车数量。

首次宣布合并案时，这位管理者注意到停车场总是满满的，许多车甚至停至深夜。她知道员工正加倍努力，因为他们正在为合并所带来的潜在机会而兴奋不已。然而，合并过程不断变化、一拖再拖，经理发现停车场的车越来越少。显然，许多人最初的激情和奉献精神正在减退，而他们的忧虑则在不断增加。

但是，那些日复一日依然在停车场出现的车又是怎么回事？显然即使是在低迷的状态下，有些人仍然在努力工作并保持乐观。我们发现这个部门里虽然许多人的动力源于自身，或者是对工作本身的奉献精神，比如科研技术人员，或者是因为他们善于管理个人情感，但多数人能免于躁动并度过变革过程，还是因为有高效的领导者。这些高情商领导者使他们的团队投身于合并案之中，尽可能多地为他们提供信息，让他们可以掌握自己的命运。他们会留意成员的情感，承认这些情感很重要，并且为成员提供表达情感的机会。

比如，一位研发部经理很早就意识到，一位深受爱戴的领导离开公司后团队的士气越来越低。他并没有忽视这个问题（虽然他无法改变这一状况），而是分别与成员谈论他们的悲伤和担忧。这种个人的关注使他将成员团结在一起，重新将精力投放到处理合并带来的更多积极的变化上。另一位经理则举行了“团队解散”仪式。他并不是在新岗位宣布后简单地给成员重新洗牌，而是不时将原有的团队聚在一起，庆祝过往、缅怀一个时代的结束，并且畅谈未来的希望。

这些管理者都是成功的案例，他们能够管理个人情感及团队的集体情感，这样成员就可以用最少的情感能量解读或应对各种变化。通过时时留心团队的情感基调，领导者可以捕捉积极的能量，同时为负面情感寻找建设性的发泄途径。

提升团队的情商

一家中等规模企业的首席执行官要求我们与他们管理团队中的三位成员一起工作，这三个人一直不善于合作。首席执行官认为简单地做些团队建设工作就可以让他们回到正轨，可我们决定收集更多的信息。在与团队成员的辅导谈话中，我们暗自寻找与领导者影响力有关的主题，以及团队的情感现实和规范。通过情感能力问卷，我们初步了解了团队的情商状况，同时评估了管理风格和管理层对企业大气候的影响。[14] 我们的发现令这位首席执行官惊讶不已。的确，团队合作不佳，但它所需的并非是团队建设。我们对团队的访谈结果和 360 度意见反馈图表明，这些潜在的问题需要采取完全不同的解决方案。

不足为奇，某些成员确实存在一些问题。比如，有一位成员的自我意识非常差，他完全没有意识到大家对他交际风格的暗示。开会时，他总是表达一些非常强硬的个人观点，而且没有意识到他这种攻击性的方式给大家留下了怎样的印象。当人们试图让他了解这些问题时，他的身体语言传达出来的消息却是“不想听”。

另一位成员最近刚刚从位于世界另一端的工厂回来，不太理解企业中心的组织政治，并且像他的反主流文化行为一样疏远同事和下属。让同事（和他自己）更加困惑的是，至少在人际交往方面他具有同理心和建立人际关系的能力，可他就是无法理解团队的情感现实，总是无法与大家保持步调一致。

多数情况下，这些问题和其他一些人际交往问题都是团队建设的重中之重。然而，当我们进一步深入了解时，我们发现真正的问题在于低效的规范和团队的消极情感基调。关于他们的团队历程，不管是个人还是整个团队都非常缺乏自我意识：他们无法管理好个人或整个团队的情感，而是把大量的时间和精力耗费在了管理团队消极情感上。实际上，作为团队的一员反而令人感觉不太良好，因此成员也会刻意地避免合作。

部分根本问题在于那些响应首席执行官的标杆式领导风格而建立的无效规范。首席执行官迫切追求业绩，而又缺乏同理心，使得团队形成了一种失调的内部竞争环境。同时，这位领导还自认为每个人都清楚他的愿景和策略，但我们的数据表明情况并非如此：团队成员之所以无法齐心协力合作，正是因为他们不确定企业的大方向是什么。

显然，现有的团队建设无法帮助行政委员会解决问题。团队情商的不足导致了无效的互动交流，只有认识到这一点，团队才能明确什么才是真正需要改变的。同样重要的是，团队要意识到为了改变整个团队，每位成员都应承诺做出相应的个人改变。有了准确的信息，我们就可以为团队和每位成员设定改变的方案。

对团队的初次印象表明，实施解决方案前详细了解一种环境下的情感现实是非常重要的。了解情感现实的一部分就是揭示团队或组织中某些根深蒂固的习惯，这些习惯可以驾驭人们的行为。通常，这些习惯对于他们而言毫无理由可言，但人们仍旧以此行事，并且把它们看作“这就是我们这儿的做事方式”。高情商领导者会寻找迹象，揭示这些习惯和支持他们工作的体制是否运转良好。通过探索发现团队不良习惯，领导者可以制定更有效的规范。

前面关于管理团队的低效规范和不良情感现实的案例，表明组织急需做出更大的变革——在下一章中我们将进行详细的剖析。将高管团队成员召集在一起，开诚布公地谈谈哪些运转良好，哪些又无法工作，这也是建立一个更具共鸣感的团队所需的关键性的第一步。这样的谈话可以让他们了解现实：组织真正需要的是什么，人们实际上又在做什么。

问题是这些谈话非常刺耳，许多领导者都害怕开展这样的对话——害怕涉及最根本层面上的事情。很多时候，当人们可以开诚布公地讨论某事时，由于不确定自己掌控情感的能力，领导者往往会选择一些安全的话题，比如团队成员职能范围的合作以及战略实施计划。虽然这些相对安全的谈话可以为下一步关于团队自身、组织和员工的讨论做好铺垫，但多数团队都会在策略和职能定位层面上适可而止。他们发现想要坦诚相向、剖析团队的情感现实和规范并非易事。而这也会引起团队的不和谐——毕竟，当规范异常、情感氛围失效时，每个人都能察觉到。领导这样规避问题，实际上是在将问题扩大化。然而，打破这一屏障需要很大的勇气，也需要高情商领导者的引导。

这种高层的变革进程有三大益处。第一，实事求是，坦诚地评估企业文化和领导力的行为和情感，使其具有全新的、健全的合理性。

第二，致力于这一变革活动，会形成新的习惯：当员工看到领导者追求真相、敢于大声分享梦想、以礼待人时，他们也会效仿这种行为。第三，当高层开始寻求真相时，其他人也会更愿意冒险一试。

正如我们在本章中看到的，如果团队的规范束缚了员工的手脚，领导者就无法使团队产生共鸣感。只有承担领导者主要的工作，考虑员工的情感和团队的情感现实，领导者才能改变团队的规范。当规范延伸至整个企业文化中时，在组织层面上这一真理会变得更加显而易见。毕竟，即使是最勇敢的人也会发现，想要冲破整个体系是非常困难的。那么，建设新的领导力的下一步就是考虑更大组织的现实和理想状况。

第十章

从现实到理想愿景：打造团队的活力与生命力

多年以来，肖尼连锁餐厅的高层形成了一个关系密切的管理团队，大家互相了解，拥有共同的历史和信仰，并且善于管理企业。然而问题是，企业高层任人唯亲的现象屡见不鲜。真正意义上来说，这就是个白人男性高管的校友关系网，这种伙伴系统有其潜在的文化，并且将有色人种拒之门外。

然而，1992 年，一切都发生了变化，两万名员工和被拒的求职者对公司发起了集体诉讼，起诉公司具有雇用歧视和升职歧视，并要求其赔偿 1.32 亿美元。自那时起，肖尼餐厅新的领导骨干就开始有意地转变企业文化，同时发起了一项决定性的活动，为符合条件的有色人种提供更多的机会。[1] 短短 10 年的时间，肖尼餐厅就从一个校友俱乐部发展成了《财富》杂志“雇用少数族裔的 50 强企业”之一。

当然，所有的变化都不是一蹴而就的。这一过程始于一个关于企业不和谐文化的无可辩驳的警钟（即上述的诉讼案）。此后，新上任的领导者都必须确立一个理想愿景，指导企业未来的雇用决策。最后，在实现持久的变化之前，作为一个整体信奉这一愿景，并且在情感上与之相适应。

肖尼公司的领导者接受了现实，并且领导企业走向了一个完全不同的未来。他们知道，就像对团队而言一样，确定组织的情感现实和规范是改变过程的起始。当确定了企业的情感现实和习惯——大家合作些什么以及如何合作，领导者就可以大幅转向企业情商建设。

真正的区别在于，个人情感能力的要素可以直接转化到团队层面，而组织则更复杂，因此所定目标也应更广泛：在各个层面上广泛深入地培养情商领导力，建立系统的规范和文化，以支撑真理、透明度、正直、同理心和良好的人际关系。在这种转变中，领导者应当起表率作用，敢于接受现实，深入了解组织的情感现实，同时让其他员工参与到关乎他们未来的令人信服的企业愿景之中。当企业各个层面都形成了这种情商领导力，而领导者也敢于面对现实时，企业通常也会有所改善。

当领导者充耳不闻时

第一步，即揭示真理和组织的现实，这是领导者的根本任务。然而，许多领导者都忽视了真理，这也使得他们成为“首席执行官病”的牺牲者，成为与员工脱离而又格格不入的领导者。即使是在最好的状态下，这些领导者似乎也没有时间开展重要的谈话，无法与员工建立亲和、辅导的关系，导致无法深入探讨企业内部哪些机制运转良好、哪些不起作用。他们缺乏与组织的员工之间的实际接触，也无法感知组织的现状，生活在空气稀薄的高空之中使他们脱离了日常工作中隐含的情感现实。

那些采用强硬的命令式和标杆式风格的领导者则更加不友善，他们也通常会阻止员工实话实说。这些领导者要么没有真才实学，要么不敢承认组织的现实状况。他们更乐于相信一切安好，然而实际上这也形成了这样一种文化：没有人敢于说那些可能激怒领导者的事，尤其是坏消息。这种沉默终将使领导者付出沉重的代价。

美国的医院每年约有 10 万人死于一些常规的医疗失误，例如，医生开错了处方，或者是拿错了输液的药瓶。通常，只要多数医疗机构能认可命令和控制型文化，并做出改变，这些失误就可以避免。[2] 一家负责解决这类问题的医学学会特别工作组的医生告诉我们：“医院的文化环境是，护士要是敢纠正医生的错误，比如告诉医生病人的处方上多写了许多零，那么她可就危险了。如果医学上能采用航空制造业的错误零容忍规范，那么我们就可以大幅减少医疗失误。”

当然，并没有人告诉护士，对医生提出质疑可能会激怒他们。这些关于企业文化的经验教训，都是人们在工作环境的点滴中暗暗总结出来的。想要建立一种支持零容忍的医院文化，就意味着要建立诸如医疗领域可接受范围外更高层次的系统检查和交叉检查的规范。这也可能意味着挑战等级文化所鼓励的、广泛应用的标杆式和命令式领导风格，同时也可能意味着，正如那位医生所提倡的，使“护士可以安然地告诉医生他犯错了”。

有害的组织

当领导者采用不和谐的领导方式时，其文化必然会产生有害因素。那么在一家缺乏情商的组织中工作，又做何感想呢？我们认识的一位管理者曾讲述了她的遭遇，一家有害组织最终导致她身体不适，并且感觉自己好像失去了能力、自信和创造力。其原因自然是显而易见的：标杆式领导依靠威胁和高压政策来完成工作。

虽然企业负有公共服务和教育这样明确的使命，但这位领导者关心的只是眼前利益。企业基本上没竞争对手，所以领导者认为在质量上偷工减料也不会导致客源流失。糟糕的是，他还曾公开表示不在意员工福利。他的口头禅是“录用他们并将其燃烧殆尽”。更糟的是，他不懂得尊重他人，简直就是个恶棍。典型的例子就是，有一天，一位基层员工告诉大家，当然也包括这位领导者，当天是她的生日，并且给大家带了蛋糕。当每个人都微笑着祝她生日快乐时，这位领导者竟然大声对旁边的一位经理嚷道：“搞什么？你就不能让你的员工好好工作吗？”然后转向那位员工，上下打量一眼，说道：“就你这身材，根本不需要补充什么蛋糕的热量。”

那位领导者消极的风格巩固了一系列极具破坏性的文化规范。例如，作为工作的一部分，员工得学会耍两面派，让客户觉得他们自己是精英，有高度的特权，这个公司提供的是世界上最优质的（价值不菲的）服务。而实际上，这些客户不过是普通人罢了，公司提供的服务也平平。员工的强颜欢笑勉强能掩饰他们的紧张——当顾客意识到自己获得的服务不过如此时，会变得越来越苛刻。此外，一些高层人士被要求参加会议，而实际上他们不过是“友情客串”，因为他们并不喜欢与这家公司共事——这也使员工（员工需要他们，离不开他们）和客户（客户们想要与他们共事）备感沮丧。员工被要求保持这些幻想，而由于无法将幻想与现实相调和，许多员工觉得他们的日常工作毫无意义，工作的热情也一点点消耗殆尽。

公司这些破坏性的习惯营造出一种文化，即受到有害的态度、规则和政策的影响，人们不再质问做事的方式和缘由，只是一天天蒙混度日、敷衍了事。因为这家有害组织的领导者阻止在体制上改善这些潜在的文化，所以任何改变都是不可能的。现如今，这家公司的名声在业内已大幅下滑，人员流失率也达到了历史新高。

改变从何而起

这个不幸的故事并不意味着有害企业无法改变。恰恰相反：当高情商领导者积极质疑团队日常活动和行为背后的情感现实和文化规范时，改变也就开始了。为了创造共鸣感和业绩，领导者需要关注隐藏的方面：组织中员工的情感、情感现实暗流以及凝聚组织的文化。

在我们辅导的一家大型研究性医院中，这一课上得很艰辛，但领导层也确实学习并且成功地转变了组织文化。

这家医院微缩了 20 世纪 90 年代美国医疗保健领域的许多弊病：患者对医疗质量的要求越来越高，而保险公司和政府机构要求降低成本，各方需求之间产生了冲突。结果，地方社区声称医院无法满足大家的需求，医院的生意也都流向了其他的医疗机构。领导层的解决方案是，制订一个 5 年计划，全面检查医院的领导和管理体制。他们采用了复杂的软件管理财政数据。此外，医院还将一些工作外包给其他更加擅长此项工作的机构。他们调动员工，并着眼于提高工作效率。

但医院的领导团队忘记了变革的主要基础是关注情感现实和文化，[3] 同时他们也忽视了员工对变革过程的感受。变革是由上层开始的——合理的目标、明确的指令和符合逻辑的变革过程。但他们忽视了情感方面的力量：不到两年的时间，医院状况急剧恶化，濒临破产，引以为傲的新体制效果微乎其微，而人员流失率却成倍上涨。

对医院的领导层而言，我们的工作是帮助他们认识医院内部的不和谐因素，并且意识到这种不和谐的代价就是这次变革所有的努力都付之一炬。渐渐的，通过动态问询过程，领导者开始想方设法让员工讨论医院机制是否起作用，并让他们畅谈自己的感受。出乎意料的是，领导者发现，员工认为医院的文化或领导者不会支持真正的变革、冒险和学习。

例如，当人们被要求以新方式做事时，他们接受的少量培训往往被认为是过时、不相关的。实际上，因为培训在组织中历来不受重视，所以参加新的培训项目时员工会感到很沮丧，也因此无法学习新的做事方式。此外，员工认为变革过程会受到根深蒂固的文化习惯的阻碍。例如，员工间的互相敌对通常会发展成粗鲁无礼的行为，让人觉得自己被扇了一记耳光，并且处于防守的不利状态。空气中充斥着诽谤、宿怨以及小冲突，这种不和谐会慢慢破坏任何积极的变革计划。

通过让员工加入发现现实这一过程，医院的领导层迈出了正确的一步。他们承认，员工的感情至关重要，医院的文化本身可能也需要改变，他们为员工提供场所来探讨如何去做。于是，医院形势好转，情感基调也变得更加积极。随着谈话的继续开展，管理团队投身于做出重要的改革，员工也开始在创造新的文化中承担属于各自的责任。渐渐的，员工对于改革过程也变得更加积极：对医院愿景产生了共鸣，工作也充满热情，新政会议的出席率和参与率明显提高，医院的氛围也变得非常轻松。换句话说，医院的文化和情感现实得到了改善，促进了积极的能量而非阻力，培养了共鸣感而非不和谐因素。现在，医院已得到重塑：医院体制得以精简，人员流动率下降，患者满意度提高，改革过程中建立的基于共鸣感的规范仍在促进员工的奉献精神，使他们精力充沛、做事灵活。领导层的情商转变之前，这家医院是印证“企业潜在的文化是如何扼杀最完美的计划”的典型例子。如果文化规范不支持热忱的行动、创新或共鸣，那么领导者将会发现在这场改革中，他们举步维艰。

但是，组织不和谐因素中最不幸的方面可能就是它对员工造成的影响：随着热情的逐渐消退，他们失去了自身最优秀的品质。在这些企业中，我们看到的是虚张声势、轻率的服从和公开的愤恨，而非卓越和自信。员工日复一日地按时上班，至少肉体上是这样，但他们的心和灵魂在他处。

一个组织如何转变，从一个阻止人们以最好的自我形象出现的地方转变成一个让人精力充沛、目标明确、充满活力的工作场所？这种变革需要巨大的飞跃：从对现实的彻底了解到深入结合员工的理想愿景，即作为个人以及作为组织一分子的理想。然而，有时为了创造共鸣感，领导者首先要做的就是克服组织自身潜在的惰性。那么，该如何去做呢？领导者又如何以一种激励而非破坏性的方式来揭示组织的情感现实并播下梦想的种子呢？

动态问询

许多大型企业都有适当的方法系统地评估员工的态度、价值观和信念，这些都是情感现实的另一种体现。这些方法本身非常有用，但问题是调查只能监测调查本身想要评估的东西，而这些调查几乎不涉及组织内部隐秘的情感和复杂的规范这些更加微妙的层面。这种盲区可能会导致调查只是简单地评估了人们想要知道的事，而不是不想知道的事。即使调查能监测到一些有问题的文化和领导方式，也需要集中力量和勇气才能解决这些问题。而通常我们看到的是，这种揭示性的调查，其结局往往是被搁置一旁。

有一种方法叫动态问询，是由安妮·麦基（Annie McKee）和麻省理工学院的塞西莉亚·麦克迈琳（Cecilia McMillen）发明的，是抵消多数调查的“找到你想寻找的”效应的一种有效方式，同时也使领导者致力于解决那些阻碍他们的潜在文化。[4] 这种探索的方式揭露了企业的情感现实，即人们在关心什么，是什么帮助他们、团队和组织获得成功，又是什么使他们停滞不前。通过这种探索组织现实的方法，人们形成了共同的语言，探讨组织现状和他们所希望看到的——他们组织的理想愿景。

动态问询包括有重点的谈话和开放式问题，旨在了解人们的情感。这似乎有点偏离业务问题，可能会让领导者大吃一惊，但只有当人们谈论个人情感时，才会揭示企业文化问题的根源以及他们灵感的真正来源。而且，当人们展开真实的谈话，讨论自己对企业的感受时，他们往往倾向于高度认可企业的现状。正如麦克迈琳所说：“人们开始描绘企业的灵魂了。”他们形成一种共同语言，捕捉那些影响人们日常工作的力量和他们未来希望的真相。

从这些最初的谈话起（通常是与正式或非正式的各级领导者，或者有见解的人），主题变得越来越明显，此外与态度调查或更传统的谈话方式中的主题相比，这些谈话更有意义，也更有针对性。当在小的团队内开展这些主题时，往往会激发大家对这种现实的热烈讨论。也许更重要的是，文化问题的探讨、企业的情感现实以及在这里工作的感受，通常会使人们对这种问题、梦想和从现实走向理想的过程产生主人翁意识。此外，不仅仅要关注组织内的错误，也要关注正确的事情，这样人们才会支持变革的愿景，并且看到变革过程中个人的理想和贡献是如何适应企业的宏伟蓝图的。

一旦人们加入这种文化和梦想的公开谈话，想要停止就难了。与调查或一次性的愿景谈话不同，动态问询的谈话本身就充满动力。基于情感和现实而建立的共同语言是变革的强大驱动力。这种共同的语言会增加凝聚力和共鸣感，产生的动力也会促使人们将言语转化为实际行动。他们会觉得受到了鼓舞和支持，也愿意一起努力解决集体的麻烦。这也正是陈朗成为亚洲一家非政府组织的最高领导者后发生的事情。

寻找工作中的精神：陈朗和亚洲非政府组织

试想一下：你的公司拥有 220 名员工，而客户群则高达 1.5 亿。不必说，这样的企业需要一个强大的行政管理团队来支持它的运转。这也正是陈朗接管某国际非政府组织亚洲分部时遇到的挑战。

虽然这家非政府组织的使命是改善世界各地妇女和儿童的健康状况，这也鼓舞并激发了新员工的工作热情，但陈朗注意到，通常日常的实际工作会将他们最初的热情都消磨殆尽，所有的激情和创造力似乎都消失了。陈朗认为人们的协作方式和指导他们日常工作的机制才是真正的罪魁祸首。实际上，组织的使命似乎被淹没在各种繁杂的规定之中。

部分原因是行政管理方面冗员多，尽管资助机构和政府对它的要求和指责不断增加，这家非政府组织的工作节奏仍旧非常缓慢，服务质量也平平。当需要做出改变时，似乎什么也没发生。人们表现出来的是慵懒的自满感，以及“为了生活而工作”的态度（这是许多大型非政府组织中的通病），似乎能力与成功之间并没有太大的关联。如何做好本职工作的标准也含糊不清，组织似乎失去了自我评估的能力；大家只是循规蹈矩，没有谁会在意员工的优缺点。并且，在这样一家主要致力于妇女援助的机构中，女员工却寥寥无几，担任要职的则更是少之又少。

此外，非政府组织内部的员工与实际提供服务的人是分离的，所有成功的荣誉也都属于那些直接提供服务的人。即使是紧急状况有需要时，双方也都安于现状，不愿做出任何改变。

这种环境的最终结果是，非政府组织的许多核心价值观，比如同情心和诚实正直，会因误解和陈旧的政策变得模糊不清。陈朗很清楚，总体上员工觉得缺乏凝聚力，曾经因为志同道合而自然形成的共鸣感也在不断减少。陈朗所面临的挑战也正是所有领导者都需要面对的：找出组织内部哪些机制运转良好，哪些不起作用，并领导员工解决问题。但领导者如何应对一种机制的惰性呢？又如何增强企业自我评估和自我监测的能力，以及在复杂环境中正常运转的能力？简而言之，就是领导者应如何运用企业改革的“炼金术”？

陈朗所遵循的原则非常简单。她采用动态问询的方式，以一种包容的态度让员工参与到寻找个人和组织现实的活动中。围绕员工对工作和梦想的激情，她将员工团结在一起：大家认为她很有远见卓识，也都愿意跟随她。她实现了自己希望的变革，并成为模范。最后，她又实施了新的机制，以支持新的习惯和做事方式。最后一步——变革机制，对于支撑整个改革来说至关重要。正如合益集团的露丝·雅各布斯（Ruth Jacobs）指出的，建立人力资源管理实践，培养情商——比如招聘和绩效管理，是保持企业共鸣感和健康情感氛围的关键。[5]

高情商领导者明白自己的首要任务是了解企业现状，与企业的关键人物一起找到问题的所在。他们会把组织看作一个整体，运用参与的方式让员工发自内心地发掘组织的现状，同时在谈话中了解员工个人和集体对未来的期望。像陈朗一样，领导者要让员工认识到组织最好的方面，同时也要了解它的缺点，并且帮助他们创造关于现状的共同语言，让员工为了未来共同的愿景一起努力奋斗。

关键性的转变：从不和谐到理想愿景

一旦发现了文化现实，建设高情商组织的下一阶段就是为企业确定一个理想愿景，而这个愿景应该与员工个人的希望和理想保持一致。从一个高情商的地方开始，并且模仿这种行为，这样领导者就可以帮助员工选定团队愿景。如果企业员工拥有共同的愿景，那企业又该是怎样的景象？想想卢卡斯电影公司，它的总部位于美国加利福尼亚州马丁郡，是制片人乔治·卢卡斯（George Lucas）创办的多家创意媒体公司的母公司。

当你见到戈登·拉德利（Gordon Radley），卢卡斯电影公司的总裁时，首先吸引你目光的是他颧骨上的哈希小文身。这些文身表示拉德利是马拉维某个部落的一员。20 世纪 60 年代末，他曾以美国和平队志愿者的身份在那里生活了两年。30 年后，他仍与马拉维部落的朋友们保持着联系，甚至出资为他们的板条小屋修建铁皮屋顶，或帮助他们做些小生意。在谈到近期回访马拉维时，拉德利说："它与我们知道的任何外部世界都不同，但相同的是那里也是个紧密相连的和谐小世界。"他还说："到了那里之后，我才知道自己多么热爱那里的人民。成为部落的一员总会有些特殊的意义。"

同样，归属于某个特别群体、一起居住在某个独特的小世界所带来的集体感，会营造出人们喜欢的工作场所。作为领导者，拉德利的责任之一就是培育并维持卢卡斯电影公司的企业文化。在乔治·卢卡斯创造并拥有的帝国中，卢卡斯电影公司是传奇的工业光魔特效公司和一系列创意媒体公司的母公司，这些媒体公司散布于各个领域，从电子游戏到剧院的音响系统领域都有它们的身影。

对于拉德利而言，最好的企业文化无异于是他在和平队感受到的部落情感。他说他的任务是："如何创造这种部落情感？这件事情并不简单，因为情感是不易察觉、稍纵即逝的，你刚注意到它，它就消失不见了。然而我们又想证实，我们所做的事情以及对其的感受同样重要。"

产生这种情感的方法之一就是，创造大家一起度过的非凡时刻和共同经历，并使其成为大家共有神话的一部分。"几年前，公司遇到了些困难。"拉德利回忆道，"所以我召开了一次公司会议。这是前所未有的，我们把每个人都聚集到了一起，为此我们不得不在当地社区中心的礼堂召开会议。按照惯例，会议开始时我做了20分钟的报告，主要是关于财务业绩、企业财报之类的事情。然后我突然拉开幕布，台上站的是百老汇破铜烂铁打击乐队的表演者们。这完全出乎了大家的意料。"

整整两个小时的时间，所有的人都震撼不已，乐队的表演完全是自发、协调、没有语言却具冲击力的表演。乐队的巧妙编排表明，用扫帚、水桶、拖把和搋子这些再普通不过的工具，一个人也可以创造一种节奏，同时让其他人加入其中，以精彩而富有创意的方式诠释美妙的音乐。这就是团队共鸣力量的无言颂歌。

“那是个令人震惊的时刻，”拉德利说，“不用一句话就可以把大家团结在一起。我之所以这么做是希望把大家聚在一起，共同为比我们自己更大的团体工作，创造一种特殊的感觉。我们希望创造一种大家能相互同情理解的文化。就像和平队一样：我们互相为对方服务。一种伟大的企业文化应该包含同理心——这有望成为大家共同的价值观。领导者做这些有象征意义的琐碎小事，并且希望这些能为组织奠定良好的情感基调。”

那个时刻印证了拉德利所说的“游击队发展”模式，即企业文化的微塑造。但是，团队文化的脆弱性意味着这种塑造不能是被迫的。正如拉德利所说：“领导者摆好了桌子，希望大家能坐下来。”

例如，早期召开企业会议时，拉德利不得不与他的高管团队一起摆放椅子，围成一个大圆圈。“这些座位本身就传达了部落情感，”他回忆说，“我们让每个人都自我介绍，讲述自己成长的地方。介绍完后，每个人都产生了这样一种感觉——我们来自五湖四海，此时此刻聚在这里，成为这个团队的一分子。”

当然，如果不能与日复一日的工作现实相符，这种短暂的美好时刻的意义也不大。作为一家公司，卢卡斯电影公司以“理想的工作场所”而著称，在旧金山港湾区竞争激烈的雇用环境中，这种美誉使公司具有了吸引并留住人才的优势。在《财富》《职业妇女》这些杂志的“最佳工作场所”榜单上为数不多的公司中，就有多家卢卡斯电影公司的子公司上榜。

组织“部落感”的程度可以很好地预示理想愿景的确定情况和大

家因共同目的团结的情况。但是，领导者是如何帮助组织发掘一个理想愿景的？首先他们从仔细审视自己出发，了解他们的个人理想和他们对所领导的组织的理想愿景。

找到自己的灵感

与可产生共鸣感的愿景相联系应该从内部开始，正如联合利华的联席董事长安东尼·伯格曼斯（Antony Burgmans）所言："当我们推出新的发展战略时，我意识到自己的感觉并不好：总是缺少了什么东西。我知道我们需要重新审视这些计划。我相信自己的感觉，你要学会倾听内心的声音。因此，我开始寻找这种不安的根源。我们做的事情都是正确的：重点突出的新战略、股东的支持、新的组织结构以及适当的人选。但总感觉有什么地方出错了，似乎缺失了关键部分。我所看到的是，虽然我们的变革策略很好，愿景也鼓舞人心，但联合利华真正需要的变革是一种新的文化、一种新的领导思维模式以及新的行为习惯。"

奈尔·菲茨杰拉德（Niall FitzGerald）是这次变革计划的联席董事长和合作发起人，他表示："我们知道前进的方向，并且非常明确。组织的各个部门都已到位，但感觉就像是站在大峡谷的边缘一样。你知道自己要到另一边去，也知道在这之前首先得一跃而起，然后建造一座大桥。你有种不祥的预感，内心深处非常不安，但愿景的激励一直在召唤你去建那座桥，并跳过去。我很重视这种感觉，尤其是那种还没发生就能让你觉察到有些事情不对劲的感觉。这些感觉很重要，对一个领导者而言，它们可以让我明白我们需要做什么。在联合利华，我们所需要搭建的桥梁与人有关：我们需要发掘人们的激情，需要让他们以全新的方式了解他们的工作，需要他们发展截然不同的领导行为。”

菲茨杰拉德和伯格曼斯的自我反省为企业整顿提供了全新的方法，整顿首先从改变联合利华高层管理者的思维方式开始。现在，联合利华处于深层变革期间，但与其他许多变革努力不同的是，企业上下都非常清楚现在所做的事情以及这样做的原因。人们知道自己是变革的一部分，自己也需要改变。在财务和组织策略方面，他们总能提前完成任务。而以上的种种都是因为两位领导者善于倾听企业内部的声音。

为了与这种可以使文化产生共鸣感的愿景相联系，高情商领导者首先应该关注内在的东西，即他们对组织的想法和感觉是什么。他们就像高度敏感的仪器，与企业的理想愿景和使命联系在一起，他们知道理想与现实之间的差距。这并不是直觉，而是用情商去观察和解读与现状有关的微妙的线索，它为领导者提供了一种超越公司其他数据之上的洞察力。

如果领导者养成习惯，定期静心反思，那么开发这种洞察力就简单多了。了解潜意识的智慧就像试图从深井抽水一样：在这种情况下，应该定期抽时间进行反思，这样可以确保水泵一直处于工作状态。通常这种睿智会出现在半夜，我们称之为子时，此时夜深人静，事情就开始萦绕于脑中。这种时段的安静反思，可以为领导者提供解决恼人问题的方法："什么事情使我烦恼不安、无法释怀，即使在家里也是如此？什么事情混乱不堪、模棱两可或者是令人恼羞成怒？我的工作热情、动力和意义何在？我真正的信仰又是什么？"

通过观察焦虑和热情的来源，同时考虑个人理想，领导者就可以确定组织文化、首要使命和愿景以及领导力（也包括领导者个人的）需要在哪些方面改革。只有自己清楚员工为何会留在组织中，而不是仅仅把它当作一份工作而已，领导者才能建立那种人们可以看见、感知的共鸣型愿景。

为了创建企业愿景，高情商领导者需要超越只关注企业愿景的现状，转而吸取员工的集体智慧。领导者与组织员工一起并肩作战，共同创建的愿景将有助于增加团队的凝聚力、鼓舞士气。如果想要让大家参与到对个人与组织的深入研究中，首先要着眼于现实和理想愿景，共同建立组织的共鸣感以及持续性的变革。

认真考虑下述案例，看领导者是如何将自己的组织团结在一个共同的现实愿景之下的。

协调，而非简单地组合

• 凯奇·达迪赛斯（Keki Dadiseth）担任印度利华有限公司董事长之日，正值印度商业环境变化多端之时。一段时间内公司的管理实践和结果非常成功，管理水平处于行业前沿，但公司仍需要摆脱那些在新环境下被视为官僚、封闭及缺乏透明度的文化。实际行动几乎与取得的业绩一样，经常被大肆渲染，文化规范支持严格的层级制度，而非全面的权力下放。因此，想要提高办事效率非常困难。尽管企业的管理发展进程不错，但缺乏透明度，因而大家都很质疑公司的晋升和表彰制度。

凯奇·达迪赛斯接受了这次挑战：为了树立典范，他总是以身作则。他会塑造自己想要的变化，让大家都参与到创建新愿景和新现实的过程之中。他的理念是离心领导力，即公司的重心并不仅仅是董事长，每个人都是获得成功的重心所在。一年之内，公司的文化发生了变化，公司内部也变得开放、互相信任，同时企业权力也得以下放。一如既往，印度利华有限公司仍是联合利华公司赢利最多、受到高度重视的公司之一。

• 联合国儿童基金会儿童免疫力项目在印度发挥着重要作用，但其卫生主任莫妮卡·夏尔马（Monica Sharma）认为项目本身需要打一剂强心针。虽然该项目鼓励员工与贫困村庄儿童免疫力卫生队紧密合作，但组织内 400 名员工中的多数——包括文员、会计以及管理人员，并没有接触到这些鼓舞人心的工作，因而也不会受到鼓舞。莫妮卡打算把工作一线的激励感带到后勤工作室中，因此她制订了一个计划，鼓励所有的办公室员工定期抽出时间，到提高儿童免疫力的地区中去，实际参与现场工作。办公室的最高领导者渡边瑛美（Eimi Watanabe）领头，她的两个副手托马斯·麦克德莫克（Thomas McDermott）和卢卡斯·亨德拉塔（Lukas Hendratta）都在这次成功中发挥了很大的作用，因为大家都完全支持并鼓励她的这一举措。最终，员工亲身体验了支撑他们工作的使命和理想，为了一个更加统一的目的而凝聚在一起。

- 20 世纪 90 年代，美国宾夕法尼亚大学实施了重大的重组，虽然这项工作很有必要，却使许多员工痛苦不已。直到变革结束，多数人仍觉得自己与这座常春藤大学有着某种特殊的联系，认为自己会在此奉献终身。但随着角色和责任的急剧转变，他们失去了多年以来的满足感和安全感。多数人都感到很沮丧，觉得失去了自己曾经的形象。为了使变革议程正常进行，校长朱迪斯·罗丹（Judith Rodin）和执行副校长约翰·弗莱（John Fry）希望建立更广泛的激励议程，并且这种激励可以为整个团体共享。就是这个词“团体”使他们开展了一项工作，旨在创建共鸣感，让校内外人士致力于一个共同的愿景。

领导者经常说，希望他们的员工能与公司的战略保持一致。但“一致”这个词意味着建立一种机制，使大家指向同一目标，就像磁场中分子极性的排列一样。但事实并非如此简单。战略，用企业目标这样干巴巴的语言表达，主要是传达给了理性的新大脑皮层。战略性愿景（以及与之相应的计划）通常都是线性的、有限的，忽略了奉献精神建设所必需的意志和热情。

正如上述案例所印证的，要想使大家真正接受变革需要协调一致，即与促进人们情感和智力的共鸣感保持一致。问题是如何使大家接受你的愿景和商业战略，并激起大家的工作热情。高情商领导者知道，这种协调需要的并非只是让大家意识到战略本身这么简单。它需要的是直接触及人们的情感中心。

协调，并非单纯地保持一致，为组织愿景提供激励的热情。当这种协调性生效时，人们会感觉到来自集体的鼓舞，感觉到自己对工作的热情。使大家协调一致的愿景，可以创建共鸣感，可以使组织保持和谐，建立大家集体合作的能力。

与任何战略性计划相比，一个有说服力的愿景可以产生强大的力量，将大家更加紧密地团结在一起。人与商业计划共同决定成败。成功取决于组织内员工的关注点、他们的所作所为以及他们的协作方式。

沃伦·本尼斯（Warren Bennis），是南加州大学的教授兼知名领导力专家，他将协调性称为“通过愿景管理关注力”（他认为这是领导者的基本职责），就像利用团队理想凝聚大家的力量一样。[6] 当组织面对重大的运作方式变革，以及最初成就组织的愿景变得陈腐、需要注入新鲜活力时，协调就显得尤为重要。

增强协调性，需要让大家深入地参与整个过程，了解组织的情感现实与人们对组织的理想愿景——其中包括他们在组织内的个人交际的愿景，它们之间存在的差距。

然而，领导者还必须再迈出一步，让组织中的员工负责整个变革进程。这正是上述案例中领导者所做的事情。让我们进一步深入了解这些案例，看看领导者是如何协调企业形成一个共同愿景，并带来持久变革的。

成就你想要的变革：凯奇·达迪赛斯和印度利华有限公司

凯奇·达迪赛斯是印度利华有限公司的新任董事长，他接手公司时正值印度商业环境处于深度变革之际。印度利华有限公司拥有丰富的优质管理和企业发展经验，是业界公认的最佳典范。

虽然印度利华有限公司得到了业界的尊重，取得了很大的成就，但达迪赛斯很快就意识到了问题，在印度现在自由化的商业环境下，公司需要迅速变革，摆脱那些在新环境中被认为是官僚、缺乏透明度的根深蒂固的文化。

为了摆脱这种顽固的文化，并使企业符合他的愿景，达迪赛斯知道它所需要的并不单单是讨论、新政策甚至培训。他需要按自己预想的行为，始终以身作则。办公室里一幅精装的日本版画成了他的座右铭："一人之智，不如众人之智。"一开始，他采用了亲和式领导风格，再辅以恰当的民主式风格，这种方式的组合在公司里并不多见。他放弃了自己的日程安排表，采用开放的政策，从不拒绝员工与他谈话。在人们说话时，他总是认真地倾听。他会征求员工的意见，并把他们的观点加入正进行的决议中。他打破了传统的等级制度，与员工一起在食堂用餐。他会以个人身份与员工接触，他知道谁的儿子生病了，谁的女儿在学校获奖了。他知道谁真正关心自己的工作，并会公开给予赞扬。当遇到困难时，他会鼓励并支持员工提出自己的解决方案。他将决策权下放，尽可能地下放至整个公司。通常，他会呼吁大家深入了解自己，发现对公司有益的事情，并将其付诸行动。

虽然最初达迪赛斯这种新的领导风格被质疑，但很快大家就明白这并非做作之举：这是真实的。他是如此平易近人、直率坦诚，任何人都无须为了接近他而耍心机。他待人真诚，做事也非常人性化，这些积极的因素产生的效果就是，大家能够相互信任、相互尊重。更重要的是，这种效果得以延展：其他领导者开始看到员工致力于团队奉献的价值。员工开始效仿达迪赛斯的姿态，文化规范渐渐走向开放和互惠。自上而下管理的思维定式被打破了：人们不再把时间浪费在那些不必要的猜忌上，工作效率也提高了。

一段时间后，人们开始互相支持、同甘共苦，公司的合作精神得以提高。突然间，承担责任也变得不那么可怕了，创新也更加简单。从工厂工人到高级经理，任何观点都可以在公司畅通无阻地传递，工作效率和公司效益得以提升。

虽然公司拥有了强大、开放的人际关系，达迪赛斯仍然很关注他的目标：提高公司的绩效。正如他所言，“舒适的人际关系会带来不适的问责制”，他认为人际关系不可太过于舒适。因此，虽然他呼吁公司的领导者，要像重视业务一样，重视与员工的关系，他也坚持一种新的责任制：对公司、对彼此以及对他们的个人价值。

最终，事情进展得越来越快，也更加顺利。虽然参与的人数更多了，但以前需要耗费几周才能做出的决议现在只需几小时甚至几分钟而已。大家对决议的奉献提高了，一部分是因为参与度提高了，还因为人们更加信任他们的领导者。现在他们发现想要逃避或是责怪他人变得更加困难了。他们的关系建立在更多的信任和了解上，领导者也开始承担更多责任。

不到一年的时间，通过实施一系列的行为准则，公司的业绩显著提高，战略落实的速度和效率明显提升，公司里几乎每个人都有发展议程表，并全面落实每一步。凯奇·达迪赛斯也身体力行，起到了带头作用。他和他的团队想创建一个全新的企业，他践行了所需的准则：透明、包容、诚实、严谨以及绩效，准确诚实地评估企业的运转，实施绩效奖惩制。为了实施改革，必要时达迪赛斯会运用自己强有力的身份象征，帮助大家理解并践行新的问责标准。总之，他改变了公司的基本准则，建立了新的公司愿景，创建了共鸣感。

纵观此次公司改革，凯奇·达迪赛斯遵循了一些有助于改革的基本规则。

- 把大家的注意力集中在一些潜在的问题上，创建共同基础，并且了解哪些地方需要改变以及其原因。通过阐明问题，揭露人们认为理所当然的潜藏习惯，公司的真实现状变得清晰可见，并且成为改革的动力。明晰现状，大家才能开诚布公地谈论企业的运转状况，为大家在展望未来的同时提供共同的基石。

- 专注于理想愿景，同时结合能够创建共鸣感的领导风格，让人们畅谈他们对未来的希望，并培养大家对公司的奉献精神。人们的个人目标与意义非凡的愿景结合在一起，会使寻找实现愿景的方法更加安全。

- 将言语转化为行动。首先应该从领导者开始。将大家团结在一个理想周围，将言语转化为行动，树立新行为的典范——这就是领导者的职责。

联合国儿童基金会的莫妮卡·夏尔马对此就有很好的理解。

践行使命：莫妮卡·夏尔马和联合国儿童基金会

1989年，莫妮卡·夏尔马担任联合国儿童基金会驻印度卫生部主任，负责免疫项目，她知道组织工作的重要性。这里有太多的孩子死于一些常见的、可预防的儿童疾病，比如麻疹，而这些都是不必要的死亡，该项目的目标就是改变这种可悲的事实。[7]但项目初期，她感觉到有些事情一直困扰着她：400位员工中多数人觉得他们与组织的使命和鼓舞人心的工作相距甚远，虽然他们日复一日地支撑着这些工作。这是因为大部分员工都在主办公室里工作，没有机会像卫生队那样感受组织的目标，卫生队的工作正是为各个村庄的孩子进行免疫接种。

莫妮卡提出了一个很好的建议，可以在真正意义上将大家团结在一个共同使命上，那就是将员工的情感与他们的工作相连，联系他们在组织中的个人理想愿景。“我制订了一项计划，可以让所有人都参与到项目的实地工作中去。”莫妮卡告诉我们，她劝说基金会的高管层，希望他们允许她将400多位办公人员派到各个村庄的免疫门诊体验工作。高管层很支持她的计划。渡边瑛美代表和她的两个副手托马斯·麦克德莫克、卢卡斯·亨德拉塔意识到，尤其是在大型组织中，如果即将产生创新和变革，他们应该支持那些推动者。而他们也确实做到了。

员工可以看到——多数人都是第一次，他们真正的工作是怎样的。他们负责把孩子们聚到一起，然后带他们去诊所：他们近距离地接触了卫生队的工作。第一次，他们能感受到日常工作中潜藏的真情实感：激动与希望，以及孩子母亲们的质疑与担忧，她们害怕那些注射器，也为孩子担忧。渐渐的，这些总部的办公人员明白了自己在拯救这些孩子的生命中所扮演的角色，即使是那些繁琐或日常的工作也是至关重要的。

联合国儿童基金会一位司机的故事就是个典型的例子。过去他认为自己的工作就是简单地把卫生队从一个地方送到另一个地方，他从来没有在真正意义上和那些村民接触过。而他在村里的诊所待了一段时间之后，一切都发生了变化。在等待接队员的时候，他开始对发生的事情感兴趣。他开始与工作人员和村里的母亲交谈。他看到了孩子和母亲的担忧与恐惧，看到母亲安慰孩子时有多困难。

依靠自己的力量，这位司机开始把母亲们聚到他的车前，他告诉她们为何免疫接种如此重要，安慰她们副作用并不可怕，并且建议她们如何安抚孩子。他建立了自己的微型讨论会，为诊所的成功做出了很大的贡献。他即兴的临时工作使父母变得更加平静，也了解更多的情况，同时诊所的工作也更方便、更高效。此外，他还提高了医疗队的医生和护士对办公室人员贡献的认识度。同时更明显的是，这位司机也更加热爱自己的工作。

对工作的热忱使他发生了很大的变化。有一天，他把某小队的工作人员送到村庄，结果几小时过去了，疫苗却迟迟没送到。如果是在过去，他可能只是无奈地耸耸肩，然后再把小队送回去。毕竟，运送疫苗并不是他的工作，他也没必要非得加班挽救局面。然而，现在他能理解如果没有接种到需要的疫苗，这些母亲和孩子会有多失望。他开车去了远处更大的一个村庄，几个小时后把疫苗带回来了。

这位司机就是在践行新的文化规范：参与其中，有所贡献，并践行使命。通过让所有员工都接受并拥护他们的使命，莫妮卡·夏尔马营造了一种共鸣感，它的影响比任何简单的改革计划都更持久。莫妮卡的愿景式领导风格，可以帮助员工看到他们的贡献——无论是在办公室里的幕后工作还是在外奔波，是如何影响孩子们的健康的。她意识到，为了让员工了解他们的努力的意义所在，他们应该看到自己工作的成果，并且了解他们的工作是如何践行自己的信仰的。

同时，如果改革仅止步于此，那么这些一次性的实地探访可能很快就会被大家遗忘。但莫妮卡知道，为了把这些鼓舞人心的时刻转化为团结大家的新方法，转化为影响力更加持久的新文化规范，员工还有很多工作要做。他们需要共同讨论各自的经历，分享感受以及收获，相互讲述那些能够定义组织新文化的故事。

为此，莫妮卡在周末举办开放式聚会，员工可以聚到一起分享各自的经历。当他们开始讨论遇到的问题并寻求建议时，莫妮卡就会采用辅导式领导风格，树立相互交流的典范，大家开始学会互相帮助。这些聚会充满了欢声笑语、鼓励和友爱。人们参与其中，并受到了鼓舞，对彼此的合作也非常满意。

即使是多年以后，现在在印度工作的许多人员还记得莫妮卡转折性的倡议，也许这是他们工作生涯中最鼓舞人心的事情了。更重要的是莫妮卡对他们的信任，虽然他们没有接受相关培训，她依然相信他们可以到各个地区帮忙。这种信任使许多人——比如那位司机，都超越了自己的个人期望。他们记得莫妮卡总是平易近人，在整个改革进程中一直给予他们支持。

当然，莫妮卡很清楚自己所做的事情：她把人们团结在体现儿童基金会价值的使命周围，为他们提供具体有形的方式来实现愿景。通过了解他们的情感，建立他们对工作意义的人性化需求，莫妮卡帮助他们调整对这个更大使命的价值观和贡献。这就是正在运行中的共鸣式领导力：激发大家的工作热情，并让他们与可实现的愿景相联系。作为领导者，莫妮卡·夏尔马出色地完成了自己的首要任务。

但当组织所需要的整顿远远不止态度问题，还包括工作方式上的深刻改革时，又该怎么办？在这种改革之中，对某个愿景的共鸣感有时可以团结员工，舒缓疲劳，使员工专注工作，保持积极乐观的态度。宾夕法尼亚大学20世纪90年代时面临的一场危机印证了这一点。

适应社区：朱迪斯·罗丹、约翰·弗莱和宾夕法尼亚大学

20世纪90年代中后期，美国宾夕法尼亚大学经历了一次重大的重组改革，员工的角色完全发生了改变，这动摇了许多人多年的自豪与满足感，他们看似安全、有保障的未来消失了。人们害怕失去

工作，同样重要的还有，他们觉得在这所常春藤大学工作是一种“特权”，失去这种昔日的形象令他们沮丧不已。尽管这次重组对学校的未来非常重要，但改革本身让员工充满恐惧、闷闷无语。[8]

校长朱迪斯·罗丹和执行副校长约翰·弗莱意识到，他们需要做些事情来调动员工的积极性，确保改革议程能顺利进行。因此他们转向了一个更为广泛的激励议程——转向学校以外的社区，使员工全心全意投入工作，并致力于一个共同的愿景。

他们采取的第一步就是，宣布为外部社区服务是宾夕法尼亚大学的责任，而非只是从社区获取。这是宾夕法尼亚大学和其附近的西费城社区多年来都不曾听到过的立场。实际上，这所大学与城镇曾经历过一段关系紧张时期：何时何地发展建设学校，谁来保持清洁安全的环境，谁负责处理上升的犯罪率，双方都曾为了这些问题而争执不休。

罗丹和弗莱的愿景并不只是豪言壮语，它是具体可行的。他们与市政官员、学校教师和校长、警察以及房地产专业人士一起，建设起灯火通明的新街道和公园，提高当地学校的教学质量，同时使居民获得资金重建家园。他们提出了约束性的计划，鼓励宾大教授和员工搬到学校附近居住，而他们则开发新的宾馆、零售商店以及服务，同时吸引居民和游客前来消费。他们还着手了一项有雄心的计划，雇用当地居民，在建设项目和其他业务往来上与位于西费城的少数民族企业和女性所有企业开展合作。

随着新战略实施给宾夕法尼亚大学员工带来的利益的突显，员工对改革进程中的合作也充满力量和激情。谁能拒绝与邻里建立友好的关系？谁又能拒绝新的公园和其他基础设施，拒绝犯罪率的大幅下降，拒绝迷人的房屋改造，拒绝在创造性融资帮助下搬到一个充满活力、令人兴奋的城区的机会？推动战略实施的价值观——城市改造和致力于建设充满活力的多元化社区，本身就很具吸引力，回报率也很高，使员工再次觉得作为宾夕法尼亚大学的一分子是值得骄傲的事情。

这次大举搬迁对西费城的影响非常显著，从现在的城市面貌和功能就可以看出。但它对宾夕法尼亚大学的影响也同样令人印象深刻。通过让学校里的员工参与到西费城议案中，罗丹和弗莱也可以调动大家参与其他更困难的事情。员工开始意识到，他们的领导者的确相信改革进程的核心价值观，他们开始相信自己可以很好地完成更艰巨的内部改革议程。最终，罗丹和弗莱创建了一种共鸣感，让大家对这个战略充满希望，因为它与他们的个人价值观相符。这使得改革愿景的意义非凡，同时也可持续进行下去。

打造高情商企业

虽然只有近期的研究才开始表明，情商对于组织的成功是多么重要，它在工作中非常重要却不是一个新概念。确实，工作场所中的情商和共鸣感也许可以借鉴古人原始群居的组织原则：那些 50—100 人不等的群体，因共同的纽带生活在一片土地上，他们的生存依赖于紧密合作和相互理解。

从某种程度上说，在远古平原上生活的狩猎采集群体与印度利华有限公司、联合国儿童基金会或者宾夕法尼亚大学的团队没什么太大的差别。在任何拥有共鸣的人类群体中，人们在相互接触与和谐相处中寻找意义所在。在最好的组织中，人们共享“他们是谁”这样一个愿景，共享一种特殊的共鸣感。他们有很好的适应、理解与被理解的感受，同时还有在他人面前的幸福感。

高情商领导者的责任是创建这种共鸣型组织。这些领导者让员工参与到发现个人与组织现实的过程中：他们意识到组织的现状，并且帮助员工区别哪些是有害的，建立组织的优势。与此同时，他们把员工团结在一个可实现的理想之下，并在此过程中建立和展示员工合作的新方式。他们建立了共鸣，并确保通过管理组织起伏的人际关系和工作体制，使这种共鸣可以持续存在。

通过对组织的研究与合作，我们提出了一些约束性的规则，这些规则可以帮助企业建立一种具有共鸣感、高情商的效率型文化。研究有三大发现：发现情感现实，使理想形象化、具象化，保持情商。在下面的部分中，我们将详细探讨每一个发现。

发现情感现实

- 尊重团队价值和组织一体性。愿景是会改变的，但随着愿景的改变，领导者需要确保神圣核心——每个人都视其为至高无上的——完好无损。第一个挑战：从他人角度而非单单是个人角度，了解什么是真正的神圣核心。第二个挑战：看清哪些必须改变，即使它很受重视，也要让其他人看到这一点。如果核心的信念、思维方式或文化真的需要改变，人们应该主动推动改革。这是无法强迫进行的，所以当人们参与到这种改革进程中时，需要有强大的个人动力——这种动力最好来自于希望和梦想，而非恐惧。采用愿景式风格的领导者，可以通过尊重周围人的情感和信仰，同时坚定不移地展示实现梦想所带来的益处，最终对这一进程产生积极的影响。

• 退步为向前。我们认识的一位标靶射击教练对他的学生们说："如果是在战斗中，一定要有最快的速度，否则可能会丧命。"建立共鸣感和高情商组织亦是如此——鸟枪式的改革方法并不起什么作用。组织缺乏的是放慢速度，让大家参与到组织体制和文化的探讨中，这是至关重要的。动态问询这种方式需要的是支持、辅导式的方法和民主式风格：领导者必须认真听取员工对组织文化和情感现实的观点。辅导式风格（领导者认真倾听个人观点）和民主式风格（在团队对话中建立共识）可以确保员工参与改革，增加他们对工作的奉献精神。高情商领导者依赖这些领导风格，因为它们可以放慢速度，让领导者准确、强烈地感受到员工成功所需要的支持。

• 从高层开始采取自下而上的策略。高层领导者必须致力于面对组织情感现实的现状，同时围绕某个理想愿景建立共鸣感。但是，这些是远远不够的：采取自下而上的策略非常必要，因为只有当每个人都接受了改革后才能建立共鸣感。这就意味着组织内正式的、非正式的领导者都要参与到谈话中，探讨组织的运转状况，以及如果组织运转朝良好的方向发展该是多么鼓舞人心。抽出时间讨论这些事情绝对是一种强有力的干预，这会促使人们去思考、探讨，并且指明道路。一旦建立了兴奋感和支持，由言语转化为行动的可能性也就会增加，这种热情会产生动力。但行动也需要指导：理想、集体价值观以及新的合作方式。透明的目标、公开的改革进程、多数人的参与以及新行为规范，都为共鸣感的建立提供了一种自上而下、自下而上的推动力。

将理想可视化、具象化

• 关注内心。为了绘制与他人可以产生共鸣的愿景，领导者需要集中注意力，首先了解个人以及他人的情感。事实本身——比如，商界正在发生什么事情，无法提供足够的信息来建立一个触动人心、意义深刻的愿景。要做到这一点，领导者需要从情感层面上看待事情，再绘制有意义的愿景，并且可以从个人层面上得到大家的认可。

• 不要整齐划一，要协调。一个有说服力的愿景，需要触动大家的内心。人们需要看到、感觉到并触摸到组织的价值观和愿景，才能使这些抽象的东西具有意义。把大家团结在一个有意义的愿景之下，本质上就具有一种完整性：人们需要感觉到，在无须放弃个人理想、信仰和价值观的同时，似乎就可以实现组织的理想。

• 以人为本，战略次之。采用共鸣风格的领导者会制定规范，从而支持员工树立奉献精神、提高参与度、建立对愿景的积极追求以及健康高效的工作关系。通过关注人们真正想要的和所需的东西，有意建立一种支持组织健康发展的文化，他们可以建立一种联系。当领导者以人为本时，就会建立情感纽带，而这种情感纽带则会产生共鸣感——人们会与领导者同甘共苦、并肩作战。共鸣感可以编织一种无形而强有力的纽带，这种纽带是基于大家的工作信念和相互间的信任而存在的。为了实现这一点，人们需要围绕工作进行实时的联系——并不仅仅是通过网络。他们需要谈笑风生、分享故事，也许还会建立共同的梦想。

保持情商

• 将愿景转化为行动。领导者应该抓住每一次机会，展示组织的愿景是什么样的、感觉如何以及人们现在和将来如何实践它。领导者把自己作为发现和改革的工具，亲身参与改革，不达目的绝不放弃。从理论上而言，对于每一次交流、每一个决定，领导者都应始终按照个人的价值观和预想的组织价值观行事。领导者通过辅导式、愿景式、民主式的风格领导人们，并且尊重周围的人。他们呼吁其他人践行个人价值和组织的使命。

• 想要把愿景转化为行动，除了主要领导者的姿态以外，还有一些其他的必要措施：改革组织的结构和职位设置，改变人际关系规范，为了符合愿景而重塑体制和绩效期望，使人们的工作更好地契合组织的使命。

• 建立维持情商实践的制度。员工很重要，但制度、规则和程序也同样重要。这些政策和程序（实际上具有强制性）或正确的领导行为，规定了哪些是可行的、哪些不可行，是规范行为的强大驱动力。具体而言，为了维持组织的情商实践，这些规则、规定和人力资源管理实践都应该与追寻的结果完全保持一致。实际上，当绩效管理系统和奖励制度无法得到认可时，寻求高情商领导者也是毫无意义的，因此，如果必要的话，领导者应该改变规则以巩固愿景。

• 管理领导力神话。神话和传说禁得起每天单调乏味的工作所带来的变化莫测和改革所带来的剧变。如果适当的神话——也就是说，那些支持情商和共鸣感的东西，出现在恰当的时机，那么，即使是在逆境中，也更容易保持一种积极的情感氛围。领导者对组织的整体情感有着巨大的影响，他们通常是组织故事的核心。管理办公室里的神话、传奇和象征可以有力地推动改革的进程。通过运用自己角色的象征性权力来塑造情商，领导者甚至可以通过一些小的手势和动作来创造一种新的、积极的神话。

建立高情商组织归根结底是领导者的责任。领导者帮助组织确认现实，包括阻碍组织发展的文化规范，然后探求可能的理想愿景，帮助组织成员发现自己在愿景中所扮演的角色。领导者把他们团结在同一愿景之下，然后带领他们采取行动，实施改革。

高情商领导者采用产生共鸣感的领导风格，并建立规范，营造健康、高效的工作关系（而非采用产生恐惧和怀疑的风格），将会释放一种强大的力量：组织实践商业战略的集体力量。高情商领导者采取积极正面的态度建设组织：他们绘制了一个令人充满热情的愿景，建立了鼓舞人心、根深蒂固的组织使命，他们知道如何让人们感觉自己的工作富有意义。

第十一章

领导情商：可持续性变革的力量

领导者如何在组织中创造一种可持续的共鸣感？这是一个挑战，但如果可以确保企业整个结构中都存在高情商领导，那么这也是可以实现的。归根结底，如果组织创建共鸣需要高情商领导，那么这样的领导者越多，变革也就越强大。

在任何的大型组织中都存在共鸣与不和谐，这是很正常的事情。我们认为，共鸣与不和谐的整体比例决定了组织的情感氛围，并且直接关系到它的运行状况。而将这种比例转向正确方向的关键是，培养一批可以创建高情商团队的领导者。

然而，从本质上而言，组织并不愿意鼓励新的学习。[1] 实际上，那些想要灌输广泛改革思想的领导者，首先要意识到的是他们正面临着这样一个悖论：组织是在日常工作和现状的基础上发展起来的。为了使工作处于最小阻力和压力状态下，组织的专业人士会选择依顺现有的体制。因此，当今企业大部分人员都很久没有挑战自我，去学习一些完全不同的东西。

发展一种新的领导风格通常意味着，要从根本上改变人们的合作方式。然而，即使是在最乐观的情况下，试图在组织中引入新的学习方式这种悖论仍使其成为一项艰巨的工作，而不是仅仅在课堂上完成的任务。可悲的是，多数的高管培训教育和领导力发展的投入远远达不到这一标准，这不仅是因为他们的做事方式，也是因为他们没做的工作。如果领导者只关注人，而不考虑情感现实和文化的力量，那么即使是最佳的发展进程——那些基于探索五个发现的进程，也无法帮助组织实现改革。

思考下面部分中所陈述的情况，领导者的初衷是好的，但组织范围内学习的结果是浪费大量的时间和精力，也仅仅是几个人改变而已。

当领导情商提升出现问题时

一家泛太平洋银行的首席执行官希望他的600名高管参与一项领导力培训计划，此前他自己曾与一位情感能力培训师共事，他通过了一项360度的反馈过程，而后极大地改变了自己的领导风格。他指示人力资源负责人为他的高管制订一项计划，这样他们就可以获得相似的发展机会。但是当人力资源部张贴计划公告后，报名的人寥寥无几。而参加的也仅是几个好奇、勇敢的人，而非那些可能从中受益最多的高管。

问题在于，这项计划看上去似乎与组织的员工毫不相关。就组织文化而言，大家都认为培训是浪费时间，去工厂培训当然也没有什么优越性。为了确保使学习看上去真的很重要，企业可以采取的一个重要途径就是，使其成为最高领导者亲自推动的一项命令。为了获得成功，领导力培养应该成为企业的战略重点，并且成为由行政委员会或理事会以最高的水平激励和管理的事情。

这也正是这家泛太平洋银行首席执行官所忽视的地方。实际上，这种培训和反馈明显改变了他的领导风格，而当看到大家对这种培训似乎不太感兴趣时，他感到非常诧异。他曾是一位强硬而专注的标杆式风格的领导者，现在他拓展了自己的领导技能，变得更加亲和、富有远见，也更像一位教练。他开始亲自为下属设计培训课程，要求员工向他汇报他们生活中的重要事情。印证他转变的一个例子就是，当他听说一位员工的丈夫突然病重时，他暂停了正在进行中的一个项目会议，并把她送回家，以前这种人性、友善的简单举动从未在他身上出现过。

即使是如此，他在银行提供的这项领导力培训计划的参加人数依然很少，因为与高管层们的整体议程相比，大家认为这也没那么重要。这位首席执行官的确经历了一个转变过程，但对于转变过程，他并没有说过什么。当然，人们看到了他的变化，却没有人了解他的学习经历，即他的培训、意见反馈和他的培养计划。因此，这个新的领导力培养计划仅仅是公司人力资源课程表上的一个产品而已。这位首席执行官通过人力资源培训总监传达了这一计划，实际上在无意中也传达了一个信息，那就是这个计划并不是很重要。

为了实现领导力发展，高层管理人员需要展示来自高层人士的参与。不幸的是，我们所看到的多数公司，正如在这家泛太平洋银行看到的一样，却是与此背道而驰的：领导力培训通常成为人力资源部门的工作。多数情况下，尽管人力资源部的员工拥有技术专长，也为这一战略付出了很多，但他们自身并无法推动行为或文化上的重大变革。即使最专业的人力资源员工也承认自身处境艰难，因为人们认为他们的工作与日常的管理问题毫无关系。尽管这种评价可能有失公允，但它表明了组织的最高领导者参与每个领导力培养进程的必要性。

高管的领导情商

领导者需要保持学习和领导者形象管理之间的平衡，所谓学习，它的定义意味着变得脆弱。实现平衡的一个好方法就是与高管教练一起工作，因此而建立的关系可以为领导者提供敞开心扉、侃侃而谈的机会，他们更加安全地探索、讨论自己的梦想以及面临的商业挑战。在高管培训的背景之下，领导者可以畅谈令他们痛苦或兴奋的事情，并且真正了解他们自己、团队以及组织的核心问题。当然，这些谈话中所涉及的情感要比通常商业中产生的情感更加纯粹，因此，这种培训关系必须是值得信任的，完全保密，也几乎是神圣的。[2]

多数的高管培训过程都涉及领导力评估和对领导力发展的持续关注。其中还包括针对更广泛地组织问题的工作，尤其是人力资源领域的工作，比如领导者所面临的团队、组织氛围、文化和政策的挑战，以及这些工作是如何与商业战略相匹配的。

领导力评估和反馈可以采取许多不同的方法，但最好的办法还是由专业的高管教练开展一系列的访谈和观察活动。这种访谈大部分时间应该看起来或感觉更像是一种交流谈话，目的是在领导者和教练之间建立一种强大、可信任的关系。一般的谈话过程包括领导者的职业生涯和生活经历，当前面临的管理和领导挑战，以及组织层面上的问题，比如组织氛围、政策和体制等。此外，这一阶段通常还包括对领导者的观察，观察他在开会、演讲、参加一对一绩效评价以及其他情况下的行为。

其中有种方法叫作“浮生一日”，是由我们在克利夫兰完形学院的同事弗兰·约翰斯顿提出的。[3] 教练与领导者一起度过有代表性的一天，跟着他参加会议以及与员工一对一的谈话，甚至是旁听电话。当然，这些都要提前跟员工解释清楚，这是非常有益的，因为大家可以看到领导者积极地参与到了学习和领导力培养的过程中。

更加结构化的评估通常也是培训过程的一部分，往往会包括对情商、管理风格、组织氛围、与某位领导者和他的组织相关的其他因素等的行为事件访谈和360度全方位的反馈。当谈到团队和组织问题的培训时，这种方法有助于教练了解除领导者观点以外许多其他的事情。不管这位领导者是否正遭受“首席执行官病”的困扰，事实是成为领导者以前，高管生活中很多信息都被过滤掉了，许多问题被缓和或掩盖了。通过访谈、观察、评估，甚至是一个小的动态问询，教练就可收集到关于组织现状的信息，这对领导者而言是非常有帮助的。当然，为了使这个方法长期有效，教练应该遵循所有关系中的保密性——甚至是为了收集领导者信息而采访的人的信息，这也就意味着，教练呈现给领导者的只是概括性的主题，而非具体的细节。

培训可以使领导者进一步加快自身学习，同时对组织现状，尤其是人们对领导者和领导团队的看法，获得一种不同而有时又很准确的理解。

需要高层参与的另一个原因是：我们谈论的这种变革需要很大的付出、支持和资源，而并不仅仅是资金的问题。新的领导力意味着新的思维方式和新的行为，为了坚持这些，组织的文化、体制和流程也都需要改革。在共鸣型领导者的培养过程中，我们谈论的是了解并改革组织自身的情感现实、文化以及根深蒂固的行为。由于绝大多数的团队和组织都以现状为中心，排斥一切威胁现状的事情，因此这种层面上的改革需要勇敢的领导、耐力和坚定不移的奋斗。

企业文化不可小视

即使是组织中最高级别的命令，也无法确保一个领导力培训提案可以带来需要的改革。在此我们可以参考一家与我们有过合作的专业服务公司。这家大型企业的高管已经意识到，考虑到业务本身的多变性，他们必须鼓励员工别出心裁地采取不同的服务方式，否则公司将失去竞争优势。领导层并不打算改变整个组织的集体习惯，因为这会让员工望而却步，他们认为如果多数的高管掌握了新的能力，那么企业文化自然而然也就会改变。然而，几年后一切都已了然，不幸的是企业所有的改革努力都失败了。领导工作一团糟，员工士气低落，营业额也创下了历史最低的纪录，事与愿违的是现在公司正在挂牌出售。

最初，高管层所做的一切都很顺利，也很成功。他们明确表示，领导力培养是企业的战略重点，是重中之重。他们做了相关的研究，并精心设计了全新的胜任力模型，其中多数的能力都与情感能力有关。他们设计了最先进的培养进程，重点突出在五个发现上，并且选取了积极性很高的人来参加。

总之，企业的管理层精心设计了一套全面的改革进程。为了建立新的领导能力，他们甚至已经开始改进人力资源方面的雇用和升职流程。直觉上，领导者已经知道企业消极的文化规范增强了。他们看到企业原来的习惯已经不符合新的客户、供应商和合作伙伴的期望。但他们不知道如何改变文化，改变整个企业根深蒂固的习惯和潜在的文化似乎是一项无法完成的任务，所以管理层决定专注于个体领导者的能力培养。然而一旦某个主要问题突显，那么想要带起整个企业的连锁效应的这种希望就会迅速减小：有些新的领导能力与企业文化背道而驰，所以当人们开始运用时就会陷入麻烦之中。

例如，其中一项新的能力号召员工要敢于为企业做正确的事情，即使那意味着要与高管层相抗争。一位经理受到了高层培养这种风险承担意愿的鼓舞，在一个商业和道德问题上将自己置于危险境地。当他开始在领导力培训计划中谈论这个问题时，他把这作为践行新行为规范的一次机会，并且认为这对企业是有利的。鉴于当时企业正在大肆宣传新能力，上司的反应并没有太令人惊讶，只是有几分令人失望：当这位经理面对他的上司时，上司做了他所期望的事，赞扬他敢于坚持个人信念的勇气。然而，背地里这位上司则计划着开除他：他可是个危险人物，留不得。

我们看到，类似的事情在这家公司一遍一遍地上演。即使是领导力行为急需变革，而人们又知道他们应该做什么事情时，他们却无法按照新的方法行事。他们面对的阻力太多，而文化的惰性也太过强大。个别的领导者根本无法改变企业的文化。为了确立新的愿景，改革必须贯彻落实到企业的各个层面。在这样庞大的组织之中，想要实施大规模的文化改革必须要有上百人的拥护与支持才有可能。

我们获得的教训就是，企业文化不可忽视，想要依靠一个领导者一下子改变文化也是不可能的。企业的领导层忽视了这一要点，转而专注于个体领导者的培养发展，而他们最终也没有给企业带来成功迫切所需的改革。尽管人们尝试采取不同的做事方式，但基本的模式并未改变，那么个别领导者想要实现自己制定的学习目标也几乎是不可能的。强力驱动行为规范的根源并未解决，而这终将会使整个变革计划搁浅。

正如研究所表明的，领导力发展提案失败的原因有很多。正如我们在第六章所看到的，主要原因是许多培养计划并不关注完整的个人或者促进可持续变革的发现，比如寻找个人梦想并与之一起发展。其他的计划则是在做如下事情时，没有考虑到文化的力量：

- 忽视组织的实际状况，认为在变革过程中只要人们学会了应该做的事情，那么体制和文化就会自动地在变革进程中给予他们支持。
- 试图只改变个人，而忽视他们每天工作的团队规范以及发挥着更大作用的周边文化。
- 从组织中存在问题的地方开始推动变革进程。改变人和组织的领导力培训必须从高层开始，并且使其成为组织的战略重点。
- 未能形成一种领导语言——一些意味深长的话语，通过象征性的思想、理想和情商领导力实践来捕捉领导力的精神（我们将在这一章的后半部分继续探讨这个概念）。

自然，没有考虑以上问题的计划所带来的只是员工的沮丧、愤世嫉俗，浪费时间、精力和金钱。

以过程制胜，而非计划

假如说，作为一位领导者你已经知道：通过评估组织文化，审视组织层面上的现实与理想，你已经做好了变革的准备。你已经创建了变革的共鸣感，确定了未来的高层领导者人选。下一步就是制定进程，使得可以持续建设领导力并且取得一定的成果。这个进程将包括帮助组织领导者发现他们及员工的梦想，了解他们的优势和不足，让他们在日常工作中学习。此外，你还可以做些什么呢？

一方面，避免那些我们在多数领导力培养计划中看到的陷阱。通常就是指管理培训课程，专注于让人们从专家那里学习专题内容：战略、营销、财务、综合管理以及类似的一些抽象概念。虽然所有这些学术方面的知识对许多领导者而言非常重要，却没有哪个专注于此的计划可以推进个人或企业的改变。

尽管在书中有些地方我们用的是领导力培训“计划”，实际上，多数组织所需要的并不仅仅是一次性的计划，而是一种进程，即建立贯穿于组织各个层面的整体体系。这些领导力培训计划中最优秀的就基于这样的理解，即真正的变革是通过多方面的进程实现的，而这种进程贯穿于组织的三大关键层面：组织中的个体、工作的团队和组织文化。基于成人学习和个人变化的原则，这种进程会带领大家体验从面对现实到实现理想的智力和情感旅行。我们发现，这种领导力培训的根本制订方法与多数商学院或者高管培训中心的方法截然不同。

最优秀的发展进程可以建立一个安全的学习空间，使其既具有挑战性又不会太过于冒险。此外，为了让领导者真正地学习新的东西，他们需要一些相关而又突破框架限制的经历。这些经历必须与众不同，以激发人们的想象力，同时又必须为大家所熟悉，以使其与改革相关。正如克利夫兰完形学院的同事杰诺·汉纳芬（Jonno Hanafin）所言：“当你试图改变一个人或一家公司时，必须要认真管理你的‘感知奇异指数’（Perceived Weirdness Index）。”[4] 换句话说，你必须要打破陈规，但又不能令大家望而却步。

强大的领导力培训进程的重点集中于情感和智力的学习，并且取决于积极、参与式的工作：行为学习和辅导，人们运用所学知识判断并解决组织中存在的实际问题。凭借经验学习和以团队为基础的模拟，人们可以参与到有组织性的活动中，以审视检验个人及他人的行为。典型性的进程都是多元化的，大胆地结合了各种学习技巧；一段时间内，这些进程得以实施；并且它们直面组织的文化。

将文化变革纳入领导情商培训之中

当联合利华的团队成员开始为高管层设计一个全新的领导力培训计划时，他们非常紧张。他们知道这家跨国公司需要注入新鲜的血液，以使其成为一个更具有进取精神和竞争力的行业领导者。因此，计划的目的是从根本上改变领导力行为，建立全新的、有进取精神的企业文化。总体而言，这一进程将会持续多年，贯穿各个层面、地区和多家公司。它将会号召领导者重新思考从个人梦想到他们对企业的愿景的一切，以及如何执行领导力。这是一个重要而大胆的计划。

当领导者开始为企业规划各种研讨会和务虚会时，他们会用一些不同寻常的词语，比如热情、充满感情、脆弱、风险和个人理想等。在长达数月的谈话中，他们观察人们的面部表情，捕捉他们的反应，并且继续努力向前。当然如果想要取得成功，就要确保他们的个人和组织框架设计得很好，确保使高管们从情感上参与到这个进程之中。

他们的计划如下：首先，公司前100位领导者将参加一个启动务虚会，会议由董事长奈尔·菲茨杰拉德和安东尼·伯格曼斯主持。在此，他们将以个人的方式探索过去的个人习惯、信仰以及他们对未来的梦想。会议召开的场所一定要鼓舞人心，并且使高管团队走出舒适安逸区。它不仅会带来身体上的挑战，同时也会使大家与自己的同事一起经历一次情感上的旅行，让大家有机会增进对彼此的了解，增进前所未有的信任和开放关系，同时有机会坦诚相对。这将是一次触动人心的经历，即使是他们回来以后，这也将与他们的生活紧密相关。计划最终的目的是为企业建立新的行为规范、新的思维方式和新的合作方式。

第一次务虚会后，第二阶段即将展开，期间全公司前500位领导者将参加一系列的研讨会，旨在将新的文化规范付诸实践，把理想转化为行动，推动企业变革。然后未来几年，在世界范围内，高管层下的业务部门也将效仿这一进程。这期间融入了人们的梦想和热情，然后把这些都转入工作之中。

行为学习项目

一家美国电信公司的员工，刚完成了为期一年的多元化高管培训进程，在他们做行为学习介绍时，公司的一位高级副总裁听得非常专注。他们演讲完后，这位高级副总裁感到非常难以置信，感慨道：“这些人才是真正的领导者。我从没想到过在我们的公司中能发现这一点。我们费尽心思才找到了几位合格的主要领导者，而今天这里竟然有20位领导者。20位啊！我希望大家以后在所有的会议上都能像他们今天这样演讲。他们展现了什么是领导力，什么是勇气。”

为何这位副总裁会如此惊讶？毕竟，他的期许本应该就很高：他在这项领导力培训计划上投资了数十万美元，这项计划已经在一些颇具潜力的女性和有色人种身上得以实施了。在这次总结大会上，他本来只是希望有机会遇到几个优秀的人才，再听几个稍微有趣的行为学习项目报告而已。结果是，他听了整整4组20个人的演讲，听他们探讨一些重要的战略问题以及相关的解决方案。他听到了员工针对棘手问题的非常有建设性的、强大而可行的解决计划，这些问题曾使他彻夜难眠，也困扰着公司各层的领导者。他还听到参加培训的员工直率地谈论一些“禁忌”问题——因为这些问题带着太多的政治或利益色彩，组织里从来没有人敢于探讨这些。

行为学习项目是企业高管培训进程中的一部分，可以将其视为是带有目的性的主动实验。[5]这种方法可以让参与者实践他们所学的知识，把组织业务中的现实挑战作为团队项目的起始点。每个团队都秉承着“学习第一，结果第二”的态度，积极应对整个进程中所遇到的具体挑战。[6]

参与行为学习应注意的原则如下：

• 该项目本质上要具有战略性、多维性、模糊性（比如，没有唯一的答案），同时也必须新颖，即目前组织中没有人致力于此事。

• 管理层必须积极地参与到各个项目决策中，并与团队一起工作。

• 这些项目需要的是团队协作，而非个人。在项目开展的整个过程中，团队都应该给予大力支持，以创造一种健康的工作环境，确保职能规范的实施，维持团队情商，解决工作中的冲突，专注于学习而非成果等。

• 这一学习过程需要审核，而审核也将成为最终结果的一部分。

• 这些项目应该是公开的、高度透明的。

• 所有的资源都必须为这些团队服务，从某种程度上而言，在特殊情况下，员工应该暂时放下日常的工作而专注于这些项目。

随着这些思想和观点的盛行，领导者开始为计划的前景而兴奋不已，谈话的内容也更加具体，他们的重点是研讨会上大家的实际作为。例如，高管将深入参与到相互的反思和交谈之中，探讨个人和商业生活中一些意义重大的问题，比如价值观、人际关系、愿景、未来的希望和梦想以及过去的遗憾和辉煌。他们将记录自己的成功与失败，专注于他们自己如何应对每一个新的挑战。他们将会猜想如何克服个人和组织存在的缺点，以及如何创建一种未来的集体愿景。通过这些注入情感的工作，他们将会建立一个学习型团体，团队成员会认真推进培养和业绩增长的进程，并且互相鞭策不断改变。

他们开展了一系列密切相关的谈话，讨论高管对未来的期许和实践，这一想法很具有吸引力，也很活跃。讨论中，人们通常会采取更多方式鼓励高管进行深刻的反思，抛开那些陈词滥调，坦诚相对，互相探讨生活、变革和业务。他们探讨如何利用这一进程所激发的热情，如何把这一种新的力量贯注于联合利华充满希望的未来之中。

然而，有时这种设计进程也会陷入困境。当人们提议采用更多熟悉的传统型领导，召开更多传统的战略会议时，通常就会遇到这种状况。当人们更多地考虑典型的进程时，谈话中的精力将会慢慢耗尽：关于利益相关者、目标和“摧毁通向成功的障碍”的激烈讨论，通常会让人想起过去几年联合利华高管参加过的那些战略规划项目，那些项目可能很不错，却并不是现在所需要的。在一次这样的讨论中，联合利华的一位高级经理实在是忍无可忍。他平静但又饱含激情地说：“各位，在此我们必须要非常认真。我们的领导者已经实践了书本中的各种战略规划，同时还得到了最好的商学院的教授和管理大师的帮助。他们需要的不是另一个战略，更不是另一个利益相关者分析！”他的观点是，这些高管已经理解了这一战略规划，现在是时候充满激情地参与其中了，此外，为了把理想转化为现实，高管还需要形成不同的思维方式，建立新的领导力行为。

如果领导者只是从智力层面上参与到战略之中，想要保持精力和对工作的奉献几乎是不可能的，同时学习的过程也会很痛苦。那么企业领导者最需要的是什么呢？“带着自己的激情与梦想从情感层面上与大家相处，参与到战略实施之中，”这位高管说道，“联系未来的可能性，并抓住机会做些与之相关的事情。”

对多数的领导者甚至是管理者而言，对战略的明白程度并不会产生什么区别。这不是又一个 5 年计划，也不是又一个普通的领导力培训计划。重要的是找到对工作、战略和理想的激情，全心全意地追寻有意义的未来。再多的智力规划工作也不会吸引大家参与其中，当然也就无法改变一种文化。如果在封闭的状态下实施，那么即使是最好的领导力培训计划，对于企业现在所需的变革也于事无补。

领导者的工作是，寻找一种方法让高管在情感上互相交流，并致力于自己的理想，同时确保他们将这些理想付诸实践。当人们从情感上参与到发展计划中时，他们就会有所改变。幸运的是，联合利华的领导力培训计划抓住了变革和发展成功的关键。设计团队要确保使激情成为培训进程的关键，然后寻找方法将这些激情转化为商业中的实际行动。高级领导者从开始就指导整个进程，这可以确保人们对变革负责。这是一个可以在领导力培训中真正实现文化变革的进程。

造势

联合利华制定的这一进程使许多人开始思考领导力、组织文化和变革。但为了确立实施领导力培训，领导者需要在组织内创造一种认同感——正如我们所看到的，首先就是来自高层的命令。领导者必须亲自参与到进程之中，正如联合利华董事长奈尔·菲茨杰拉德和安东尼·伯格曼斯。此外，为了真正吸引大家参与其中，进程本身也必须有情感上的回报。

比如，应确保让大家了解，能参与到这一提案中表示他们的能力得到了赞许。在联合利华，能应邀加入这一进程被视为是一种荣誉和声望的象征，这表明公司认为参与者对公司的影响巨大。看到这项培训会为自己的职业发展写上辉煌的一笔，高管们自然也就纷纷寻机参与其中。

当然，这种情况并非偶然发生的，而是一种战略。参与者名单早已拟好，相关信件也已写完，在一些非正式的谈话中领导者也早已有意地植下了变革的种子——这一切都是为了给领导力培养和企业文化变革造声势。主要领导者面对面地告诉人们他们被选中的原因，以及在创建新型企业中成为领导者意味着什么。

但联合利华也知道必须要保证人员选择的公正性。如果其中夹杂了权术和利益关系，大家也都会一目了然，那么这一进程将会失去可信度。欧洲一家制造企业就上演了这样一幕，他们实施的一项潜力巨大的计划最终有三种人参与其中：当之无愧的参与者，为了跟上年轻领导者步伐而需要再培训的人员，以及领导者认为有权享受特殊待遇的公司资深员工。试想一下企业的现状：每个人都知道别人属于哪一类人。

组织领导者需要建立一种选拔方式，并考虑到参与悖论的存在：精英中的精英可以参加，同时每个人也都有机会。这意味着要开展真正意义上的谈话，而不单单是通过备忘录或语音邮件告诉大家何时何地开展新的领导力培养计划。的确，这需要更多的努力，却非常值得一试：领导者参与人员选拔过程可以决定整个计划的成功。

一旦开始实施领导力培养计划，领导者就应该形成并使用一种领导语言，这一强有力的方式将为人们未来的参与造势。比如，联合利华将高管培训启动务虚会定在哥斯达黎加召开（为了产生最大的情感效应，这些信息在参加者到达该国前都是保密的）。此次务虚会包括真正的旅行和密集的个人谈话和团队谈话，从根本上改变了领导者看待自己、他人以及公司的方式。在壮丽而又脆弱的环境下，他们进行了一系列简单却又深刻的谈话，他们学会了新的交流方式，而这些最终都将转化为新的企业运营方式。

当他们回来，并且开始将此次所学付诸实践时，“哥斯达黎加”成为真实的谈话和情感联系的代名词，参与者体验了这些并希望回到公司后能继续这些活动。的确，在变革进程实施的一年半的时间里，真诚的关系、诚实正直、责任和激励自主这些词语成了一系列新的领导行为的象征。尽管这些都是再普通不过的词语，但联合利华实施了这些培训进程以后，领导者赋予了它们特殊的意义。

经过多年的变革，现如今联合利华的领导力发展正从根本上影响着企业的做事方式和人际关系管理方式。企业领导者对变革结果负责，并且支持新的思维方式和新的情感现实。人力资源体制，比如继任计划、薪酬和绩效管理等，也正在响应以新文化为重点的变革战略计划。

领导力培养所涉及的并不仅仅是个人本身。正如我们所看到的，它还涉及推动和约束人们行为的组织文化和体制、人们朝夕相处的团队，以及一些诸如组织现状和外部竞争之类的更加突出的问题。组织采用领导力培养来解决这些层面上的问题，将会产生更大的共鸣。

美林美国私人客户公司为了领导力培养付出了多方面的努力，就是个很好的例子。

乐观面对领导情商培养

美林美国私人客户公司那时已经非常成功，它拥有长期扎实、丰富的领导经验，现如今却正面临着新的挑战。纵观整个行业，竞争压力出乎人们的预料。客户的服务需求变得更加紧迫，全球市场面临着残酷的现实，而电子商务革命也正威胁着公司的核心业务。为了确保领导力能随着公司需求的变化而不断发展，第一副总裁琳达·皮塔里（Linda Pittari）和领导力发展培训主管蒂姆·麦克玛纳斯（Tim McManus）建立了一个更为系统的领导力培养方法，该方法的重点是情感能力的培训。

“我们知道未来几年我们所面临的挑战将是前所未有的。”皮塔里告诉我们，“我们希望确保领导者可以学习如何在新的环境中管理企业。”

此次计划的首要任务是，确定公司和总部哪些人具有管理潜力。随着时间的流逝和计划的开展，皮塔里和她的团队在关键的头几年对领导进行了培训。管理者丰富的经验和良好的培训为公司培养了一批优秀的领导者。但是皮塔里的领导力培养计划成功的主要原因之一是，她的关注点并不仅仅局限于人本身。她知道广泛关注企业潜在文化的重要性，知道如何支持或约束领导力。这与多数以人为主的培养计划是截然不同的。

从一开始，皮塔里就密切关注文化中的关键规范，并且着手探寻哪些规范真正有益于新的领导力，哪些又会阻碍它的发展。通过第十章中我们讨论的动态问询方法，皮塔里和她的团队对主要领导者进行了采访，以了解他们的文化环境。实际上，他们的问题是：什么是允许的？人们期望的行为和价值观是什么？哪种管理风格会受到大家的青睐？哪种又会遭到批评？企业应该发展或摒弃哪些能力？

但是这仅仅是开始而已。皮塔里和她的团队开始深入探索，寻找在这种文化背景下人们成功或失败的根源问题和深层原因。[7]他们探讨了人们对核心原则的奉献深度，以及领导者做事方式的原因。他们向人们了解企业的领导力，以及哪些运转良好，哪些又不起作用——这是随后了解领导力培养定位的关键。掌握了这些信息后，团队就可以了解文化的哪些方面阻碍了领导效能，哪些习惯性的领导行为需要改变。此外，他们还可以了解哪些文化应该保留。

例如，美林美国私人客户公司是建立在与客户的良好关系之上的，因此人们更倾向于采用亲和式领导风格。管理者与直属员工建立良好的关系，将有力地提升员工的忠诚度和奉献度——结果是员工会为企业奉献终生，努力工作，并且建立密切、信任的关系。然而，亲和式风格同时也意味着，管理者可能不愿意揭露人们需要改进的地方，这使得管理者很难实施真正的辅导培训。尽管管理者努力想通过周密的绩效管理系统和业绩负责制弥补这一不足，但通常的情况是，人们多年以后还是照旧行事，也没有收到关于下一步如何改进和提升自己的直接反馈。

皮塔里的团队实施了基础性的动态问询，并全面审核了哪些人在新环境中工作更为有效，通过这些工作，他们建立了领导力培养方案，旨在抵制某些旧文化，并支持有利于新领导者的价值观、规范和体制。他们确定了领导者应该具备的技术和能力，比如如何提出和接收培养的意见反馈，如何实现良好判断力与风险承担之间的适当平衡，如何培养创新精神，如何管理日益多元化的员工团队等。同时，他们还确定了需要提高商业敏感度的领域。

皮塔里和她的团队在美林公司实施这项领导力培养进程已经好几年了，现如今 40% 的参加者都已经升职，并且身居要位。但是，更为重要的是，变革的努力使企业高层开始关注真正需要改革的管理、领导力和企业文化，并且一直在为此努力。继任计划现在也更加系统化，公司更加重视那些未来可能成为优秀领导者的人。

皮塔里的团队知道这一计划应该肩负双重责任，即彰显个人的变革模式和解决文化问题，而由此制定的变革进程不仅改变了企业文化，也改变了人们在公司日复一日的工作。

将学习的繁荣期最大化

总之，最佳的领导力培养计划应该专注于文化、能力，甚至是精神。计划坚持自主变革的原则，在学习和发展进程中采用多元化方式，并专注于个人、团队和组织。成功的发展进程包括以下要素：

- 联系组织中的文化和文化变革。
- 研讨会应该围绕个人变革的理念和实践展开。
- 不仅要培养商业敏感度，还应学习情感能力。
- 目的明确地开展创新、有效的学习。
- 建立支持学习的关系，比如学习小组和高管辅导。

我们着眼于在学习的繁荣期最大化方面开展领导力培养计划，即建立一种黏性发展进程，旨在实现持续性的学习。

在最佳的培养进程中，人们知道如何去学习，并且一起专注于以一种全新的、持续性的方式实现他们的梦想。他们有一张合理的路线图——无论是对于现在还是未来的工作，它都会是一套很好的指导方针。这张路线图是以人们的价值观、信念、希望和梦想为背景绘制而成的。任何一项工作所需的能力发展都是其中的一部分：真正的问题是确保领导力培养进程行之有效，对支持变革、发展和有效规范的人员、文化与体制产生一定的影响。其中一个影响就是持续性学习和变革能力的增强。

如果有充足的理由，人们就可以也必将会实施变革。领导力变革会让大家了解到哪些方面需要改革，以及如何改革。为了使这种学习方式持续性影响组织，领导者需要超越人本身，考虑团队和整个组织如何才能促进情商领导者的培养。

共鸣型工作和生活

在全书的结尾，我们展望一下未来，同时拓展迄今为止我们的愿望。

首先，考虑一下我们的论点。我们假设情感对领导力而言至关重要——原初领导力是关键的一方面，同时很大程度上决定了领导者其他工作的成败。我们已经回顾了基础神经学，尤其是情感开环，它使创建共鸣感成为所有领导者的首要任务。

我们已经证明了情商可以为共鸣型领导力提供必要的能力，而且无论是对个人还是整个团队而言，这些能力都是可以培养和增强的。这种共鸣型领导力可以遍布整个组织。此外，充分的数据和资料表明，这会对组织效能和经营业绩产生持久的影响。

我们不仅提供了一种新的领导力理论，还做了许多其他的工作，我们认真考虑了“周一早晨我应该如何实践这个领导力理论”这一问题。第一个实践应用就是增强领导者的情感能力。我们已经列出了研究验证的步骤，它们将会持久增强领导者的关键情感能力。

然后，我们又致力于如何使小组、团队或整个组织更具共鸣感。

相对于培养团队中的某个人的个人情商而言，提升整个团队的集体情商对组织的影响更大。但是组织想要实现这一点，必须有一位精明的领导者，他应该知道如何掌握组织的情感动向，并且指导组织规范或文化走向正确的方向。最终，组织自身就可以成为培养共鸣型领导力的“孵化器”，对组织的员工和业绩产生重大的影响。

现在比任何时候都重要

为何无论是在现在还是在未来，这一点都如此重要?

世界各地的领导者都面临着一系列不可推脱的责任，那就是通过意义深远的社会、政治、经济和技术变革推动现实变革。我们的世界处于变革之中，急需新的领导力，更何况是商界。在企业中，我们面临的是计算机能力的持续增强、电子商务的扩张、劳动力的迅速多样化、经济的全球化以及企业步伐的不断加速，所有的变革都在日益加速。

这些商业现实使原初领导力比以往任何时候都更为重要。例如，许多现行的商业战略可能明天就过时了，试想一下这意味着什么。“一半的商业模式在 2—5 年的时间内就会被淘汰，”一位信息服务公司的总裁感慨地说，“对我们而言，现在出售的信息在短短几年的时间内就可以从网络上免费获取。因此，我们的重点是寻找出售信息的新方式。”同时，一位投资银行家表示：“当企业的管理因恐惧而变得僵化时，多数企业将会走向破产。”

在很大程度上，企业是否足够机智灵活地迎接未来的挑战取决于企业的领导者，尤其是高层管理团队在面对剧变时是否有管理自己情感的能力。当市场份额下降、企业利润暴跌时，领导者可能会感到惊慌失措，内心的恐惧会迫使他们拒绝面对现实，徒劳地采用“一切安然无恙”的策略，或者采取机械性的解决方案。然而他们可以采取的措施有很多，比如，削减成本，重点在于裁掉那些对企业而言损失最小的员工，而非留住关键人物。焦虑会削弱领导者的理解和应对能力；而当恐惧减弱了领导者的决策能力时，整个企业都可能会面临破产。

高情商领导者知道如何管理自己的消极情绪，在面对压力时他们就可以集中注意力，保持清醒的头脑。他们不会坐以待毙，等着某次危机来促进必要的变革；他们非常灵活，会快速地适应新的现实，而不是等危机来了再应对。即使在面临剧变时，他们也可以看到通向更加美好未来的道路，满怀共鸣地探讨企业的愿景，并且起到带头作用。

再试想一下，曾经在小型市场非常成功、位居前列的企业，现在却发现它们要应对来自世界各地的竞争对手。越来越多的企业发现，他们想要在世界市场中生存就必须殊死一搏，领导者效能的标准也正在发生变化。在某一特定层面上变革的结果是，某家企业可能会成为某一地区或国家同行业中的佼佼者，而全球现实意味着，现在想要成为业界的佼佼者也需要世界级的效能。这种需求会推动组织共鸣感的建设，而这种共鸣感将持续提升领导者和整个组织的效能。

重塑卓越

原初领导力对组织的未来之所以越来越重要还有另一个原因。旧的领导模式以职能为中心，而不考虑情感或个人方面，认为员工是可替换的部分。这种非人性化的领导方式现在越来越不受欢迎。共鸣型领导者打破了旧的领导模式，这种旧的模式在业界巨头的身上都有所体现，这种过时的、自上而下的权威人物多数是通过自己职位所拥有的权力来实现领导的。

越来越多的人开始认识到，最好的领导方式并不仅仅依仗权力，而是通过人际关系艺术和非凡的专业知识的优势实现的，这是改变商业环境所不可或缺的。随着企业剥离管理层、开展跨国兼并，以及客户和供应商重新定义关系网，领导力卓越性也正从人际关系方面得以重新定义。

共鸣型领导者知道何时开展协作，何时应该有远见卓识，何时应该倾听，何时又进行指挥。这种领导者有能力协调人们关注于他认为重要的事情，并且明确表达与他们倡导的价值观有共鸣的任务。这些领导者很自然地就培养了良好的人际关系，揭露即将爆发的问题，并在和谐的氛围中建立团队内人与人之间的协同合作。他们会关心员工的职业生涯，鼓励他们以最佳的状态完成工作以践行共同的价值观，通过这些事情他们可以建立员工绝对的忠诚。

一位高情商领导者会在正确的时间，以正确的方式选择正确的人来实施这些事情。这样的领导力会创建一种积极、灵活的氛围，大家可以表现出自己最具创新的一面和最佳的工作状态。考虑到当今的商业现实，加上必要的人员因素，这种工作氛围可以为组织绩效创建附加值。

相对于原来的领导者而言，高情商领导者更倾向于受价值观驱使，更加灵活、不拘小节，也更加开放坦诚。他们与员工和人际关系网的关系更为密切。最特别的是，他们可以产生共鸣：他们对自己的使命充满热情，而这种热情是可以传染的。他们的热情和兴奋会自发地传播，并且鼓舞员工。总而言之，共鸣是原初领导力的关键所在。

附录 1
情商 vs 智商

在最近几年中，我们分析了将近 500 种能力模型的数据，这些模型分别来自于全球性企业（包括 IBM、朗讯科技、百事可乐、英国航空公司和瑞士信贷第一波士顿银行）、医疗机构、学术研究机构、政府机构，甚至还包括一家宗教团体。[1] 为了确定哪些个人能力可以促进这些组织内部的出色表现，我们把这些能力分为三大类：纯粹的技术能力，比如会计或业务规划；认知能力，比如分析推理；以及情感能力，比如自我意识和人际关系处理能力。

为了创建能力模型，心理学家通常会要求公司的高管人员明确那些可以区别组织最优秀领导者的能力，并在专家小组内寻求共识。其他的模型则会采用一种更加严格的方式，分析师要求高管人员运用客观标准，比如部门的赢利能力，将组织内部高层的优秀表现者与那些普通的表现者区分开来。然后，那些表现突出者会接受广泛深入的采访和测试，分析师会系统地分析对比这些能力，以确定那些优秀表现者的品质和能力。

无论采用哪种方式，这一过程都会构建起高效领导者的一些能力构成表。这些表格通常长短不等，少则包括几种能力，多则包括15种左右，比如主动性、合作和同理心等。

通过对上百种能力模型的数据分析，我们得出了一些引人注目的结果。可以肯定的是，智力在一定程度上可以促进优秀的表现，像全局观或长期的愿景等认知能力也尤为重要。但是通过对技术能力和纯粹的认知能力（其中一些是对智商某些方面的替代）所占的比例与区别优秀领导者的情感能力所占比例的计算，我们发现在一些较高层次的组织中，技术能力差异的重要性可以忽略不计，情感能力发挥着越来越重要的作用。

换句话说，那些优秀表现者的排名越高，那么其拥有的情感能力就越多，这些情感能力是他们工作高效的原因所在。当我们对比身居高层领导者职位的优秀领导者与普通领导者时，我们发现他们个人资料中85%的差异归因于情商因素，而非纯粹的像专业技术这样的认知能力。[2]

其中一个原因就与高管得到这份工作所要面对的智力难关有关。获得一个像工商管理硕士这样的高级学位至少需要约110到120的智商。[3]因此，为了要进入管理层的行列，人们需要面对很高的智商选择压力，而那些已经身居高位的领导者之间的智商差异相对较小。另一方面，当谈及情商时，它很少或没有系统化的选择压力，因此高管在情商方面存在很大的差距。因此，在谈到优秀领导力的表现时，这些能力所具有的优势远远要超过智商的优势。[4]

虽然情感能力与认知能力所占的精确比例取决于这两种能力的衡量方式以及某一特定组织的特殊需求，但是根据我们大约地估算，在区别优秀领导者和普通领导者的能力中，情感能力占据了 80% 到 90%，有时甚至会更高。可以肯定的是，像专业技术这样纯粹的认知能力在这些研究中都有，但通常都是门槛性的能力，即人们做普通工作简单所需的一些能力。尽管组织与组织之间的具体情况不同，但情感能力弥补了绝大多数的更为关键的、杰出的能力。[5] 即便如此，当这些具体的能力因为它们的贡献而受到重视时，认知能力有时也会做出相当突出的贡献，这取决于所涉及的具体的能力模型。

为了了解这些能力实际的商业影响，我们以某家大型会计师事务所中合作伙伴对利润的贡献为参考。如果合作伙伴在管理能力上具有很大的优势，他或她所带来的增量利润要比不具备这些优势的合作者高出 78%。同样，具有社交能力优势的合作伙伴所带来的增量利润要高出 110%，具有自律能力优势所带来的增量利润将高达 390%，按这种情况，公司一年所实现的增量利润将高达 146.5 万美元。

相比之下，分析推理能力上的巨大优势所增加的利润只有 50%。因此，纯粹的认知能力可以起到帮助作用，但情感能力的作用更大。[6]

附录2
情商领导能力

自我意识

• 情感的自我意识。情感自我意识较高的领导者会调整适应内心的信号和暗示，了解自己的情感如何影响自己以及自己的工作表现。他们会遵从自己的指导价值，并且往往可以凭直觉制定最合适的行动方针，在复杂多变的环境中看到事情的重点所在。有情感自我意识的领导者非常坦诚、真实，可以敞开心扉谈论自己的情感或者坚信自己的指导愿景。

• 准确的自我评估。自我意识较强的领导者通常了解自己的优缺点，并且对自己表现出一种幽默感。在学习需要改进的地方时，他们会优雅温文，非常欢迎那些有建设性的批评和反馈。准确的自我评估可以使一个领导者了解何时寻求帮助以及重点培养哪些新的领导优势。

• 自信。准确了解自己的能力可以使领导者发挥自己的优势。自信的领导者会非常乐于接受困难、有挑战的任务。这样的领导者往往拥有一种存在感，即自信感，这种自信会使他们在团队之中脱颖而出。

自我管理

• 自我控制。情感自我控制较强的领导者可以找到管理不安情感和冲动的方法，甚至可以找到有效疏解这些情感的渠道。自我控制的一个标志就是领导者可以在高压情况或危机中保持冷静和清醒的头脑，或者在面对艰难的局面时也仍然可以临危不乱。

• 透明度。透明度高的领导者可以践行自己的价值观。透明度，即真正地向他人敞开自己的情感、信念和行动，它可以产生诚实正直的氛围。这种领导者可以坦诚地承认自己所犯的错误，正面应对他人不道德的行为，而非对其视而不见。

• 适应性。适应性较强的领导者可以在不失去重点或精力的情况下应付多种需求，也可以坦然面对组织生活中难以避免的一些模糊区域。这种领导者可以灵活适应新的挑战，灵活敏捷地调整适应多变的状况，在面对新数据和现实状况时保持灵敏的思维。

• 成就感。具有成就感优势的领导者有较高的个人标准，推动他们以及下属不断追寻更好的表现。他们非常务实，往往会制定一些可预见但又具有挑战性的目标，他们会估算预期可能存在的风险，这样他们的目标就既具有价值同时又可以实现。成就感的标志就是不断地学习并教授追求卓越的方法。

• 主动性。拥有效能感（即掌握自己命运所需要的）的领导者往往也更具有主动性。他们会抓住或者创造机遇，而不是简单地守株待兔。当需要为未来创造一些更好的可能性时，这种领导者就会毫不犹豫地摒弃繁文缛节，甚至打破陈规。

• 积极乐观。一个乐观积极的领导者能以柔克刚，在逆境挫折中看到机遇而不是威胁。这样的领导者可以积极地看待他人，希望看到他们最佳的一面。他们这种“半杯水”的观点使他们乐观地认为未来的变化会向着越来越好的方向发展。

社会意识

• 同理心。有同理心的领导者可以调整适应广泛的情感信号，让他们感知到一个人或一个团队未经言表的内心情感。这样的领导者会认真倾听，并了解其他人的观点。同理心使领导者可以与那些来自不同背景、不同文化的人友好相处。

• 组织意识。社会意识较敏锐的领导者可以在政治上保持机敏，能够发现重要的社交网络，并读取关键的权力关系。这些领导者可以理解组织工作中的政治力量，同时了解在人们中间发挥作用的指导价值观和潜规则。

• 服务。服务能力强的领导者可以为人们营造一种情感氛围，让他们直接与顾客或客户进行联系，确保维持正常的关系。这些领导者会密切关注顾客或客户的满意度，以确保他们可以得其所需。如果需要，这些领导者也会亲自上阵。

关系管理

• 激励。善于鼓舞激励他人的领导者可以创造共鸣感，同时还可以用具有说服力的愿景或共同的使命来激励人们一起前进。领导者为人们提供了一种超越日常工作的共同目标，使单调的工作也可以令人兴奋激动。

• 影响力。领导者影响力的标志包括，从找到吸引某一特定听众的力量到了解如何从关键人物那里获得支持以及如何为某一提议建立人脉支持。具有影响力的领导者在管理团队时会非常具有说服力和个人魅力。

• 培养他人。善于培养他人能力的领导者会对那些他们帮助的人表现出真正的兴趣，了解他们的目标、优点和不足。这些领导者会提供及时、有建设性的反馈意见，他们就是天生的良师或教练。

• 改革的催化剂。那些能够促进改革的领导者可以意识到改革的需求，敢于挑战现状并且会支持新的秩序。即使面临反对意见时，他们也会非常强烈地倡导改革，并且使其具有说服力。他们也会寻找可行的方法克服改革所面临的困难。

• 冲突管理。善于管理冲突的领导者可以理清各方关系、了解不同的观点，然后寻找到一个人们都认可的共同理想。他们会揭露冲突，并认识到各方的感受和想法，然后集结能量转向一个共同的理想。

• 团队合作。善于团队合作的领导者可以创造一种友好共事的氛围，并且他们自身就是尊重、乐于助人和合作的榜样。他们会吸引人们以一种积极、热情的态度为集体努力贡献，并建立团队精神和认同感。在简单的工作任务之外，他们会花时间建立并加强人们之间密切、友好的关系。

致 谢

这本书呈现了我们几十年来工作的最终成果，即原初领导力理论，我们分别采取了独特的视角来研究这一主题。在此，我们诚挚感谢那些为我们的观点、研究以及完成该书做出贡献的人。

对于理查德·博亚特兹和丹尼尔·戈尔曼而言，许多为我们的思想做出贡献的人都是各大组织的情商研究社团的同事，该社团的领导者是罗格斯大学专业和应用心理学研究生院的卡里·彻内斯（Cary Cherniss）。其中包括莱尔·斯宾塞（Lyle Spencer）、玛丽莲·高英（Marilyn Gowing）、费洛迪（Claudio Fernández-Aráoz）以及马修·曼基诺（Matthew Mangino），他们的研究直接促成了本书的成功。

然而，我们的第一个灵感来自于戴维·麦克莱兰教授（David McClelland），他是我们就读于哈佛大学研究生院期间最受欢迎的教授，直至 1998 年逝世，他的研究和理论一直影响着我们的工作。我们也非常感谢那些早年间的同事，他们现在就职于合益集团，并且不断地与我们分享他们的研究成果以及对卓越要素的探索。其中包括合益集团全球事务总裁默里·达尔吉尔（Murray Dalziel），在领导力和组织发展思想上，他拥有源源不断的见解和清晰的分析思路。波士顿合益集团麦克莱兰研究中心的高级副总裁玛·方丹（Mary Fontaine）以及副总裁詹姆斯·布罗斯（James Burruss），合益集团副总裁兼总经理约翰·拉雷尔（John Larrere），以及合益集团前营销总监保罗·巴西莱（Paul Basile）。

合益集团其他许多同事也给予了我们很大的支持，他们分别是位于波士顿的基斯·科尔内拉（Keith Cornella）、金妮·弗林（Ginny Flynn）、帕特里夏·马歇尔（Patricia Marshall）、辛格·斯宾塞（Signe Spencer）以及比尔·特德维尔（Bill Tredwell）；明尼阿波利斯市的特蕾萨·雅各布·斯图尔特（Therese Jacobs-Stewart）；弗吉尼亚州阿灵顿的康妮·施洛尔（Connie Schroyer）；多伦多的里克·拉什（Rick Lash）；伦敦的尼克·博尔特（Nick Boulter）、克里斯·戴森（Katherine Thomas）、艾莉森·福赛斯（Alison Forsythe）、凯瑟琳·托马斯（Katherine Thomas）和彼得·梅尔罗斯（Peter Melrose）；圣保罗的塞尔吉奥·奥克斯（Sergio Oxer）和路易斯·吉尔吉（Luiz Giorgi）；吉隆坡的萨拉姆·拉吉尔（Tharuma Rajah）。

合益集团波士顿办事处的露丝·雅各布斯（Ruth Jacobs）和米歇尔·布尔科勒（Michele Burckle）为我们提供了重要的数据分析。法比奥·萨拉（Fabio Sala）仍在继续指导情感能力调查表的研究，他也在数据分析上给予了我们很大的帮助。

理查德·博亚特兹在此要特别感谢凯斯西储大学的组织行为学教授大卫·库伯（David Kolb），他向博亚特兹介绍了行为变化模型并激起了他进一步研究的兴趣。此外，他也非常感谢那些在研究调查、自主学习模型建设或教授中给予他帮助的同事：安·贝克（Ann Baker）、罗伯特·弗里德·贝尔斯（Robert F. Bales）、戴安娜·比利莫里亚（Diana Bilimoria）、苏珊·凯斯（Susan Case）、斯科特·考恩（Scott Cowen）、克里斯汀·德雷福斯（Christine Dreyfus）、凡妮莎·杜鲁斯凯特（Vanessa Druskat）、路易勒·哈维·海恩（Louella Harvey-Hein）、拉达·霍尔多夫（Retta Holdorf）、大卫·伦纳德（David Leonard）、波比·麦克劳德（Poppy McLeod）、哈拉兰博斯·米安恩梅里斯（Charalampos Mainemelis）、安吉拉·墨菲（Angela Murphy）、帕特里夏·佩蒂（Patricia Petty）、肯·瑞伊（Ken Rhee），洛林·汤普森（Lorraine Thompson）、简·惠勒（Jane Wheeler）和罗伯特·赖特（Robert Wright）。

其他许多人也都为这本书中的领导思想做出了贡献。丹尼尔·戈尔曼在此感谢汤姆森公司的迪帕克·塞西（Deepak Sethi），伍德哈尔道德领导力研究所的纳奥米·沃尔夫（Naomi R. Wolf），美国威斯康星大学情感神经科学实验室主任理查德·戴维森（Richard Davidson），亿康先达国际咨询公司的史蒂夫·凯尔纳（Steve Kelner）以及哥伦比亚大学教育学院社交情感学习计划的罗宾·斯特恩（Robin Stern）。雷切尔·布罗德（Rachel Brod）为我们提供了丰富的文献检索，罗文·福斯特（Rowan Foster）也给予了我们宝贵的后勤支持。

此外，安妮·麦基（Annie McKee）在此也特别感谢克利夫兰完形学院的弗兰·约翰斯顿（Fran Johnston），他多年来敏锐的洞察力和教导丰富了她的思想和实践，他们的友谊是她宝贵的财富；感谢马萨诸塞州大学的塞西莉亚·麦克迈琳（Cecilia McMillen），她对组织的研究和工作给予了我们很大的启发性；也感谢瑞士国际管理发展学院的汤姆·迈尔奈特（Tom Malnight）的创造力、协作以及他为我们带来的乐趣。此外，安妮·麦基还想感谢芭芭拉·雷塔诺（Barbara Reitano）、特蕾西·西曼德尔（Tracy Simandl）、尼恩·库兹米克（Neen Kuzmick）、莱兹丽·洛维特（Lezlie Lovett）、比尤拉·特雷（Beulah Trey）、加诺·哈纳芬（Jonno Hanafin）、玛丽安·雷尼（MaryAnn Rainey）、迈克尔·基特森（Michael Kitson）、琳达·皮塔里（Linda Pittari）、菲利斯·基林（Felice Tilin）、大卫·史密斯（David Smith）以及卡罗尔·谢曼（Carol Scheman）给予的宝贵无私的帮助。

我们还要感谢哈佛商学院出版社的马乔里·威廉姆斯（Marjorie Williams）和卡罗尔·佛朗格（Carol Franco），他们指导我们完成了这本书。我们要特别感谢我们的主编苏珊娜·罗汤多（Suzanne Rotondo），感谢她敏锐的洞察力和合作，感谢露西·麦考利（Lucy McCauley）的鼓舞以及做出的修改。感谢阿斯特丽德·桑多瓦尔（Astrid Sandoval）、莎朗·赖斯（Sharon Rice）和盖尔·特雷德韦尔（Gayle Treadwell）给予我们宝贵的帮助和支持。一如既往，苏茜·韦特劳弗（Suzy Wetlaufer）发表在《哈佛商业评论》上的一篇文章提升了我们的思想，对此，我们也非常感谢。

就个人而言，安妮·麦基感谢她的丈夫埃迪·马维尔瓦（Eddy Mwelwa）给予她的鼓舞；感谢她的孩子贝基·雷尼奥（Becky Renio）、肖恩·雷尼奥（Sean Renio）和萨拉·雷尼奥（Sarah Renio），他们通过自己的领导力展现了情商的巨大力量，并且为他们的家庭带来了共鸣与和谐；她要感谢自己的父母凯西·麦克唐纳·威戈斯坦（Cathy MacDonald Wigsten）和穆雷·威戈斯坦（Murray Wigsten），他们给予了她智力和情感上的支持；感谢她的兄弟姐妹里克（Rick）、马特（Matt）、马克（Mark）、杰夫（Jeff）、罗伯特（Robert）和萨姆（Sam）。

理查德·博亚特兹感谢他的妻子桑迪（Sandy），感谢她对他几个月专注于写作的宽容以及爱的支持和对书稿的反馈帮助；感谢他的儿子马克·斯科特（Mark Scott）以及他已逝的岳父罗纳德·斯科特（Ronald W. Scott）对书稿的反馈。

同样，丹尼尔·戈尔曼非常感谢妻子塔拉·贝内特·戈尔曼（Tara Bennett-Goleman）的鼓舞和耐心，他希望这本书可以帮助他的孙女莱拉·戈尔曼（Lila Goleman）和黑兹尔·戈尔曼（Hazel Goleman）创造一个更加美好的未来。

最后，我们要感谢在完成这本书的过程中，我们合作的价值和它所产生的共鸣感。

注　释

前　言

1. A note on the use of *we* in this book: For the sake of fluidity of style, and to emphasize that we speak in a collective voice, we use the term in the most liberal sense. *We* as used here refers not just to the three of us together but to work undertaken by any one of us, as well as by our close professional associates.

第一章　“情感鸡汤”：用情感领导和管理团队

1. The BBC news division: Like most of the other vignettes we use in this book, this incident was recounted by one of the people we interviewed (who in this case was an eyewitness to these events). If vignettes are from a secondary source, credits are given in endnotes. In cases where people spoke to us in confidence, identifying details of the incident have been disguised.

2. The comforting effect: Lisa Berkman et al., “Emotional Support and Survival

after Myocardial Infarction," *Annals of Internal Medicine* (1992).

3. Stress and death: Anika Rosengren et al., "Stressful Life Events, Social Support and Mortality in Men Born in 1933," *British Medical Journal* 207, no. 17 (1983): 1102–1106.

4. Limbic regulation: Thomas Lewis, Fari Amini, and Richard Lannon, *A General Theory of Love* (New York: Random House, 2000).

5. Emotional mirroring: Robert Levenson, University of California at Berkeley, personal communication.

6. Expressiveness transmits moods: Howard Friedman and Ronald Riggio, "Effect of Individual Differences in Nonverbal Expressiveness on Transmission of Emotion," *Journal of Nonverbal Behavior 6* (1981): 32–58.

7. Groups have moods: Janice R. Kelly and Sigal Barsade, "Moods and Emotions in Small Groups and Work Teams," working paper, Yale School of Management, New Haven, Connecticut, 2001.

8. Work teams share moods: C. Bartel and R. Saavedra, "The Collective Construction of Work Group Moods," *Administrative Science Quarterly* 45 (2000): 187–231.

9. Nurses and accountants tracking moods: Peter Totterdell et al., "Evidence of Mood Linkage in Work Groups," *Journal of Personality and Social Psychology* 74 (1998): 1504–1515.

10. Sports teams: Peter Totterdell, "Catching Moods and Hitting Runs: Mood Linkage and Subjective Performance in Professional Sports Teams," *Journal of Applied Psychology* 85, no. 6 (2000): 848–859.

11. The leadership ripple effect: See Wallace Bachman, "Nice Guys Finish First: A SYMLOG Analysis of U.S. Naval Commands," in *The SYM-LOG Practitioner: Applications of Small Group Research*, eds. Richard Brian Polley, A.

Paul Hare, and Philip J. Stone (New York: Praeger, 1988).

12. The leader's emotional impact in work groups: Anthony T. Pescosolido, "Emotional Intensity in Groups" (Ph.D. diss., Department of Organizational Behavior, Case Western Reserve University, 2000).

13. Leaders as the managers of meaning: Howard Gardner, *Leading Minds: An Anatomy of Leadership* (New York: Basic Books, 1995).

14. Informal leaders: V. U. Druskat and A. T. Pascosolido, "Leading Self-Managing Work Teams from the Inside: Informal Leader Behavior and Team Outcomes." Submitted for publication, 2001.

15. Moods, contagion, and work performance: Sigal Barsade and Donald E. Gibson, "Group Emotion: A View from the Top and Bottom," in *Research on Managing Groups and Teams*, eds. D. Gruenfeld et al. (Greenwich, CT: JAI Press, 1998).

16. Smiles the most contagious: Robert Levenson and Anna Ruef,

"Emotional Knowledge and Rapport," in *Empathic Accuracy*, ed. William Ickes (New York: Guilford Press, 1997).

17. Laughter is involuntary: Meredith Small, "More Than the Best Medicine," *Scientific American*, August 2000, 24.

18. Laughter is "brain to brain": Robert Provine, *Laughter: A Scientific Investigation* (New York: Viking Press, 2000), 133.

19. Laughter episodes: Ibid.

20. Good moods in a leader mean lower voluntary turnover: See, for example, Jennifer M. George and Kenneth Bettenhausen, "Understanding Prosocial Behavior, Sales Performance, and Turnover: A Group-Level Analysis in Service Context," *Journal of Applied Psychology* 75, no. 6 (1990): 698–706.

21. Sober mood and high-risk decisions: R. C. Sinclair, "Mood, Categorization

Breadth, and Performance Appraisal," *Organizational Behavior and Human Decision Processes* 42 (1988): 22–46.

22. Anger and leadership: Jennifer M. George, "Emotions and Leadership: The Role of Emotional Intelligence," *Human Relations* 53, no. 8 (2000): 1027–1055.

23. Moods perpetuate themselves: A voluminous literature shows the self-reinforcing effect of moods. See, for example, Gordon H. Bower, "Mood Congruity of Social Judgments," in *Emotion and Social Judgments*, ed. Joseph Forgas (Oxford: Pergamon Press, 1991), 31–53.

24. Distressing emotions hijack attention: See, for example, Jacqueline Wood, Andrew Matthews, and Tim Dalgleish, "Anxiety and Cognitive Inhibition," *Emotion* 1, no. 2 (2001): 166–181.

25. The Yale study of mood and performance: Sigal Barsade, "The Ripple Effect: Emotional Contagion in Groups," working paper 98, Yale School of Management, New Haven, Connecticut, 2000.

26. Bosses and bad feelings: John Basch and Cynthia D. Fisher, "Affective Events-Emotions Matrix: A Classification of Job-Related Events and Emotions Experienced in the Workplace," in *Emotions in the Workplace: Research, Theory and Practice*, ed. N. Ashkanasy, W. Zerbe, and C. Hartel (Westport, CT: Quorum Books, 2000), 36–48.

27. Distress impairs empathy and social skill: Jeffrey B. Henriques and Richard J. Davidson, "Brain Electrical Asymmetries during Cognitive Task Performance in Depressed and Nondepressed Subjects," *Biological Psychiatry* 42 (1997): 1039–1050.

28. Emotions reflect quality of work life: Cynthia D. Fisher and Christopher S. Noble, "Affect and Performance: A Within Persons Analysis" (paper presented at the Annual Meeting of the Academy of Management, Toronto, 2000).

29. Job satisfaction is not the same as feeling good while working: Cynthia D. Fisher, "Mood and Emotions while Working: Missing Pieces of Job Satisfaction?," *Journal of Organizational Behavior* 21 (2000): 185– 202. See also Howard Weiss, Jeffrey Nicholas, and Catherine Daus, "An Examination of the Joint Effects of Affective Experiences and Job Beliefs on Job Satisfaction and Variations in Affective Experiences over Time," *Organizational Behavior and Human Decision Processes* 78, no. 1 (1999): 1–24.

30. Mental benefits of good moods: See A. M. Isen, "Positive Affect," in *Handbook of Cognition and Emotion*, eds. Tim Dalgleish and Mick J. Power (Chichester, England: Wiley, 1999).

31. Good moods and performance: See C. D. Fisher and C. S. Noble, "Emotion and the Illusory Correlation between Job Satisfaction and Job Performance" (paper presented at the second Conference on Emotions in Organizational Life, Toronto, August 2000).

32. Insurance sales: Martin E. Seligman and Peter Schulman, "The People Make the Place," *Personnel Psychology* 40 (1987): 437–453.

33. The impact of humor on work effectiveness: The findings are reviewed in R. W. Clouse and K. L. Spurgeon, "Corporate Analysis of Humor," *Psychology: A Journal of Human Behavior* 32 (1995): 1–24.

34. CEOs and their top management team: Sigal G. Barsade, Andrew J. Ward, et al. "To Your Heart's Content: A Mode of Affective Diversity in Top Management Teams," *Administrative Science Quarterly* 45 (2000): 802–836.

35. Improvement in service climate drives increase in revenue: Lyle Spencer, paper presented at the meeting of the Consortium for Research on Emotional Intelligence in Organizations (Cambridge, Massachusetts, 19 April 2001).

36. Mood affects cardiac care unit. Benjamin Schneider and D. E. Bowen,

Winning the Service Game (Boston: Harvard Business School Press, 1995).

37. Mood, customer service, and sales: George and Bettenhausen, "Understanding Prosocial Behavior."

38. Leaders' positive mood predicts sales performance: See also Jennifer M. George, "Leader Positive Mood and Group Performance: The Case of Customer Service," *Journal of Applied Psychology* 25, no. 9 (1995): 778–794.

39. Poor customer service rep morale and decline in revenues: Schneider and Bowen, *Winning the Service Game.*

40. The analysis linking climate to business performance: David McClelland, "Identifying Competencies with Behavioral-Event Interviews," *Psychological Science* 9 (1998): 331–339; Daniel Williams, "Leadership for the 21st Century: Life Insurance Leadership Study" (Boston: LOMA/Hay Group, 1995).

41. More technically, the styles were found to account for 53 to 72 percent of the variance in organizational climate. See Stephen P. Kelner Jr., Christine A. Rivers, and Kathleen H. O'Connell, "Managerial Style as a Behavioral Predictor of Organizational Climate" (Boston: McBer & Company, 1996).

42. Much the same argument has been made in George and Bettenhausen, "Understanding Prosocial Behavior"; and in Neal M. Ashkanasy and Barry Tse, "Transformational Leadership as Management of Emotion: A Conceptual Review," in Neal M. Ashkanasy, Charmine E. J. Hartel, and Wilffred J. Zerbe, *Emotions in the Workplace: Research, Theory and Practice* (Westport, CT: Quorum Books, 2000), 221–235.

第二章　激发团队活力和员工积极性：情感共鸣的重要性

1. We are by no means the first to argue that the key to group or organizational

cohesion is shared emotions. See, for example, B. E. Ashforth and R. H. Humphrey, "Emotion in the Workplace: A Reappraisal," *Human Relations* 48 (1995): 97–125; and Edward Lawler, "Affective Attachment to Nested Groups: A Choice-Process Theory," *American Sociological Review* 57 (1992): 327–339.

2. We see resonance and dissonance as the two major poles of EI leadership. These dimensions can be thought of in terms of two dimensions: emotional tone and empathic synchrony. One dimension tracks the emotional tone and impact of a leader's actions, positive or negative. The other dimension reflects empathy: whether or not people are in synchrony with the leader's emotional tonality, and the leader with theirs.

3. Yelling at work: Survey results reported in Vivian Marino, "It's All the Rage at Work, Too," *The New York Times*, 12 November 2000, Money & Business section, 3.

4. The physiology of arguments: The research, by John Gottman of the University of Washington, was done with married couples, but the physiology of response should apply whenever the two people involved have close and emotionally important relationships with each other, such as a boss and employee. For details, see John Gottman, *What Predicts Divorce: The Relationship between Marital Processes and Marital Outcomes* (Hillsdale, NJ: Lawrence Earlbaum Associates, 1993).

5. Inept criticism: Robert Baron, "Countering the Effects of Destructive Criticism," *Journal of Applied Psychology* 75, no. 3 (1990): 235–246.

6. Stress hormones circulate for hours: See, for example, Dolf Zillman, "Mental Control of Angry Aggression," in *Handbook of Mental Control*, eds. Daniel Wegner and James S. Pennebaker (Englewood Cliffs, NJ: Prentice Hall, 1993).

7. Dementors: J. K. Rowling, *Harry Potter and the Prisoner of Azbakan*

(London: Bloomsbury, 1999), 187.

8. The dark side of ambition: See, for example, Michael Maccoby, "Narcissistic Leaders: The Incredible Pros, the Inevitable Cons," *Harvard Business Review*, January-February 2000, 69–75.

9. The specifics of the neurology described throughout this chapter are far more complex than indicated here. In the interests of clarity, we have simplified the picture, focusing on key structures within the intricate web of circuitry always involved in any complex behavior.

10. When we use the term *amygdala*, we refer to the structure itself along with the web of circuitry that integrates the amygdala with other parts of brain. See Joseph LeDoux, *The Emotional Brain* (New York: Simon & Schuster, 1996).

11. Cognitive abilities intact, but EI impaired in patients with prefrontalamygdala lesions: Neurological patients with damage to the bilateral areas of the amygdala, the ventral-medial area of the prefrontal lobe, and the right somatosensory and insular cortices show deficits on tests of emotional intelligence, whereas patients with damage to other brain areas, such as those in other areas of the neocortex, do not. These areas appear critical for being aware of our own emotions, for regulating and expressing them, and for being aware of the emotions of others. Antonio Damasio, University of Iowa College of Medicine, personal communication; Reuven Bar-On, personal communication on preliminary data collected with Antoine Bechara and Daniel Tranel, associates of Dr. Damasio.

12. The main tasks of a leader: See, for example, Gary Yukl, *Leadership in Organizations* (Upper Saddle River, NJ: Prentice Hall, 1998).

13. For details see Fabio Sala, *ECI Technical Manual* (Boston: Hay Group, 2001).

第三章　高效领导者的情感能力

1. Laughter and leadership: Fabio Sala, "Relationship between Executive's Spontaneous Use of Humor and Effective Leadership" (Ph.D. diss., Boston University Graduate School of Arts and Science, 2000).

2. Competencies independently established as superior: David C. McClelland, "Identifying Competencies with Behavioral-Event Interviews," *Psychological Science* 9 (1998): 331–339. Several of the EI competencies most strongly tied to humor were in the social awareness or relationship skill domain, as one might expect, since these are the most visible socially. These included empathy, organizational awareness, influence, and team leadership. But humor also had strong associations with competencies in the self-management area (initiative, the drive to achieve) and with self-confidence, which reflects self-awareness. This suggests that for these gifted leaders the expression of many or most EI competencies often came via the artful use of humor—and that this was in itself one basis of their success as leaders.

3. A radical proposal: David C. McClelland, "Testing for Competence Rather Than Intelligence," *American Psychologist* 28 (1973): 14–31. When McClelland wrote this article, Richard Boyatzis and Daniel Goleman were his graduate students in psychology at Harvard.

4. Lyle Spencer, "The Economic Value of Emotional Intelligence Competencies and EIC-Based HR Programs," in *The Emotionally Intelligent Workplace*, eds. Cary Cherniss and Daniel Goleman (San Francisco: Jossey-Bass, 2001).

5. While average branch managers had annual sales of $17 million, these outstanding leaders had sales 75 percent higher—on average, $29.8 million—plus a 106 percent higher return on sales.

6. James C. Collins and Jerry I. Porras, *Built to Last: Successful Habits of Visionary Companies* (New York: HarperBusiness, 1994).

7. The Johnson & Johnson leadership research was led by Dottie Brienza of the Consumer Companies division and by Kathy Cavallo. Findings were presented at a meeting of the Consortium for Research on Emotional Intelligence in Organizations (Cambridge, Massachusetts, 3 November 2000).

8. The ECI-360 assesses the full spectrum of emotional intelligencebased leadership competencies. For more information, see http://www.eisglobal.com.

9. The differences were statistically significant for all twenty of the EI competencies. The ECI correlated more highly with high potentials than did the company's own leadership competence model.

10. We streamlined the EI competence model from five domains to four by folding "motivation" into "self-management." Statistical analyses have also led us to combine several of the EI competencies—for instance, "leveraging diversity" has become part of "empathy"—so that where there used to be twenty-five competencies on the list, there are now just eighteen. New thinking has also led us to rename some competencies to emphasize the features most significant for EI leaders: "Trustworthiness" has become "transparency," and "leadership" has become "inspirational leadership." Beyond that, we have dropped "conscientiousness," which is not as crucial for leaders who can delegate details to an able assistant. And we have combined "communication"—an influence tool—with the "influence" competence.

11. EI competencies and the brain: For a more detailed explanation of the links of EI competencies to the brain, see Daniel Goleman, "Emotional Intelligence: A Theory of Performance," in *The Emotionally Intelligent Workplace.*

12. For the basic theory, see Goleman, *Working with Emotional Intelligence*

(New York: Bantam, 1998). In this book we extend that theory.

13. The critical mass of strengths in EI competencies was found both by Richard Boyatzis, *The Competent Manager: A Model for Organizational Effectiveness* (New York: Wiley-Interscience, 1982) and by David C. McClelland, "Identifying Competencies with Behavioral-Event Interviews," *Psychological Science* 9 (1998): 331–339.

14. Motivation and the left prefrontal cortex: Richard Davidson, D. C. Jackson, and Ned H. Kalin, "Emotion, Plasticity, Context and Regulation: Perspectives from Affective Neuroscience," *Psychological Bulletin* 126, no. 6 (2000): 890–909.

15. Emotions and decision making: Antonio Damasio, *Descartes' Error* (New York: Putnam, 1994).

16. Intuitive decision making in entrepreneurs: Ann Graham Ettinger, *Make Up Your Mind* (Santa Monica, CA: Merritt Publishing, 1995).

17. Predicting the weather: Barbara Knowlton, Jennifer Mangels, and Larry Squire, "A Neostriatal Habit Learning System in Humans," *Science* 273 (1996): 1399–1402.

18. The basal ganglia and implicit learning: Matthew D. Lieberman, "Intuition: A Social Cognitive Neuroscience Approach," *Psychological Bulletin* 126 (2000): 109–137.

19. The circuitry involved: Ibid.

20. Gut feeling: Damasio, *Descartes' Error*.

21. The inhibitory function of the prefrontal areas is an active research focus, with some evidence pointing to connections from the prefrontal cortex having inhibitory effects on neurons in the amygdala. Dr. Richard Davidson, University of Wisconsin, personal communication.

22. In other publications, we've used the term *trustworthiness* for this competence. Here we use *transparency* to emphasize the importance of this aspect of the competence for leadership.

23. "Cool": Lewis MacAdams, *Birth of Cool: Beat, Bebop and the American Avant-Garde* (New York: Free Press, 2001).

24. The amygdala and prefrontal zones' role in empathy: See, for example, Paul J. Eslinger, "Neurological and Neuropsychological Bases of Empathy," *European Neurology* 39 (1998): 193–199.

25. Limbic resonance: Thomas Lewis, Fari Amini, and Richard Lannon, *A General Theory of Love* (New York: Random House, 2000).

26. The importance of vision for leadership: See, for example, Warren Bennis and Burt Nanus, *Leaders: Strategies for Taking Charge* (New York: Harper and Row, 1985); Jay Conger, *The Charismatic Leader* (San Francisco: Jossey-Bass, 1989); and John P. Kotter, *Leading Change* (Boston: Harvard Business School Press, 1996).

27. The product director: Quoted in Matthew Mangino and Christine Dreyfus, "Developing Emotional Intelligence Competencies" (paper presented to the Consortium for Research on Emotional Intelligence in Organizations, Cambridge, Massachusetts, 19 April 2001).

第四章 你适合哪种领导风格

1. The database was compiled by the Boston consulting firm of McBer & Company (now The Hay Group) and originally analyzed by Stephen Kelner Jr. See Stephen P. Kelner Jr., Christine A. Rivers, and Kathleen H. O'Connell, "Managerial Style as a Behavioral Predictor of Organizational Climate" (Boston:

McBer & Company, 1996). The sample was international, including leaders from Europe, Africa, North America, Australia, and the Pacific Rim; half were American. The measure of climate was developed by McBer & Company, based on the original work of George Litwin. See G. H. Litwin and R. A. Stringer Jr., "Motivation and Organizational Climate" (Boston: Division of Research, Graduate School of Business Administration, Harvard University, 1971). It assesses six specific indicators of climate, based on the pioneering work of Litwin and Stringer, as refined by David McClelland and his colleagues at McBer.

2. Bob Pittman at Six Flags: Quoted in Alden M. Hayashi, "When to Trust Your Gut," *Harvard Business Review*, February 2001, 59–65.

3. Transformational leaders: James McGregor Burns, *Leadership* (New York: Harper & Row, 1978). So, too, with "charismatic" leaders, who articulate a strategic vision informed by a sensitivity to stakeholders' needs; see Jay A. Conger, *The Charismatic Leader: Behind the Mystique of Exceptional Leadership* (San Francisco: Jossey-Bass, 1989).

4. Shelley Lazarus and David Ogilvy: "A Job and a Life Intertwined," *The New York Times*, 23 May 2001, C3.

5. The sweetness of success at stretch tasks: Cynthia Fisher and Christopher S. Noble, "Affect and Performance: A Within Persons Analysis" (paper presented at the Annual Meeting of the Academy of Management, Toronto, 2000).

6. James C. Collins and Jerry I. Porras, *Built to Last: Successful Habits of Visionary Companies* (New York: HarperBusiness, 1994).

7. Anxious affiliation: Stephen P. Kelner, "Interpersonal Motivation: Cynical, Positive and Anxious" (Ph.D. diss., Boston University, 1991).

8. Lou Gerstner on the 1993 IBM turnaround: Quoted in Steve Lohr, "IBM Chief Gerstner Recalls Difficult Days at Big Blue," *The New York Times*, 31 July

2000, C3.

第五章　需谨慎应用的领导风格

1. *Business Week*, "The Best Performers," 29 March 1999, 98.

2. SEC report and analyses of Al Dunlap's tenure as CEO of Sunbeam: Floyd Norris, "S.E.C. Accuses Former Sunbeam Official of Fraud," *New York Times*, 16 May 2001, 1.

3. The question of leadership narcissism, or "ego": See, for example, Michael Maccoby, "Narcissistic Leaders: The Incredible Pros, the Inevitable Cons," *Harvard Business Review*, January-February 2000, for a view of the positive and negative sides of such leadership.

4. See Jim Collins, "Level 5 Leadership," *Harvard Business Review*, January 2001, 66–76.

5. The insurance company study: Hay Group research team, led by John Larrere with Martin Leshner, David Baker, and Stephen Kelner, for LOMA. See Daniel Williams, "Leadership for the 21st Century: Life Insurance Leadership Study" (Boston: LOMA/Hay Group, 1995).

6. Marcus Buckingham and data on workers leaving bad bosses: Quoted by Amy Zipkin in "The Wisdom of Thoughtfulness," *The New York Times*, 31 May 2000, C1.

7. David McClelland, "Identifying Competencies with Behavioral-Event Interviews," *Psychological Science* 9 (1998): 331–339.

8. United Kingdom school leadership: See "Research into Headteacher Effectiveness" (report by The Hay Group to the U.K. Department for Education and Employment, 2000).

第六章　提高领导情商的 5 个步骤

1. The CEO disease: First described with this title by John Byrne in "CEO Disease," *Business Week*, 1 April 1991, 52–59.

2. Feedback is less consistent for managers: James Conway and Allen Huffcutt, "Psychometric Properties of Multi-source Performance Ratings: A Meta-analysis of Subordinate, Supervisor, Peer and Self-Ratings," *Human Performance* 10, no. 4 (1977): 331–360.

3. Women and minorities get less feedback than others: A number of studies and management scholars report that women and members of visible minority groups receive less and less useful feedback than others. See, for example, Peggy Stuart, "What Does the Glass Ceiling Cost You?" *Personnel Journal* 71, no. 11 (1992): 70–80; Ann M. Morrison, Randall P. White, Ellen Van Velsor, and The Center for Creative Leadership, *Breaking the Glass Ceiling: Can Women Reach the Top of America's Largest Corporations?* (Reading, MA: Addison-Wesley, 1987); and Taylor Cox Jr., *Cultural Diversity in Organizations: Theory, Research, and Practice* (San Francisco: Berrett-Koehler Publishers, 1993).

4. The poorest managers exaggerate their ability the most: J. Kruger and D. Dunning, "Unskilled and Unaware of It: How Difficulties in Recognizing One's Own Competence Lead to Inflated Self-Assessments," *Journal of Personality and Social Psychology* 77, no. 6 (1999): 1121–1134.

5. CEOs of best-performing healthcare companies: Eric Harter, "The Quest for Sustainable Leadership: The Importance of Connecting Leadership Principles to Concepts of Organizational Sustainability" (EDM diss., Case Western Reserve University, 1999).

6. Top-performing versus low-performing leaders: Analysis by Michele

Burckle, in Fabio Sala, *ECI Technical Manual* (Boston: Hay Group, 2001).

7. The honeymoon effect: John P. Campbell, Marvin D. Dunnette, Edward E. Lawler III, and Karl E. Weick, *Managerial Behavior, Performance, and Effectiveness* (New York: McGraw Hill, 1970) reviewed various studies and came to this conclusion. More recent meta-analytic studies and utility analyses confirm that significant changes can and do occur, but not with the impact that the level of investment would lead us to expect nor with many types of training. See Charles C. Morrow, M. Quintin Jarrett, and Melvin Rupinski, "An Investigation of the Effect and Economic Utility of Corporate Wide Training," *Personnel Psychology* 50 (1997): 91–119; Timothy Baldwin and J. Kevin Ford, "Transfer of Training: A Review and Directions for Future Research," *Personnel Psychology* 41 (1988): 63–105; and Michael J. Burke and Russell R. Day, "A Cumulative Study of the Effectiveness of Managerial Training," *Journal of Applied Psychology* 71, no. 2 (1986): 232–245. Furthermore, when a change has been noted, a question about the sustainability of the changes is raised because of the relatively short time periods studied.

8. Few studies show impact of training on behavior: Some studies have shown that training can have a positive effect on job or life outcomes, which are the ultimate purpose of development efforts. But showing an impact on outcomes, although desired, may also blur *how* the change actually occurs. Do the person's actions and habits change, or do other factors in the situations account for the change? A global literature search by the Consortium on Research on Emotional Intelligence in Organizations found only fifteen programs that improved emotional intelligence. Most of them showed impact on job outcomes (such as number of new businesses started) or life outcomes (such as finding a job or satisfaction). These are reviewed in Cary Cherniss and Mitchell Adler, *Promoting Emotional*

Intelligence in Organizations: Make Training in Emotional Intelligence Effective (Washington, DC: American Society for Training and Development, 2000).

9. Studying the effect of training: A quality research design would include pre- and post-training testing of the desired behavior, as well as some way to compare it with other programs, such as by comparison groups or through a time-series design. The lack of these elements in the relatively few attempts to evaluate training means that many results are not as useful as they could be.

10. The effect of communications training: Preston E. Smith, "Management Modeling Training to Improve Morale and Customer Satisfaction," *Personnel Psychology* 29 (1976): 351–359. Written responses to typical customer problems were coded both before and after the training for the trained group, and for comparison groups, as measures of their communications skills. The percentage improvement in this study reflects behavior after the training as compared with before the training.

11. The effect of training months later: In what is often considered a classic study, educational administrators showed improvement of only 8 percent on a broad array of these skills three months after training. Raymond A. Noe and Neal Schmitt, "The Influence of Trainee Attitudes on Training Effectiveness: Test of a Model," *Personnel Psychology* 39 (1986): 497–523. Behavioral change was assessed through a 360-degree type of measure. The training participant's immediate work supervisor, two teachers (i.e., subordinates or peers), and two support staff members rated the trainee before and after the training on six scales assessing behaviors such as sensitivity toward others, leadership, and decisiveness. The percentage improvement drawn from this study reflects behavior after the training as compared with before the training.

In another study, the social awareness and social skills of managers in a steel company improved by 9 percent three months after training, and dropped a little to a 7 percent improvement eighteen months after training. Herbert H. Hand, Max D. Richards, and John W. Slocum Jr., “Organizational Climate and the Effectiveness of a Human Relations Training Program,” *Academy of Management Journal* 16, no. 2 (1973): 185–246. The behavior was assessed by groups of the participants’ work subordinates using a questionnaire regarding such areas as concern and sensitivity for others, self-awareness, and initiative. These data were collected for those going through the training and for comparison groups.

The percentage improvement in this study reflects behavior after the training as compared with before the training.

In several other studies where behavior of people who were trained was compared with others not trained (or not given the same type of training), but in which no pretraining testing was involved, the results were similar: an 11 percent comparative increase in social skills two months after training first-level supervisors in a large urban medical center. K. N. Wexley and W. F. Memeroff, “Effectiveness of Positive Reinforcement and Goal Setting as Methods of Management Development,” *Journal of Applied Psychology* 60, no. 4 (1975): 446–450. Subordinates of the participants in the training and comparison groups completed a questionnaire regarding their supervisors that assessed behaviors such as consideration and sensitivity toward others, conflict resolution, cooperative spirit within the work group, and initiating and communicating expectations. The percentage improvement in this study reflects behavior after the training of those in the training groups as compared with those in the comparison groups. The “post-test only” comparison is a legitimate approximation because participants were randomly assigned to the training and control groups.

In another study, first-level supervisors showed an 18 percent improvement in a variety of EI-related behaviors one year after training. Gary P. Latham and Lise M. Saari, "Application of Social-Learning Theory to Training Supervisors through Behavioral Modeling," *Journal of Applied Psychology* 64, no. 3 (1979): 239–246. Supervisors of those in the training and comparison groups assessed the participants three months and one year following the training on factors such as emotional control, supervision, and interactions with others. The percentage improvement in this study reflects behavior after the training of those in the training groups as compared with those in the comparison groups. The "post-test only" comparison is legitimate because participants were randomly assigned to groups.

Another study showed an average increase of 8 percent improvement following the development of a plan for change. Dianne P. Young and Nancy M. Dixon, *Helping Leaders Take Effective Action: A Program Evaluation* (Greensboro, NC: Center for Creative Leadership, 1996). Executives and managers attending the LeaderLab program were assessed by co-workers about five and a half months after the program and retrospectively one year earlier. The behaviors studied included flexibility, self-confidence, interpersonal relationship skills, and coping with emotional disequilibrium. Percentage improvement in this study reflectsco-workers' assessments at the time of evaluation minus their views of the person one year earlier, divided by the earlier scores.

12. The overall impact of training: The 10 percent figure represents the average percentage improvement on the multiple or composite EI behaviors from the five studies reviewed. It does not include the one study on communications skills, because it looked at only one specific competency. If you include that study, the overall average is still only 15 percent. The lack of studies, difficulty in determining comparability of measures, and lack of consistency in research

designs conspire to make a precise calculation impossible.

There are, undoubtedly, other studies that were not found and reviewed, or that were not available through journals and books and were therefore overlooked. We do not claim this is an exhaustive review, but it is suggestive of the percentage improvement as a rough approximation of the real impact. This approximation is offered to help in the comparison of the relative impact of management training, management education, and selfdirected learning. Unfortunately, many of the more recent meta-analyses and review articles use statistical techniques reporting effect sizes and other associational data. Although this helps a researcher determine the statistical significance of the findings, it does not allow for comparison of percentage improvement. In addition, the lack of research with more than a one-year to eighteen-month follow-up period makes it difficult to comment on the sustainability of the changes observed following training.

13. The half-life of knowledge: L. Specht and P. Sandlin, "The Differential Effects of Experiential Learning Activities and Traditional Lecture Classes in Accounting," *Simulations and Gaming* 22, no. 2 (1991): 196–210.

14. People develop EI competencies throughout life: Matthew Mangino and Christine Dreyfus, "Developing Emotional Intelligence Competencies" (presentation to the Consortium for Research on Emotional Intelligence in Organizations, Cambridge, Massachusetts, 19 April 2001). The pattern of the natural acquisition of EI competencies fits with an earlier study of managers at NASA by Christine Dreyfus, "Scientists and Engineers as Effective Managers: A Study of Development of Interpersonal Abilities" (Ph.D. diss., Case Western Reserve University, 1991).

15. EI competencies improve with age: Scores from self-assessment as well as others' assessment of the competencies were significantly correlated with age for

all clusters of the EI competencies. This was not a function of managerial level; the correlation with job level only appeared for the relationship management skills cluster. Sala, *ECI Technical Manual.*

16. Extinguishing of training effects: This does not include changes induced, willingly or not, by chemical or hormonal changes in one's body. But even in such situations, the interpretation of the changes and behavioral comportment following it will be affected by the person's will, values, and motivations.

17. Importance of extended practice: Thomas Lewis, Fari Amini, and Richard Lannon, *A General Theory of Love* (New York: Random House, 2000).

18. Impact of mindfulness training: The research, as yet unpublished, is cited in Tara Bennett-Goleman, *Emotional Alchemy: How the Mind Can Heal the Heart* (New York: Harmony Books, 2001).

19. Brain plasticity of London taxi drivers: Eleanor A. Maguire, David G. Gadian, Ingrid S. Johnsrude, Catriona D. Good, John Ashburner, Richard S. J. Frackowiak, and Christopher D. Firth, "Navigation-Related Structural Change in the Hippocampi of Taxi Drivers." *Proceedings of the National Academy of Sciences* 97, no 8 (2000): 4398–4403. Available online at http://www.pnas.org/cgi/content/full/97/8/4398.

20. Using neural connections over and over strengthens them: Gerald M. Edelman, *Neural Darwinism: The Theory of Neuronal Group Selection* (New York: Basic Books, 1987), 58.

21. Strengthening of neural connections: Researchers at Case Western Reserve University, notably Professor James E. Zull, have noted that when nerve networks connecting nerves to muscles were stimulated vigorously, new branches and connections were made. James E. Zull, *The Art of Changing a Brain: Helping People Learn by Understanding How the Brain Works* (Sterling, VA: Stylus

Publishers, 2002). Professor Elizabeth Gould of Princeton University, studying neurogenesis, has shown that learning new things stimulated new nerves to survive in primates, while lack of learning new things resulted in the loss of new nerve cells (summarized in Sandra Blakeslee, "A Decade of Discovery Yields a Shock about the Brain," *The New York Times*, 4 January 2000, D1).

22. It takes a limbic connection to change skills: Lewis, Amini, and Lannon, *General Theory of Love*, 177.

23. The course on competency development: This course is described in Richard Boyatzis, "Stimulating Self-Directed Learning through the Managerial Assessment and Development Course," *Journal of Management Education* 18, no. 3 (1994): 304–323; and chapter 4 in *Innovations in Professional Education: Steps on a Journey from Teaching to Learning*, eds. Richard E. Boyatzis, Scott S. Cowen, and David A. Kolb (San Francisco: Jossey-Bass, 1995). The earliest version of this course was developed for the American Management Association in 1979 as part of its fledgling Masters in Management program. Other variations on this type of course were developed in parallel by the faculty at Alverno College in Milwaukee (for a description, see Marcia Mentkoswki and associates, eds., *Learning That Lasts: Integrating Learning, Development, and Performance in College and Beyond* [San Francisco: Jossey-Bass, 2000]) and by David A. Whetton and Kim S. Cameron for original use at the University of Michigan (see the fourth edition of their textbook, *Developing Managerial Skills* (Reading, MA: Addison-Wesley, 1998). The course was chosen as a model program in developing emotional intelligence by the Consortium for Research on Emotional Intelligence in Organizations, as reported in Cary Cherniss and Mitchell Adler, *Promoting Emotional Intelligence in Organizations: Make Training in Emotional Intelligence Effective* (Washington, DC: American Society for Training and Development,

2000).

24. Outcome assessment studies: Since 1987, starting even before the course was required of all students, Richard Boyatzis has directed a series of follow-up studies to document the course and program's long-term impact. The studies measured improvements from self-reports and from behavioral coding of "critical incident" audiotapes and videotapes of the students tackling typical work challenges. Data collection began when students started the course, and assessments were made when they graduated and when they were at work. For details of the studies, see Richard E. Boyatzis, Ann Baker, David Leonard, Kenneth Rhee, and Lorraine Thompson, "Will It Make a Difference?: Assessing a Value-Based, Outcome Oriented, Competency-Based Professional Program," in *Innovating in Professional Education: Steps on a Journey from Teaching to Learning*, eds. Richard E. Boyatzis, Scott S. Cowen, and David A. Kolb (San Francisco: Jossey-Bass, 1995); Richard E. Boyatzis, David Leonard, Kenneth Rhee, and Jane V. Wheeler, "Competencies Can Be Developed, but Not the Way We Thought," *Capability* 2, no. 2 (1996): 25–41; and Richard E. Boyatzis, Jane V. Wheeler, and R. Wright, "Competency Development in Graduate Education: A Longitudinal Perspective," *Proceedings of the First World Conference on Self-Directed Learning* (Montreal: GIRAT, in press).

25. Studies of the impact of other MBA programs: The studies were done for the American Assembly of Collegiate Schools of Business (AACSB) in 1979 and the 1980s and are reported in Richard Boyatzis and Mike Sokol, *A Pilot Project to Assess the Feasibility of Assessing Skills and Personal Characteristics of Students in Collegiate Business Programs. Report to the AACSB* (St. Louis: AACSB, 1982) and *Development Dimensions International (DDI), Final Report: Phase III. Report to the AACSB* (St. Louis: AACSB, 1985). The baseline studies

of the Weatherhead School of Management in the late 1980s used tests for their comparisons and are reviewed in Boyatzis, Cowen, and Kolb, *Innovating in Professional Education*. The percentage improvement reported was calculated by dividing the change in students' graduating scores from their entering scores by their entering scores. The first two programs were analyzed with assessment centers, so the data reported are about student's behavior shown in simulations. The other programs included tests that were shown to assess EI behaviors but were not direct measures of the participants' behavior.

26. Comparison of percentage improvement in EI: The percentage improvement shown and the comparison to other programs involved observed behavior (not tests) as assessed by coding of work samples, "critical incident" interviews, videotaped assessment center exercises, or 360-degree assessment by others of a person's behavior. The percentage improvement shown for each time period is an average of the increase in frequency for each of the competencies in that cluster (i.e., graduating frequency of showing the competency minus the entering frequency, divided by the entering frequency of the behavior). To control for language difficulties, only native English speakers were included in this analysis. The reader is cautioned that the percentages refer to different samples and therefore are shown to suggest the range of impact expected over time. The samples shown in the figure are from the following cadres: The oneto two-year results reflect 163 of the full-time MBAs graduating in 1993, 1994, and 1995 (reported in the references in note 25). The three- to fiveyear results are from fifty-four of the part-time MBAs graduating in 1995 and 1996 reported in note 25. The five- to seven-year results reflect thirty of the part-time MBAs graduating in 1995 and 1996 studied eighteen to thirty months after graduation by Jane V. Wheeler in her dissertation, "The Impact of Social Environments on Self-Directed

Change and Learning" (Ph.D. diss., Case Western Reserve University, 1999).

Jane Wheeler reported a comparison of the three- to five-year results with the five- to seven-year results for the same people in her dissertation. Her smaller sample of thirty of the part-time MBA graduates of the classes of 1995 and 1996 showed 53 percent improvement in self-awareness and self-management and 33 percent improvement in social awareness and relationship management at three to five years. These numbers are slightly different from the percentages shown for the complete sample in the graph but are still at a relatively high level compared with other management training or MBA graduate education programs.

The self-awareness and management competencies included achievement orientation, planning, initiative, conscientiousness, selfcontrol, and self-confidence. The social awareness and relationship management competencies included empathy, social objectivity, building bonds, conflict management, influence, leadership in teamwork, and developing others.

27. It is also worth noting that the graduates of the competency-based program, both full-time and part-time, showed significant improvement on 100 percent of the six cognitive competencies assessed. Meanwhile, the earlier non-competency-based MBA program had shown improvement on only 86 percent of the cognitive competencies in the full-time program and 57 percent of the cognitive competencies in the part-time program. Among full-time MBA students, the improvements were in 100 percent of the fourteen emotional intelligence competencies assessed as compared with gains in only 50 percent of these competencies for MBA students who did not receive the course. Part-timers taking the course also showed impressive gains: They gained in thirteen of fourteen competencies as compared with gains in only one of the twelve competencies assessed for those without the course.

28. Impact of the Professional Fellows Program: Ronald Ballou, David Bowers, Richard E. Boyatzis, and David A. Kolb, "Fellowship in Lifelong Learning: An Executive Development Program for Advanced Professionals," *Journal of Management Education* 23, no. 4 (1999): 338–354.

29. Emergence of the model of self-directed learning: Richard Boyatzis first saw the promise of this approach during his personal involvement with three streams of research, all providing convincing evidence about how people can best improve the emotional intelligence abilities that make leadership effective. His first exposure to development that works came from his work with David Kolb and their colleagues at MIT's Sloan School of Management, which showed that people who used self-directed learning could improve their performance. Early in the 1970s, students there selected a business skill to improve—and because so many had "nerdy" engineering and science backgrounds, interpersonal skills were a common choice. These studies are described in David A. Kolb, Sarah K. Winter, and David E. Berlew, "Self-Directed Change: Two Studies," *Journal of Applied Behavioral Science* 6, no. 3 (1968): 453–471; David A. Kolb, "A Cybernetic Model of Human Change and Growth," unpublished working paper 526–71, Sloan School of Management, Massachusetts Institute of Technology, Cambridge, 1971; David A. Kolb and Richard E. Boyatzis, "On the Dynamics of the Helping Relationship," *Journal of Applied Behavioral Science* 6, no. 3 (1970): 267–289; David A. Kolb and Richard E. Boyatzis, "Goal-Setting and Self-Directed Behavior Change," *Human Relations* 23, no. 5 (1970): 439–457; and Richard E. Boyatzis and David A. Kolb, "Feedback and Self-Directed Behavior Change," unpublished working paper 394–69, Sloan School of Management, Massachusetts Institute of Technology, Cambridge, 1969.

His second exposure came from his involvement (along with Daniel Goleman) with the pioneering research of David McClelland and colleagues at Harvard University in the 1960s and 1970s that first showed that the skills that make people highly successful entrepreneurs can be developed. McClelland's group developed training programs to enhance the drive to achieve—perhaps the first emotional intelligence competence to be studied in depth. The results: Those who went through the training went on to lead small-business start-ups that met with dramatic success, creating more new jobs, starting more new businesses, and generating greater revenues than comparison groups. See David C. McClelland and David G. Winter, *Motivating Economic Achievement* (New York: Free Press, 1969) and David Miron and David C. McClelland, "The Impact of Achievement Motivation Training on Small Business," *California Management Review* 21, no. 4 (1979): 13–28. Richard Boyatzis's work with David C. McClelland in power motivation training as a therapeutic program to help alcoholics maintain sobriety and regain jobs and their functioning as citizens added to this work on motivational change. See Henry Cutter, Richard E. Boyatzis, and David Clancy, "The Effectiveness of Power Motivation Training for Rehabilitating Alcoholics," *Journal of Studies on Alcohol* 38, no. 1 (1977) and Richard E. Boyatzis, "Power Motivation Training: A New Treatment Modality," *Annals of the New York Academy of Sciences* 273 (1976): 525–532.

A third source for insights remains the research of his doctoral students and colleagues at the Weatherhead School of Management at Case Western Reserve University.

Other prominent models of change are David McClelland's theory of motive acquisition and that of James Prochaska and his colleagues. See David C. McClelland, "Toward a Theory of Motive Acquisition," *American Psychologist* 20, no. 5 (1965): 321–333, and James O. Prochaska, Carlo C. Diclemente, and John C. Norcross, "In Search of How People Change: Applications to Addictive Behaviors," *American Psychologist* 47, no. 9 (1992): 1102–1114. A comprehensive review of documented programs intended to increase emotional intelligence was made by the Consortium on Emotional Intelligence in Organizations, headed by Professor Cary Cherniss of Rutgers University. The review of these model programs and the Consortium's view of the best practices are provided on their Web site and in a recent book: Cary Cherniss and Mitchell Adler, *Promoting Emotional Intelligence in Organizations: Make Training in Emotional Intelligence Effective* (Washington, DC: American Society for Training and Development, 2000).

30. Description of the model of self-directed learning: Richard E. Boyatzis, "Self-Directed Change and Learning as a Necessary Metacompetency for Success and Effectiveness in the 21st Century," in *Keys to Employee Success in the Coming Decades*, eds. R. Sims and J. G. Veres (Westport, CT: Greenwood Publishing, 1999). See also Richard E. Boyatzis, "Developing Emotional Intelligence," in *The Emotionally Intelligent Workplace: How to Select for, Measure, and Improve Emotional Intelligence in Individuals, Groups, and Organizations*, eds. Cary Cherniss and Daniel Goleman (San Francisco: Jossey-Bass, 2001). This model describes the process as designed into the required course implemented in 1990 at the Weatherhead School of Management for the MBA program described earlier and executive education programs.

第七章　不做沸水中的青蛙：改变的动力

1. The ought versus ideal self: Charles Handy, *The Hungry Spirit: Beyond Capitalism, A Quest for Purpose in the Modern World* (London: Hutchinson,

1997), 86.

2. Impact of an ought self replacing an ideal self: Even studies showing the importance of working on the ideal often make the mistake of assuming that the profile of an outstanding performer will be the ideal image for people in a given job—see, for example, Mildred Burns, "The Effects of Feedback and Commitment to Change on the Behavior of Elementary School Principals," *Journal of Applied Behavioral Science* 13, no. 2 (1977): 159–166.

3. The study of values and value orientation: Gordon W. Allport, P. E. Vernon, and Gardner Lindzey, *Study of Values* (Boston: Houghton Mifflin, 1960); Chris Argyris and Don Schon, *Theory in Practice Learning* (San Francisco: Jossey-Bass, 1982); Clyde Kluckhohn, "Values and Value-Orientations in the Theory of Action," in *Toward a General Theory of Action*, eds. Talcott Parson and E. A. Shils (Cambridge, MA: Harvard University Press, 1951), 388–433; Florence Kluckhohn and Fred Strodtbeck, *Variations in Value Orientations* (Evanston, IL: Row, Peterson & Co, 1961); Milton Rokeach, *The Nature of Human Values* (New York: Free Press, 1973); Shalom H. Schwartz, "Universals in the Content and Structure of Values: Theoretical Advances and Empirical Tests in 20 Countries," *Advances in Experimental Social Psychology 25* (New York: Academic Press, 1992), 1–65; Michael Hechter, "Values Research in the Social and Behavioral Sciences," in *The Origin of Values*, eds. Michael Hechter, Lynn Nadel, and Richard E. Michod (New York: Aldine de Gruyter, 1993), 1–28.

4. Assessing your operating philosophy: The Philosophical Orientation Questionnaire measures the relative dominance of each of the three operating philosophies—pragmatic, intellectual, and humanistic. Richard E. Boyatzis, Angela J. Murphy, and Jane V. Wheeler, "Philosophy as a Missing Link between Values and Behavior," *Psychological Reports* 86 (2000): 47–64.

5. The pragmatic operating philosophy emerged from pragmatism (as reflected in the works of John Dewey, William James, Charles Sanders Peirce, and Richard Rorty), consequentialism (as reflected in the works of C. D. Johnson and P. Pettit), instrumentalism (as reflected in the works of John Dewey), and utilitarianism (as reflected in the works of Jeremy Bentham and John Stuart Mill). See Boyatzis, Murphy, and Wheeler, "Philosophy as a Missing Link" for the full references.

6. Larry Ellison described: Mike Wilson, *The Difference between God and Larry Ellison: Inside Oracle Corporation* (New York: William Morrow, 1998); Stuart Read, *The Oracle Edge: How Oracle Corporation's Take No Prisoners Strategy Has Made an $8 Billion Software Powerhouse* (Avon, MA: Adams Media Corporation, 1999).

7. The intellectual operating philosophy emerged from rationalism (as reflected in the works of René Descartes, Gottfried Wilhelm Leibniz, and Benedict de Spinoza) and the various philosophers claiming rationalism as their etiological root, such as Georg Wilhelm Friedrich Hegel and Jurgen Habermas, as well as the philosophical structuralists (Claude Lévi-Strauss and Jean Piaget) and postmodernists (Friedrich Nietzsche). See Boyatzis, Murphy, and Wheeler, "Philosophy as a Missing Link" for the full references.

8. John Chambers described: Andy Serwer, "There's Something about Cisco," *Fortune*, 15 May 2000, 114–138; John A. Byrne, "Visionary vs. Visionary," *Business Week*, 28 August 2000, 210–214.

9. The humanistic operating philosophy emerged from communitarianism (W. F. Brundage), hermeneutics (Hans-Georg Gadamer), humanism (Francesco Petrarch and R. W. Sellars), and collectivism (R. Burlingame and W. H. Chamberlin).

10. Narayana Murthy described: Amit Dawra, Pinkey Jain, Ruchika Kohli, and Abhijit Rajan, "N.R. Narayana Murthy: Powered by Intellect, Driven by Value,"

unpublished paper, Case Western Reserve University, October 2000.

11. Peter Lynch's career change: J. Fierman, "Peter Lynch on the Meaning of Life," *Fortune*, 23 April 1990, 197–200.

12. Career changes for successful CEOs: B. D. Fromson, "Second Acts for the Top Guys," *Fortune*, 23 April 1990, 251–262.

13. Our dreams and passion drive life satisfaction: Ruth A. Schiller, "The Relationship of Developmental Tasks to Life Satisfaction, Moral Reasoning, and Occupational Attainment at Age 28," *Journal of Adult Development* 5, no. 4 (1998): 239–254.

14. A leader is a dealer in hope: *Napoleon in His Own Words*, vol. 4, comp. Jules Bertaut (Chicago: A.C. McClurg: 1916).

15. The Executive Doctorate in Management program: The seminar called Leadership to Create Human Value is part of the Executive Doctorate in Management program at Weatherhead School of Management, Case Western Reserve University. It is a three-year program designed for leaders from the industrial, not-for-profit, and public sectors who want to pursue organizational, community, and global leadership from a practitioner/scholar perspective. The students fly in for a severalday residency once a month from various cities and countries around the world.

16. Feedback on John Lauer's current style: Personal communications from Kathy Crowley, Christina Fiduccia, Michelle Lee, Chistopher Stevens, and Robert Stratton-Brown, December 2000.

17. Self-deception as a natural but costly process: Daniel Goleman, *Vital Lies, Simple Truths: The Psychology of Self-Deception* (New York: Simon and Schuster, 1985).

18. Optimism of successful people: Martin P. Seligman, *Learned Optimism:*

How to Change Your Mind and Your Life (New York: Alfred Knopf, 1991).

19. Study showing the importance of evaluative feedback: Richard E. Boyatzis and David A. Kolb, *Feedback and Self-Directed Behavior Change*, unpublished working paper 394–69, Sloan School of Management, Massachusetts Institute of Technology, Cambridge, 1969.

20. Effective managers and leaders seek out feedback: Susan J. Ashford and Anne S. Tsui, “Self-Regulation for Managerial Effectiveness: The Role of Active Feedback Seeking,” *Academy of Management Journal* 34, no. 2 (1991): 251–280.

21. Consequences of seeking positive feedback only: Paul A. Mabe III and Stephen G. West, “Validity of Self-Evaluation of Ability: A Review and Meta-analysis,” *Journal of Applied Psychology* 67 (1982): 280–296.

22. Testing reality about yourself: In Morgan W. McCall Jr., *High Flyers: Developing the Next Generation of Leaders* (Boston: Harvard Business School Press, 1998), the author points out that people may have “powerful experiences” that could contribute to their development, but sometimes fail to realize these moments. He called these “moments of truth” when the person should ask himself or herself, “Am I about to be the person I want to be? Have I just acted like the person I want to be?” In our framework, these moments of truth are like looking in the mirror and coming to grips with your real self.

23. Assessing the real self in the context of the ideal self: Jay Conger, *Learning to Lead: The Art of Transforming Managers into Leaders* (San Francisco: Jossey-Bass, 1989) described the reaction of managers in development programs after receiving a lot of instrumented feedback—he found them feeling “ho-hum.” They already knew most if not all of the feedback. Without the context of the ideal self, there was no compelling concept as to where to go next—what to do about it or why anything should be done about it.

24. Knowing what to keep and what to change: This parallels what several scholars have suggested for organizations. See Ron Fry, "Change and Continuity in Organizational Growth," in Suresh Srivastva, Ronald E. Fry, and associates, *Executive and Organizational Continuity: Managing the Paradoxes of Stability and Change* (San Francisco: Jossey-Bass, 1993); and James C. Collins and Jerry I. Porras, *Built to Last: Successful Habits of Visionary Companies* (New York: HarperBusiness, 1994).

25. Commitment to vision can lead to less adaptability: Lisa Berlinger, "Managing Commitment to Increase Flexibility: An Exploration of Processes That Strengthen and Weaken Commitment" (Ph.D. diss., University of Texas, 1991); Russell Ackoff, *Creating the Corporate Future* (New York: John Wiley & Sons, 1981).

26. A caution: 360-degree feedback is most helpful when it is gathered in confidence. That means the results are revealed only to the person to whom they apply and to her coach, but not to others in her organization (unless she chooses to share them). Everyone should also be aware that the information will be used in the service of leadership development. When 360-degree data are used instead as part of performance management or reviews, people are less likely to be candid about their weaknesses, and more prone to overestimate their strengths. Similarly, peers and subordinates providing the information may lie to protect or attack the individual.

27. Different views of a manager from different sources of feedback: Gene Harris and Joyce Hogan, "Perceptions and Personalities of Effective Managers" (paper presented at the 13th Annual Psychology in the Department of Defense Symposium, Colorado Springs, Colorado, 16 April 1992).

28. Success versus effectiveness: Fred Luthans, R. M. Hodgetts, and S. A.

Rosenkrantz, *Real Managers* (Cambridge, MA: Ballinger Press, 1988).

29. Strength of peers as a source of feedback: A review of the research on 360-degree feedback found that peers give evaluations that have better predictive power than those of bosses or subordinates—and, of course, better than a leader's own self-assessment. A. V. Lewin and A. Zwany, *Peer Nominations: A Model, Literature, Critique, and a Paradigm for Research* (Springfield, VA: National Technical Information Service, 1976); T. H. Shore, L. M. Shore, and George C. Thornton III, "Construct Validity of Self- and Peer Evaluations of Performance Dimensions in an Assessment Center," *Journal of Applied Psychology* 77, no. 1 (1992): 42–54. But other studies have found that subordinates' views are more powerful than peers' in predicting leadership. See, for example, Glenn M. McEvoy and Richard W. Beatty, "Assessment Centers and Subordinate Appraisals of Managers: A Seven Year Examination of Predictive Validity," *Personnel Psychology* 42 (1989): 37–52.

30. The strength of subordinates' assessment: McEvoy and Beatty, "Assessment Centers and Subordinate Appraisals of Managers," 37–52.

31. Phil Stone calls these patterns a person's signature themes in his book *Your Corner of the Sky* (forthcoming).

第八章　持续提升领导情商

1. Working on goals in different life spheres: Jane V. Wheeler, "The Impact of Social Environment on Self-Directed Change and Learning," (Ph.D. diss., Case Western Reserve University, 1999).

2. Performance-oriented goals are not good guides: John F. Brett and Don VandeWalle, "Goal Orientation and Goal Content as Predictors of Performance in

a Training Program," *Journal of Applied Psychology* 84, no. 6 (1999): 863–873.

3. Personal standards in learning-oriented goals: J. M. Beaubien and S. C. Payne, "Individual Goal Orientation as a Predictor of Job and Academic Performance: A Meta-analytic Review and Integration" (paper presented at the meeting of the Society for Industrial and Organizational Psychology, Atlanta, Georgia, April 1999).

4. Performance-oriented goals evoke anxiety: Gilad Chen, Stanley M. Gully, Jon-Andrew Whiteman, and Robert N. Kilcullen, "Examination of Relationships among Trait-like Individual Differences, State-like Individual Differences, and Learning Performance," *Journal of Applied Psychology* 85, no. 6 (2000): 835–847. More of the research on goal setting is reviewed in Edwin A. Locke and Gary P. Latham, *A Theory of Goal Setting and Task Performance* (Englewood Cliffs, NJ: Prentice Hall, 1990).

5. Learning-oriented goals lead to better sales: Don VandeWalle, Steven P. Brown, William L. Cron, and John W. Slocum Jr., "The Influence of Goal Orientation and Self-Regulation Tactics on Sales Performance: A Longitudinal Field Test," *Journal of Applied Psychology* 84, no. 2 (1999): 249–259.

6. Moving beyond contemplation to change: James O. Prochaska, Carlo C. Diclemente, and John C. Norcross, "In Search of How People Change: Applications to Addictive Behaviors," *American Psychologist* 47, no. 9 (1992): 1102–1114.

7. Goals are a key to self-monitoring: Roy F. Baumeister, Todd E. Heatherton, and Dianne M. Tice, *Losing Control: How and Why People Fail at Self-Regulation* (New York: Academic Press, 1994).

8. Bringing habits into awareness: John A. Bargh and Tanya L. Chartrand, "The Unbearable Automaticity of Being," *American Psychologist* 54, no. 7 (1999):

462–479.

9. Preparation of the brain: Cameron Carter, Angus Macdonald, Stefan Ursu, Andy Stenger, Myeong Ho Sohn, and John Anderson, "How the Brain Gets Ready to Perform" (presentation at the 30th annual meeting of the Society of Neuroscience, New Orleans, November 2000).

10. Setting goals is nothing new: David A. Kolb and Richard E. Boyatzis, "Goal-Setting and Self-Directed Behavior Change," *Human Relations* 23, no. 5 (1970): 439–457.

11. Goal setting and entrepreneurs: For a review of the research, see David C. McClelland, *Human Motivation* (Chicago: Scott, Foresman, 1985). For the earlier research, see David C. McClelland, *The Achieving Society* (Princeton: Van Nostrand, 1961) and David C. McClelland and David G. Winter, *Motivating Economic Achievement* (New York: Free Press, 1969).

12. Goal setting and self-directed behavior change: David A. Kolb, Sarah K. Winter, and David E. Berlew, "Self-Directed Change: Two Studies," *Journal of Applied Behavioral Science* 6, no. 3 (1968): 453–471; David A. Kolb, "A Cybernetic Model of Human Change and Growth," unpublished working paper 526–71, Sloan School of Management, Massachusetts Institute of Technology, Cambridge, 1971; and David A. Kolb and Richard E. Boyatzis, "Goal-Setting and Self-Directed Behavior Change." Integration of McClelland's steps in motive acquisition and the Kolb and Boyatzis models resulted in a process called competency acquisition.

13. Recent research on effective goal setting: Wheeler, "Impact of Social Environment"; David Leonard, "The Impact of Learning Goals on Self-Directed Change in Education and Management Development" (Ph.D. diss., Case Western Reserve University, 1996); and Kenneth Rhee, "Journey of Discovery: A

Longitudinal Study of Learning during a Graduate Professional Program" (Ph.D. diss., Case Western Reserve University, 1997).

14. Tipping points: David C. McClelland, "Identifying Competencies with Behavioral Event Interviews," *Psychological Science* 9, no. 5 (1998): 331–339. The theory was cross-validated in a longitudinal study of the financial impact of competencies used by senior partners in an international consulting firm, as reported in Richard E. Boyatzis, "Building Brilliant Organizations: Competencies, Complexity, and Consequences" (keynote presentation at the 4th International Conference on Competency Applications, London, 25 October 1999); Richard E. Boyatzis, Daniel Goleman, and Kenneth Rhee, "Clustering Competence in Emotional Intelligence: Insights from the Emotional Competence Inventory (ECI)," in *Handbook of Emotional Intelligence*, eds. Reuven Bar-On and James D. A. Parker (San Francisco: Jossey-Bass, 2000), 343–362; and Malcolm Gladwell, *The Tipping Point: How Little Things Can Make a Big Difference* (Boston: Little, Brown, 2000).

15. Personal commitment is key to goal attainment: Howard J. Klein, Michael J. Wesson, John R. Hollenback, and Bradley J. Alge, "Goal Commitment and the Goal-Setting Process: Conceptual Clarification and Empirical Synthesis," *Journal of Applied Psychology* 84, no. 6 (1999): 885–896; Locke and Latham, *Theory of Goal Setting.*

16. Intrinsic motivation is far more powerful than extrinsic motivation: R. M. Ryan and E. L. Deci, "Self-Determination Theory and the Facilitation of Intrinsic Motivation, Social Development, and Well-Being," *American Psychologist* 55, no. 1 (2000): 68–78; T. Kasser and R. M. Ryan, "Be Careful What You Wish For: Optimal Functioning and the Relative Attainment of Intrinsic and Extrinsic Goals," in *Life Goals and Well-Being*, P. Schmuck and K. M. Sheldon (Lengerich,

Germany: Pabst Science, in press).

17. Different planning styles: Annie McKee, "Individual Differences in Planning for the Future" (Ph.D. diss., Case Western Reserve University, 1991).

18. Crafting a meaningful future: Michael McCaskey, "A Contingency Approach to Planning: Planning with and without Goals," *Academy of Management Journal* 17 (1974): 281–291; McKee, "Individual Differences in Planning for the Future."

19. Specific, measurable goals: Edwin Locke, "Toward a Theory of Task Performance and Incentives," *Organizational Behavior and Human Performance* 3 (1968): 157–189; J. Hollenbeck and H. Klein, "Goal Commitment and the Goals Setting Process: Problems, Prospects, and Proposals for Future Research," *Journal of Applied Psychology* 40 (1987): 212–220.

20. Targeting specific competencies works: Leonard, "Impact of Learning Goals"; Wheeler, "Impact of Social Environment."

21. Using one's preferred learning styles works best: David A. Kolb, *Experiential Learning: Experience as the Source of Learning and Development* (Englewood Cliffs, NJ: Prentice-Hall, 1984).

22. Typical learning styles: Ibid.; and David A. Kolb, Richard E. Boyatzis, and Charalampos Mainemelis, "Experiential Learning Theory: Previous Research and New Directions," in *Perspectives on Thinking, Learning, and Cognitive Styles*, eds. Robert J. Sternberg and Li-fang Zhang (Mahwah, NJ: Lawrence Erlbaum Associates, 2001), 227–248. Other references are available at http://www.learningfromexperience.com.

23. Tests of learning styles: See, for example, the Kolb Learning Style Inventory and Boyatzis and Kolb Adaptive Style Inventory at http://www.haygroup.com.

24. Triggers to dysfunctional habits: In the field of cognitive behavior therapy,

this early warning allows the identification of triggers before they have unleashed old, dysfunctional habits. See Tara Bennett-Goleman, *Emotional Alchemy: How the Mind Can Heal the Heart* (New York: Harmony Books, 2001).

25. The prefrontal cortex and limbic circuits: Matthew D. Lieberman, "Intuition: A Social Cognitive Neuroscience Approach," *Psychological Bulletin* 126 (2000): 109–137; B. J. Knowlton, J. A. Mangels, and L. R. Squire, "A Neostriatal Habit Learning System in Humans," *Science* 273 (1996): 1399–1402.

26. The need for repetition and practice in learning: Thomas Lewis, Fari Amini, and Richard Lannon, *A General Theory of Love* (New York: Random House, 2000); and Lieberman, "Intuition."

27. Strengthening of neural pathways and neurogenesis: Richard J. Davidson, Daren C. Jackson, and Ned H. Kalin, "Emotion, Plasticity, Context, and Regulation: Perspectives from Affective Neuroscience," *Psychological Bulletin* 126, no. 6 (2000): 890–909.

28. Executives spend little time practicing: Paraphrasing a point Tony Schwartz made from Jim Loehr and Tony Schwartz, "The Making of the Corporate Athlete," *Harvard Business Review*, at a presentation at the Weatherhead School of Management, 17 November 2000.

29. Practicing to create new neural pathways: Bennett-Goleman, *Emotional Alchemy.*

30. Using self-control for practice: Mark Muraven and Roy Baumeister, "Self-Regulation and Depletion of Limited Resources: Does Self-Control Resemble a Muscle?" *Psychological Bulletin* 126, no. 2 (2000): 247–259.

31. Practicing in many settings: Christine R. Dreyfus, "Scientists and Engineers as Effective Managers: A Study of Development of Interpersonal Abilities" (Ph.D. diss., Case Western Reserve University, 1991).

32. Action learning is stealth learning: In reviewing dozens of leadership development programs, offered both by consultants and in-house programs, Jay Conger and Beth Benjamin called action learning "the new paradigm for leadership development" in their book *Building Leaders: How Successful Companies Develop the Next Generation* (San Francisco: Jossey-Bass, 1999).

33. Laura Wilkinson's mental rehearsal: Jim Loehr and Tony Schwartz, "The Making of the Corporate Athlete," *Harvard Business Review*, January 2001, 120–128.

34. Visioning fires the same brain cells: Gabriel Kreiman, Christof Koch, and Itshak Fried, "Imagery Neurons in the Human Brain," *Nature* 408 (2000): 357–361.

35. Relationships as the context for learning: Kathy E. Kram, "A Relational Approach to Career Development," in *The Career Is Dead—Long Live the Career*, ed. Douglas T. Hall (San Francisco: Jossey-Bass, 1996); and Kathy E. Kram and Douglas T. Hall, "Mentoring in a Context of Diversity and Turbulence," in *Managing Diversity: Human Resource Strategies for Transforming the Workplace*, eds. Ellen E. Kossek and Sharon A. Lobel (Cambridge, MA: Blackwell Business, 1996).

36. Gains in self-confidence: Ronald Ballou, David Bowers, Richard E. Boyatzis, and David A. Kolb, "Fellowship in Lifelong Learning: An Executive Development Program for Advanced Professionals," *Journal of Management Education* 23, no. 4 (1999): 338–354.

37. Positive groups help positive change: Jin Nam Choi, Richard H. Price, and Amiram D. Vinokur, "How Context Works in Groups: The Influence of Group Processes on Individual Coping Outcomes," unpublished paper, University of Michigan, Institute for Social Research, 1999.

38. Leadership is stressful: Robert S. Steele, "The Physiological Concomitants of Psychogenic Arousal in College Males" (Ph.D. diss., Harvard University, 1973); Robert S. Steele, "Power Motivation, Activation, and Inspirational Speeches" *Journal of Personality* 45 (1977): 53–64; David C. McClelland, Richard J., Davidson, and C. Saron, "Evoked Potential Indicators of the Impact of the Need for Power on Perception and Learning," unpublished manuscript, Harvard University, 1979; and David C. McClelland, Richard J. Davidson, C. Saron, and E. Floor, "The Need for Power, Brain Norepinephrine Turnover and Learning," *Biological Psychology* 10 (1980): 93–102.

39. Stress and cortisol interfere with learning: Recent research suggests that "cortisol at persistently high levels cause[s] reduction in the branching of neurons in the brain center for conversion of short term memory to long term memory (the hippocampus). Even more dramatically, long duration of very high cortisol levels appear[s] to destroy hippocampal cells." James E. Zull, *The Art of Changing a Brain: Helping People Learn by Understanding How the Brain Works* (Sterling, VA: Stylus, 2002), 65. Prolonged stress and depression lead to reduction in the hippocampus in victims of post-traumatic stress disorder and severely depressed women. Robert Sapolosky of Stanford University and Yvette Sheline of Washington University in St. Louis as quoted in Robert S. Boyd, "Scientists Find Brain Continues to Readapt Throughout Life," *Miami Herald*, 17 May 2000; Davidson, Jackson, and Kalin, "Emotion, Plasticity, Context, and Regulation."

40. Settings that are safe but not too relaxed for learning: Kolb and Boyatzis, "Goal-Setting and Self-Directed Behavior Change."

41. Others taking risks helps us: Paul R. Nail, Geoff MacDonald, and David A. Levy, "Proposal of a Four-Dimensional Model of Social Response," *Psychological Bulletin* 126, no. 3 (2000): 454–470.

42. Mentors help early in our careers: Morgan W. McCall Jr., Michael M. Lombardo, and Ann M. Morrison, *Lessons from Experience: How Successful Executives Develop on the Job* (Lexington, MA: Lexington Books, 1988). Research is under way about mentoring by Professor Kathy Kram, of Boston University, in conjunction with the Center for Creative Leadership, building on her twenty years of research on this type of helping relationship.

43. Finding a good coach: If you decide to seek coaching for these leadership skills, be sure your coach is not just seasoned, but also familiar with the best-practice guidelines for improving a leader's emotional intelligence. Many are not. The guidelines—based on empirical data on what works and what does not—were developed by the Consortium for Research on Emotional Intelligence in Organizations. The guidelines are summarized in chapter 12 of Daniel Goleman's *Working with Emotional Intelligence* (New York: Bantam Books, 1998) and in Cary Cherniss and Mitch Adler, *Promoting Emotional Intelligence in Organizations* (Washington, DC: American Society for Training and Development, 2000).

44. Having another CEO as a mentor: Jennifer Reingold, "Want to Grow as a Leader? Get a Mentor," *Fast Company*, January 2001, 58–60.

45. Effective coaches use EI: Richard E. Boyatzis and James A. Burruss, *Validation of a Competency Model for Alcoholism Counselors in the Navy—Final Report on Contract Number N00123–77-C-0499* (Washington, DC: U.S. Navy, 1979); James A. Burruss and Richard E. Boyatzis, *Continued Validation of a Competency Model for Alcoholism Counselors in the Navy—Final Report on Contract Number N002 44–80-C-0521* (Washington, DC: U.S. Navy, 1981); Richard R. Carkhuff, *Helping and Human Relations: A Primer for Lay and Professional Helpers*, vol. I, *Selection and Training*, and vol. II, *Practice and*

Research (New York: Holt, Rinehart and Winston, 1969); and Ted P. Asay and Michael J. Lambert, "The Empirical Case for the Common Factors in Therapy: Quantitative Findings," in *The Heart and Soul of Change: What Works in Therapy*, eds. Mark A. Hubble, Barry L. Duncan, and Scott D. Miller (Washington, DC: American Psychological Association, 1999).

第九章　重视团队情感：打造高情商团队的第一步

1. Superiority of group decision making: Alan B. Krueger, "Economic Scene," *The New York Times*, 7 December 2000, C2.

2. Brilliant teams with bad decisions: R. Meredith Belbin, *Team Roles at Work* (London: Butterworth-Heineman, 1996).

3. Limbic regulation and paying attention to people who can affect our lives: Thomas Lewis, Fari Amini, and Richard Lannon, *A General Theory of Love* (New York: Random House, 2000).

4. The leader's role in creating the emotional reality of the group: Some of the most extensive work on authority dynamics has been done by associates of the A.K. Rice Institute. For a thorough review of the foundational research, see Arthur D. Colman and W. Harold Bexton, eds., *Group Relations Reader 1* (Washington, DC: A.K. Rice Institute, 1975), and Arthur D. Colman and Marvin H. Geller, eds., *Group Relations Reader 2* (Jupiter, FL: A.K. Rice Institute, 1985). For a brief, more recent review of the leader's impact in a business setting, see Michel Deschapelle, "The National Conference Has Helped My Career," *Speaking of Authority*, vol. 7, no. 1 (Jupiter, FL: A.K. Rice Institute, 2000). For a discussion of the impact of a minority leader on the emotional reality of groups, see Kathy E. Kram and Marion McCollom Hampton, "When Women Lead: The Visibility-

Vulnerability Spiral" in *The Psychodynamics of Leadership*, eds. Edward B. Klein, Faith Gabelnick, and Peter Herr (Madison, CT: Psychosocial Press, 1998).

5. The leader's role in creating a climate that supports healthy relationships and a positive focus on the future: Rosamund Stone Zander and Benjamin Zander, *The Art of Possibility: Transforming Professional and Personal Life* (Boston: Harvard Business School Press, 2000).

6. High-performing teams: Jon R. Katzenbach and Douglas K. Smith, *The Wisdom of Teams* (Boston: Harvard Business School Press, 1993).

7. Group emotional intelligence: Vanessa Urch Druskat and Steven B. Wolff, "Group Emotional Intelligence and Its Influence on Group Effectiveness," in *The Emotionally Intelligent Workplace: How to Select For, Measure, and Improve Emotional Intelligence in Individuals, Groups, and Organizations*, eds. Carey Cherniss and Daniel Goleman (San Francisco: Jossey-Bass, 2001). See also Vanessa Urch Druskat and Steven B. Wolff, "Building the Emotional Intelligence of Groups," *Harvard Business Review*, March 2001, 81–90.

8. Group as a whole: Leroy Wells, "The Group-as-a-Whole Perspective and Its Theoretical Roots," in Colman and Geller, eds., *Group Relations Reader 2.*

9. When a group member leads: Susan Wheelan and Frances Johnston, "The Role of Informal Member Leaders in a System Containing Formal Leaders," *Small Group Research* 27, no. 1 (1996): 33–55. See also Susan A. Wheelan, *Creating Effective Teams* (Thousand Oaks, CA: Sage Publications, 1999).

10. Mindfulness: This term, used to describe a heightened attention about self, others, and the environment one lives in, is not often used in the business press. It is, however, considered fundamental for emotional/psychological health and effective interpersonal relationships, and foundational in our conceptualization of self-awareness. At the team level, mindfulness is a set of shared norms,

manifested in behaviors such as attending to group moods, articulating unspoken concerns or hopes, or calling the group's attention to dysfunctional patterns. For interesting perspectives on the subject, see Robert Quinn, *Change the World: How Ordinary People Can Accomplish Extraordinary Results* (San Francisco: Jossey-Bass, 2000); Tara Bennett-Goleman, *Emotional Alchemy: How the Mind Can Heal the Heart* (New York: Harmony Books, 2001); His Holiness the Dalai Lama, *The Art of Happiness: A Handbook for Living* (New York: Riverhead Books, 1998); and Phil Nuerenberger, *The Quest for Personal Power: Transforming Stress into Strength* (New York: G.P. Putnam's Sons, 1996).

11. Empathy and the systems perspective: Emotionally intelligent individuals and teams pay attention to the whole system—self, interpersonal relationships, teams, intergroup relationships, organization, outside environment, the interactions of stakeholder groups, and so forth. A systems perspective enables people and teams to judge how their actions will affect multiple stakeholders; this is empathy for the different parts of the system, as well as the individuals involved. The concept is well documented in the organizational literature. See Peter Senge, *The Fifth Discipline: The Art and Practice of the Learning Organization* (New York: Doubleday, 1990). See also Anthony J. Dibella and Edwin C. Nevis, *How Organizations Learn: An Integrated Strategy for Building Learning Capability* (San Francisco: Jossey-Bass, 1998).

12. Paying attention to the undercurrents in the group: Kenwyn Smith and David Berg, *Paradoxes of Group Life* (San Francisco: Jossey-Bass, 1990).

13. Behavior and the team life cycle: The notion that teams go through stages of development is the basis for a primary stream of research on group dynamics and team effectiveness. For a review of the theory and guidance on application in business settings, see Susan Wheelan, *Group Processes: A Developmental*

Perspective (Boston: Allyn and Bacon, 1994).

14. Team results using the Emotional Competence Inventory: Although the ECI is generally used as a 360-degree feedback instrument for individuals, we have found that when aggregated, individual scores on the competencies present a very interesting and useful picture of the team's overall strengths and weaknesses. We are currently researching this method of measuring a team's emotional competence; at this point, anecdotal evidence (i.e., the many conversations we have had with executives and their teams about their data) suggests that aggregate scores point to underlying team norms as well as team competencies.

第十章 从现实到理想愿景：打造团队的活力与生命力

1. Shoney's: Stephanie N. Mehta, "What Minority Employees Really Want," *Fortune*, 10 July 2000, 181.

2. Culture and behavior in healthcare organizations: Beulah Trey, "Trust in the Workplace: Taking the Pulse of Trust between Physicians and Hospital Administrators" (unpublished dissertation, University of Pennsylvania, 1998).

3. Attending to the organizational reality as part of the change process: Annie McKee and Cecilia McMillen, "Discovering Social Issues: Organizational Development in a Multicultural Community," *Journal of Applied Behavioral Sciences* 28, no. 3 (1992): 445–460. For a discussion of social reality and how it relates to the change process, see Edwin C. Nevis, Joan Lancourt, and Helen G. Vassallo, *Intentional Revolutions: A Seven Point Strategy for Transforming Organizations* (San Francisco: Jossey-Bass, 1996).

4. Dynamic inquiry: McKee and McMillen, "Discovering Social Issues." In this and other publications, we have also used the terms *cooperative*

inquiry and *co-inquiry* to describe the process of investigating the underlying assumptions, norms, and emotional reality of organizations. We have adopted the phrase *dynamic inquiry* in our work with organizations to better reflect the action orientation of our methodology. Cooperative inquiry and co-inquiry are discussed in Edgar Schein, "Organization Development: Science, Technology, or Philosophy?" (transcript of an address to the Organization Development Division, Academy of Management, Washington DC, 1989); and Peter Reason, "The Co-operative Inquiry Group," in *Human Inquiry in Action: Developments in New Paradigm Research*, ed. Peter Reason (Newbury Park, CA: Sage, 1988). Another relevant stream of practice is discussed in Peter F. Sorensen Jr., Diana Whitney, and Therese F. Yaeger's chapter in *Appreciative Inquiry: Rethinking Human Organization Toward a Positive Theory of Change*, ed. David Cooperrider (Champaign, IL: Stipes Publishing, 1999).

5. Human resources and emotional intelligence: Ruth L. Jacobs, "Using Human Resource Functions to Enhance Emotional Intelligence" in *The Emotionally Intelligent Workplace: How to Select For, Measure, and Improve Emotional Intelligence in Individuals, Groups, and Organizations*, eds. Cary Cherniss and Daniel Goleman (San Francisco: Jossey-Bass, 2001).

6. Attending to the vision: Warren Bennis and Burt Nanus, *Leaders: Strategies for Taking Charge* (New York: Harper and Row, 1985). 7. Immunization in the developing world: Monica Sharma and J. Tulloch, "Commentary: Unfinished Business," UNICEF, The Progress of Nations 1996: Health, <http://www/UNICEF.org/pon96/heunfini.htm> (accessed 10 October 2000).

8. Challenges facing higher education in the United States, and fostering emotionally intelligent management to address those challenges: David Smith, "Leadership and Professional Competencies: Serving Higher Education in an Era

of Change" (unpublished dissertation, University of Pennsylvania, 2000).

第十一章　领导情商：可持续性变革的力量

1. Organizational learning: Peter Senge, *The Fifth Discipline: The Art and Practice of the Learning Organization* (New York: Doubleday, 1990); and Sarita Chawla and John Renesch, eds., *Learning Organizations: Developing Cultures for Tomorrow's Workplace* (Portland, OR: Productivity Press, 1995).

2. Trust and confidentiality in the executive coaching relationship: David H. Maister, Charles H. Green, and Robert M. Galford, *The Trusted Advisor* (New York: The Free Press, 2000).

3. A Day in the Life: This process was developed by Fran Johnston of the Gestalt Institute of Cleveland in response to the need to expand the type of data available to a coach. The coaching process is greatly enhanced when the coach has an opportunity to see the leader in action—and has examples to draw on as part of the learning process.

4. *Perceived weirdness index* is a term coined by Jonno Hanafin, chair of the International Organization and Systems Development Program of the Gestalt Institute of Cleveland, to describe how to manage the way people take in new, intriguing, and possibly threatening information and different approaches. In the context of leadership development this means that processes—and the people facilitating them—should draw participants in through providing a unique, if slightly out of the box, approach, without being so different as to put people off.

5. Adult learning: David Kolb, *Experiential Learning: Experience as the Source of Learning and Development* (Englewood Cliffs, NJ: Prentice Hall, 1984).

6. Action learning: The principles we report here have been developed over the

years in our work with leaders and organizations. For a review of general action learning processes, see David L. Dotlich and James L. Noel, *Action Learning: How the World's Top Companies Are Recreating Their Leaders and Themselves* (San Francisco: Jossey-Bass, 1998).

7. Connecting the culture with leadership development: Linda Pittari and Annie McKee, "Getting Bullish about Leadership" (presentation for Linkage, Chicago, 2001).

附录 1

1. Competence models: The best competence studies use a methodology that identifies the specific capabilities that distinguish star performers from average, as described in Lyle Spencer and Signe Spencer, *Competence at Work* (New York: Wiley, 1993). Daniel Goleman's analysis of competence studies is described in his book *Working with Emotional Intelligence* (New York: Bantam Books, 1998).

2. EI competencies of outstanding leaders: See Daniel Goleman, "Emotional Intelligence: A Theory of Performance," in *The Emotionally Intelligent Workplace*, eds. Cary Cherniss and Daniel Goleman (San Francisco: Jossey-Bass, 2001).

3. IQ levels: Spencer and Spencer, *Competence at Work.*

4. EI versus IQ: These findings do not reflect the actual correlations between EI and IQ, which range from zero to mildly positive, depending on the measures of each used (according to reports by Reuven Bar-On and John Mayer at an EI conference held in London, 18 May 2000). Their findings, however, were not based on the most rigorous study possible, which would require including people across the whole range of IQ, from mental retardation to genius. But such a study

would be of only academic interest when it comes to leadership. In the workplace, and particularly for leadership in executive, professional, and technical roles, those involved are at the high end of the bell curve for IQ (as selected for by the educational requirements they had to pass to enter these careers). It is only among those at the relatively high end of the IQ spectrum that organizations must make practical decisions about the relative value of EI and IQ in hiring, succession planning, and leadership development.

5. EI competencies distinguish outstanding leaders: Lyle Spencer, "The Economic Value of Emotional Intelligence Competencies and EIC-Based HR Programs," in *The Emotionally Intelligent Workplace.*

6. The incremental profit: Richard Boyatzis, Daniel Goleman, and Kenneth Rhee, "Clustering Competencies in Emotional Intelligence: Insights from the Emotional Competence Inventory," in *The Handbook of Emotional Intelligence*, eds. Reuven Bar-On and James D. Parker (San Francisco: Jossey-Bass, 2000), 343–362.

《情商》

套装·全6册

全 新 升 级 版

EMOTIONAL INTELLIGENCE

千万级畅销书，“情商之父”**丹尼尔·戈尔曼**

巅峰巨献！

情商 3：影响你一生的工作情商

Working With Emotional Intelligence

［美］丹尼尔 · 戈尔曼 著

ISBN：978-7-5086-8379-9

定 价：69.00 元

ISBN 978-7-5086-8379-9

9 787508 683799 >

职场成功的秘诀不仅仅是知识和技能，更重要的是你的工作情商

情商 4：决定你人生高度的领导情商

Primal Leadership:
Learning to Lead with Emotional Intelligence

［美］丹尼尔 · 戈尔曼 著

ISBN：978-7-5086-8382-9

定 价：59.00 元

ISBN 978-7-5086-8382-9

9 787508 683829 >

打造高活力工作团队，深刻影响你的职业生涯，决定你的人生高度

情商 5：影响人类未来的生态商

Ecological Intelligence:
How Knowing the Hidden Impacts of What We Buy
Can Change Everything

[美] 丹尼尔 · 戈尔曼 著

ISBN：978-7-5086-8378-2
定 价：59.00 元

ISBN 978-7-5086-8378-2
9 787508 683782 >

智商关乎一个人，情商关乎一群人，生态商关乎全人类
《时代周刊》评为“正在改变世界的十大观念”之一

情商（实践版）：新发现——从“情商更重要”到如何提高情商

The Brain and Emotional Intelligence:
New Insights

[美] 丹尼尔 · 戈尔曼 著

ISBN：978-7-5086-8380-5
定 价：49.00 元

ISBN 978-7-5086-8380-5
9 787508 683805 >

全球销量超过 10 000 000 册的《情商》作者
“情商之父”丹尼尔 · 戈尔曼最新研究成果